碎磨工程实用手册

杨松荣　编著

北　京
冶　金　工　业　出　版　社
2025

内 容 提 要

本手册详细介绍了选矿厂的破碎和磨矿工艺常用的基本概念、能耗参数、能耗试验方法、碎磨工艺流程、各种工艺设备的选择和计算及其需要考虑的原则和影响因素，可用于新建项目碎磨工艺流程的设计和现有选矿厂碎磨工艺流程的评估。

本手册可供从事工程设计、试验研究和选矿厂生产一线的技术人员使用，也可供大专院校矿物加工专业的师生参考。

图书在版编目（CIP）数据

碎磨工程实用手册 / 杨松荣编著 . --北京：冶金工业出版社，2025.7. -- ISBN 978-7-5240-0274-1

Ⅰ. TH6-62

中国国家版本馆 CIP 数据核字第 2025NJ6151 号

碎磨工程实用手册

出版发行	冶金工业出版社	**电　　话**	(010)64027926
地　　址	北京市东城区嵩祝院北巷 39 号	**邮　　编**	100009
网　　址	www.mip1953.com	**电子信箱**	service@mip1953.com

责任编辑　张熙莹　美术编辑　彭子赫　版式设计　郑小利

责任校对　梁江凤　责任印制　禹　蕊

北京顶佳世纪印刷有限公司印刷

2025 年 7 月第 1 版，2025 年 7 月第 1 次印刷

710mm×1000mm　1/16；18.5 印张；1 彩页；364 千字；282 页

定价 138.00 元

投稿电话　(010)64027932　投稿信箱　tougao@cnmip.com.cn

营销中心电话　(010)64044283

冶金工业出版社天猫旗舰店　yjgycbs.tmall.com

（本书如有印装质量问题，本社营销中心负责退换）

作者简介

ZUOZHE JIANJIE

杨松荣，1957 年出生，山东莱州人，工学博士，教授级高级工程师，中国黄金集团建设有限公司原总工程师，先后就读于东北工学院（现东北大学）、中南大学。1982 年大学毕业后分配至北京有色冶金设计研究总院（现中国恩菲工程技术有限公司）选矿室工作，一直从事冶金矿山工程的设计、咨询和试验研究工作，先后担任过室（所）副主任（副所长）、矿山分院副院长、院长、中国恩菲工程技术有限公司副总工程师，中铝海外控股有限公司技术总监。先后兼任过中国黄金协会理事，北京金属协会理事，中国有色金属学会选矿学术委员会副主任委员，中国矿业联合会选矿委员会副主任委员，全国勘察设计注册采矿 / 矿物工程师（矿物加工）执业资格考试专家组组长。

参加工作以来，先后参加了中国德兴铜矿、巴基斯坦山达克铜金矿、伊朗米杜克铜矿和松贡铜矿、亚美尼亚铜工业规划、赞比亚谦比西铜矿、越南生权铜矿、中国冬瓜山铜矿、阿舍勒铜锌矿、尹格庄金矿、烟台黄金冶炼厂生物氧化厂、金川有色公司选矿厂和白音诺尔铅锌矿、蒙古奥云陶勒盖铜矿、中国白象山铁矿、普朗铜矿、多宝山铜矿、会宝岭铁矿、澳大利亚 Sino 铁矿、巴新瑞木红土矿、金堆城钼矿、东沟钼矿、三山岛金矿、秘鲁 Toromocho 铜矿等多项大型矿山的选矿工程及20余项中小型选矿工程的咨询设计工作。

曾获国家科技进步奖一等奖 1 项，部级科技进步奖二等奖 1 项，国家及部级优秀设计奖多项，在国内外发表论文多篇、英文和日文译文多篇，获授权国家专利多项。出版了《含砷难处理金矿石生物氧化工艺及应用》《碎磨工艺及应用》《浮选工艺及应用》《自磨半自磨磨矿工艺及应用》及《高压辊磨工艺及应用》五部专著，作为总编编辑出版了《全国勘察设计注册采矿 / 矿物工程师执业资格考试辅导教材（矿物加工专业）》一书。

前　言

破碎和磨矿工艺是矿物原料加工过程中必不可少的两个过程。矿物原料或是通过加工后选别，或是通过加工后改性，或进行其他的处理，均需要采用破碎和磨矿工艺把原料的粒度降低到后续加工过程所适用的粒度。

矿产资源的开发是人类生活基础材料的主要来源，这些资源的开发所需的能量也是巨大的，如美国一年用于各种矿物生产的爆破、破碎和磨矿中所消耗的电能约 15×10^{9} kW · h，这个数据相当于美国 2023 年发电量的 0.33%。由原材料天然的物料性质和特点所决定，物料的破碎和磨矿需要重型的设备来完成，这就决定了物料的破碎和磨矿过程本身有两个明显的特点：一是投资高，一般选矿厂中，破碎和磨矿的投资占选矿厂总投资的 50%~60%；二是成本高，一般选矿厂中，碎磨用电量占总用电量的 65%~75%，钢耗占几乎 100%，碎磨的成本占选矿厂总成本的 50%~70%。因此，在矿山的建设中，根据具体矿山的矿石特性，采用合适的破碎和磨矿工艺流程，选择合适的破碎和磨矿工艺所需的设备，计算和确定满足处理能力和相应的产品粒度需求的设备规格，是选矿厂设计和生产应用的关键环节。

最近 40 多年来，随着世界经济的快速发展，对矿物原料的需求也越来越高，支持了矿物原料生产的最前端——矿业的进步和发展。从 20 世纪 80 年代初到今天，单个最大矿山规模的日处理矿石能力从 13 万吨发展到 36 万吨；选矿厂单系列（1 台半自磨机+2 台球磨机）最大的日处理能力从 2.6 万吨发展到 12.7 万吨；圆锥破碎机的规格从单台最大处理能力 1000 t/h 发展到 4000 t/h；自磨机（半自磨机）的规格从最大直径 9.75 m 发展到 12.2 m，单台磨机最大装机功率从 8200 kW 发展到 28000 kW；球磨机规格从最大直径 5.5 m 发展到 8.5 m，单台球磨机最大装机功率从 4700 kW 发展到 22000 kW。在矿业发展的同时，矿物原料作为不可再生的自然资源，其开采、加工的复杂程度和加工成本也在不断地增大，相应地也新生和出现了一些新的理论和新的工艺，如相应于原来小规格磨机计算所采用的邦德方法而新提出的用于大规格设备碎磨能耗计算的 Morrell 方法，专为用于处理细粒、超细粒嵌布矿物的细磨、超细磨工艺及设备等。为此，在本手册的编写过程中，参照矿业发展的实际状况，结合作者自己在选矿工程设计上的实际经历，除了参考原有的计算方法之外，尽可能地把一些最近 40 多年来随着矿业发展带来的新的能耗试验方法、破碎和磨矿工艺上新出现设备的选择原则、需考虑的影响因素、计算方法及部分设备在运行过程中需要注意的环节补充到手册当中，供使用者参考。

本手册当中，在破碎设备的选择计算中，把高压辊磨机单独作为一章，虽然该设备目前作为细碎设备使用，但其粉碎原理和使用方式与目前普遍使用的破碎机截然不同，国外的设备制造商已将其归类为磨矿设备。在磨矿设备的选择计算中，共分为常规磨矿机（棒磨机、球磨机、砾磨机）、自磨机/半自磨机、细磨和超细磨三部分，这三部分的磨矿原理不同：常规磨矿机以磨剥、研磨为主，自磨机/半自磨机为冲击、磨剥、研磨，细磨和超细磨以研磨为主，因而，选择计算的方法也不同，尤其是细磨和超细磨工艺，是 20 世纪末才出现的，到现在为止，其功耗的确定仍以试验为主。

本手册共 13 章，其中第 1 章为绪论，第 2~3 章分别为能耗试验方法介绍和常用的碎磨工艺流程介绍，第 4~13 章分别为不同碎磨作业和设备的选择和计算（确定）。

在手册的编写过程中，参阅了大量的国内外书籍、文献和会议论文，特别是 Metso Minerals 的多种公开发表的碎磨设备的样本资料，谨向所有本手册中所涉及的参考资料的作者表示衷心的感谢！

手册中不足之处，欢迎批评指正！

杨松荣

2024 年 11 月

目　　录

1 绪　　论

粉碎过程是所有原材料加工过程中必不可少的过程，包括爆破、破碎、磨矿三个阶段。原材料或是通过加工后选别，或是通过加工后改性，或者进行其他的处理过程，均需要经过粉碎过程把原料的粒度降低到后续加工过程适用的粒度，而爆破、破碎和磨矿的过程都是使原料粒度降低的过程，但是，由于上述三者使物料粒度降低的方式不同，因而其降低过程的原理和降低的程度也不同。

粉碎过程的目的是将含有有用矿物的矿石，通过施加外力，使其中所含的具有一定形状和规格的有用矿物晶粒解离出来，然后通过物理或化学的方法，或者物理化学相结合的方法使其富集，并与脉石（非目的矿物）分离。

粉碎过程是矿物加工中选别工艺的准备作业，是利用能量对矿石进行一系列的爆破、挤压、冲击、磨剥和研磨，使矿石中有用矿物单体解理，利于下一阶段进行选别的过程。爆破是利用炸药产生的高速气压脉冲（化学能）使原生态的矿石产生初始的碎裂；破碎是利用机械能对爆破碎裂到一定块度的矿石进行挤压使其碎裂到适于下一步作业处理的粒度；磨矿是利用冲击、磨剥和研磨使破碎后的矿石进一步碎裂、剥蚀达到解理。由于实际应用中爆破由采矿专业在自然矿脉处就地实施，故本手册仅包含破碎、磨矿部分。

在爆破后物料的后续破碎、磨矿过程中，为了使物料既充分解离，又避免过粉碎（或过磨）现象的发生，也考虑到处理工艺的经济性，一般会采用预先筛分及筛分作业或分级作业与破碎、磨矿设备组成闭路破碎流程或闭路磨矿流程。

按照原材料的生产过程，一般情况下，先是将原材料通过爆破从理论上无穷大碎裂到0~1500 mm的粒级，然后采用破碎（一般按照粗碎、中碎、细碎）将其碎裂至粒度为0~25 mm（或0~300 mm），需要继续加工的则采用磨矿将破碎的最终产品磨至粒度为10~300 μm大小或更细。因此，磨矿的最终粒度根据有用矿物在矿石中的嵌布粒度和采用的选别方法确定。

在碎磨过程的不同作业中，为了保证物料粉碎到一定的粒级范围，需要将粉碎的物料进行分级。分级通常分为筛分分级和水力分级。筛分分级是一个严格按粒度大小分级的过程，根据筛面筛孔的大小将物料分为不同的粒级，常用于处理粒度较粗的物料。水力分级则是按颗粒在介质（通常为水）中或以水为介质的力场中沉降速度的不同，将物料分为不同的粒级范围的过程，适用于粒度较小的物料。

特殊情况下，为避免含泥矿物原料中的泥质物堵塞破碎和筛分设备，需在碎矿过程中设置洗矿作业。原料中如果含有可溶性有用或有害成分，也要进行洗矿。洗矿可在擦洗机中进行，也可在筛分和分级设备中进行。

2　粉碎常用的基本概念

进入21世纪以来，随着矿物加工行业的快速发展，对能耗的重点——粉碎作业的研究越来越多，人们从不同的角度陆续开发了一些新的能耗评价方法，这些新的评价方法和20世纪开发的一直在沿用的能耗评价方法一起构成了目前矿物加工业的碎磨能耗评价体系。在这些评价体系中，提出了一些新的评价指标，用于对所处理矿石的硬度或耐磨性进行评判。这些不同的能耗评价方法分别针对不同的应用条件，或者从不同的角度开发，针对同一种粉碎类型。因而，在应用时应根据所处理的矿石特性，寻找适合于特定矿石特性和应用条件的试验方法，以进行更合适的评判。

2.1　硬度

2.1.1　普氏硬度

采矿工业上以硬度系数 f（也称普氏硬度系数[1]）表示岩石或矿石的硬度，f 为岩石或矿石标准试样的单向极限抗压强度值 R 的百分之一，即

$$f = \frac{R}{100} \tag{2-1}$$

式（2-1）中，f 值越大，岩石或矿石的硬度越大，也就越难破碎。

根据上述硬度的表示方式，选矿工业上参考采矿岩石分级表（见表2-1）把矿石硬度简化为5级（见表2-2，有的资料简化为4级或3级）。

表2-1　普氏岩石分级表

硬度等级	坚固性程度	硬度系数 f	岩石
Ⅰ	最坚固的岩石	20	最坚固的石英岩、玄武岩
Ⅱ	很坚固的岩石	15	花岗质岩石、石英斑岩、花岗岩、硅质片岩等
Ⅲ	坚固的岩石	10	花岗岩、砂岩、石灰岩、极坚固的铁矿等
$Ⅲ_a$	坚固的岩石	8	石灰岩、不坚固的花岗岩、大理石、硫化铁、白云石等
Ⅳ	较坚固的岩石	6	一般的砂岩、铁矿
$Ⅳ_a$	较坚固的岩石	5	硅质页岩、页岩质砂岩
Ⅴ	中等的岩石	4	黏土质岩石、不坚固的砂岩和石灰岩

续表 2-1

硬度等级	坚固性程度	硬度系数 f	岩石
V_a	中等的岩石	3	各种页岩、致密的泥灰岩
Ⅵ	较软的岩石	2	白垩、岩盐、石膏、无烟煤等
VI_a	较软的岩石	1.5	破碎的页岩、硬化的黏土
Ⅶ	软的岩石	1.0	黏土、烟煤、黏土质土壤
VII_a	软的岩石	0.8	黄土、砾石
Ⅷ	土质岩石	0.6	腐殖土、泥煤、湿砂
Ⅸ	松散岩石	0.5	砂、松土、采下的煤
Ⅹ	流沙性岩石	0.3	流沙、沼泽土壤、含水黄土

表 2-2　矿石硬度等级

硬度等级	硬度系数 f	可碎性	举例
很软	<2	很易	石膏、无烟煤、滑石
软	2~4	易	泥灰岩、页岩
中硬	4~8	中等	一般砂岩、石灰岩、铁矿
硬	8~12	较难	坚固的铁矿、硫化矿、硬砂岩
很硬	>12	很难	含铁石英岩、玄武岩、花岗岩

2.1.2　邦德功指数

邦德功指数 W_i 是指将矿石从理论上无限大的粒度破碎到 80%小于 100 μm 时所消耗的能量，单位为 kW · h/t。邦德功指数包含破碎功指数 CW_i、棒磨功指数 RW_i 和球磨功指数 BW_i。

2.1.3　邦德磨蚀指数

邦德磨蚀指数 A_i 用于确定钢介质和衬板在破碎机、棒磨机、球磨机中的磨损量，它通过邦德磨蚀试验确定。

2.1.4　JK 冲击碎裂系数

JK 冲击碎裂系数（$A\times b$）是用于表述自磨机/半自磨机中矿石特性的性能参数，表征矿石冲击破碎阻力的度量值，用于和其他矿样进行比较。该值越低，表明其在冲击破碎时越硬。

系数 A 和 b 产生于 JK 落重试验和 SMC 试验的数据分析。A 和 b 的值是互相依存的，尽管它们根本没有自己的物理意义，但它们间接地与矿石的硬度相关。

它们最初是用于 JKSimMet 软件中的自磨机/半自磨机模型中，在给定的给矿粒度分布和给矿量条件下的产品粒度分布和输出功率的预测。

2.1.5 JK 磨剥碎裂系数

JK 磨剥碎裂系数 t_a 是表述自磨机/半自磨机中矿石特性的性能参数，表征矿石磨剥阻力的度量值，该值越低，表明其磨剥阻力越大。

2.1.6 SMC 硬度系数

SMC 硬度系数 DW_i 值来自 SMC 试验，用于预测矿石采用自磨机/半自磨机处理时所需的比能耗，单位为 $kW \cdot h/m^3$。DW_i 值越高，表明矿石越硬。

2.1.7 SMC 功指数

SMC 功指数 M_i 是 SMC 试验的输出值，用于计算由自磨机、半自磨机、棒磨机、球磨机、破碎机、高压辊磨机组合的任一碎磨回路的比能耗（$kW \cdot h/t$），M_i 由 4 个功指数值组成，分别为 M_{ia}、M_{ib}、M_{ic}、M_{ih}，其中 M_{ia} 是把最后一段破碎的产品磨到 $P_{80}=750$ μm（粗粒）的功指数，M_{ib} 是把 $P_{80}=750$ μm 的产品磨到采用常规球磨机能够达到的最终产品 P_{80} 的功指数，常规破碎则为 M_{ic}，高压辊磨机则为 M_{ih}。

4 个功指数中，M_{ia}、M_{ic}、M_{ih} 值为 SMC 试验的标准输出值，M_{ib} 值则采用常规邦德球磨功指数试验（M_{ib} 不是邦德球磨功指数）产生的数据确定。

2.1.8 SCSE 值

SCSE 是半自磨机回路比能耗（SAG circuit specific energy）的缩写。SCSE 值不是通过试验产生的，它是根据 JK 落重试验和 SMC 试验的 A 和 b 值，用 JKSimMet 软件使用可变量模型从特定的 SAG 磨矿回路配置中模拟产生的以 $kW \cdot h/t$ 为单位的输出值，该模拟过程的输入值之一是 A 和 b 值。SCSE 与 $A \times b$ 值负相关，即 SCSE 越高矿石越硬。

2.1.9 半自磨功率指数

半自磨功率指数 SPI 是由原 Minivox 公司开发的一种确定矿石在半自磨机中的硬度和耐磨性的方法，即在特定的条件下，把矿石从 F_{80} 为 12.5 mm 磨至 P_{80} 为 1.7 mm 时所需的时间，单位为 min。SPI 值越大，矿石越硬越耐磨。

2.1.10 MacPherson 自磨功指数

MacPherson 自磨机功指数 AW_i 试验是由 Art MacPherson 等人在评估 Aerofall

Mills 有限公司的自磨/半自磨磨机设计时开发的一种试验方法。试验完成后，根据给矿和产品的粒度分布，以及已知的功率输入，计算出自磨机的功指数，单位为 kW · h/t。

2.2 粒度

2.2.1 F_{80}、P_{80}、T_{80}

F_{80} 是指给矿中 80%通过筛孔的粒度，以 μm 表示。

P_{80} 是指产品中 80%通过筛孔的粒度，以 μm 表示。

T_{80} 是指中间产品中 80%通过筛孔的粒度，以 μm 表示。

2.2.2 网目

网目通常是指每英寸（25.4 mm）长的筛网上包括的正方形筛孔的数量。例如，200 目的筛子，是指每英寸长的筛网上有 200 个方孔，其筛丝的直径为 0.053 mm，每个筛孔的尺寸为 0.074 mm。

目前国际上广泛使用的泰勒标准筛，即以 200 目（0.074 mm）为基筛，以 $\sqrt[4]{2}$ 为筛比，构成的一套筛序。如果无特别说明，一般所指均为泰勒标准筛的数据。

几种常用不同标准筛子的网目与粒度对照见表 2-3。

表 2-3 网目与粒度对照

GB/T 6005—2008				泰勒筛				美制筛		
筛孔尺寸			目数 /目 · in^{-1}	筛孔尺寸（筛比为$\sqrt[4]{2}=1.189$）		目数 /目 · in^{-1}	筛孔尺寸（筛比为$\sqrt{2}=1.414$）	筛孔尺寸（筛比为$\sqrt[4]{2}=1.189$）		目数 /目 · in^{-1}
mm（筛比 1.40）	μm（筛比 1.19）	μm（筛比 1.25）		mm	in		in	mm	in	
125	—	—	0.191	26.67	1.050	—	1.050	26.9	1.06	
90	—	—	0.264	22.43	0.883	—	—	22.6	0.875	
63	—	—	0.370	18.85	0.742	—	0.742	19.0	0.750	
45	—	—	0.513	15.85	0.624	—	—	16.0	0.625	
31.5	—	—	0.715	13.33	0.525	—	0.525	13.4	0.530	
22.4	—	—	0.979	11.20	0.441	—	—	11.2	0.438	
16	—	—	1.326	9.423	0.371	—	0.371	9.51	0.375	
11.2	—	—	1.854	7.925	0.312	2.5	—	8.00	0.312	
8	—	—	2.540	6.680	0.263	3	0.263	6.73	0.265	

续表 2-3

GB/T 6005—2008				泰勒筛				美制筛		
筛孔尺寸			目数/目·in^{-1}	筛孔尺寸（筛比为$\sqrt[4]{2}=1.189$）		目数/目·in^{-1}	筛孔尺寸（筛比为$\sqrt{2}=1.414$）	筛孔尺寸（筛比为$\sqrt[4]{2}=1.189$）		目数/目·in^{-1}
mm（筛比1.40）	μm（筛比1.19）	μm（筛比1.25）		mm	in		in	mm	in	
5.6	—	—	3.528	5.613	0.221	3.5	—	5.66	0.223	3.5
4	—	—	4.704	4.699	0.185	4	0.185	4.76	0.187	4
2.8	—	—	6.480	3.962	0.156	5	—	4.00	0.157	5
2	—	—	8.759	3.327	0.131	6	0.131	3.36	0.132	6
1.4	—	—	12.038	2.794	0.110	7	—	2.83	0.111	7
1	—	—	16.282	2.362	0.093	8	0.093	2.38	0.0937	8
—	850	—	18.815	1.981	0.078	9	—	2.00	0.0787	10
—	710	—	21.897	1.651	0.065	10	0.065	1.68	0.0661	12
—	600	—	25.400	1.397	0.055	12	—	1.41	0.0555	14
—	500	—	31.156	1.168	0.046	14	0.046	1.19	0.0469	16
—	425	—	36.028	0.991	0.039	16	—	1.00	0.0394	18
—	355	—	43.859	0.833	0.0328	20	0.0328	0.841	0.0331	20
—	300	—	50.800	0.701	0.0276	24	—	0.707	0.0280	25
—	250	—	61.951	0.589	0.0232	28	0.0232	0.595	0.0232	30
—	212	—	72.159	0.495	0.0195	32	—	0.500	0.0197	35
—	180	—	83.279	0.417	0.0164	35	0.0164	0.420	0.0165	40
—	150	—	101.600	0.351	0.0138	42	—	0.354	0.0138	45
—	125	—	118.140	0.295	0.0116	48	0.0116	0.297	0.0117	50
—	106	—	143.503	0.246	0.0097	60	—	0.250	0.0098	60
—	95	—	166.013	0.208	0.0082	65	0.0082	0.210	0.0083	70
—	75	—	203.200	0.175	0.0069	80	—	0.177	0.0070	80
—	63	—	235.185	0.147	0.0058	100	0.0058	0.149	0.0059	100
—	53	—	285.393	0.124	0.0049	115	—	0.125	0.0049	120
—	45	—	329.870	0.104	0.0041	150	0.0041	0.105	0.0041	140
—	38	—	373.529	0.088	0.0035	170	—	0.088	0.0035	170
—	—	32	423.333	0.074	0.0029	200	0.0029	0.074	0.0029	200
—	—	25	1016.000	0.063	0.0024	250	—	0.063	0.0024	230
—	—	20	1270.000	0.053	0.0021	270	0.0021	0.053	0.0021	270
—	—	16	—	0.044	0.0017	325	—	0.044	0.0017	325
—	—	10	—	0.037	0.0015	400	0.0015	0.037	0.0015	400
—	—	5	—	—	—	—	—	0.031	0.0012	450
—	—	—	—	—	—	—	—	0.026	0.0010	500

2.3　碎磨试验方法

目前常用的有关碎磨能耗方面的小型试验见表 2-4。

表 2-4　常用的小型碎磨试验[2-5]

试验名称	最大粒度/mm	所需样品质量/kg	类型/稳态	碎磨装置试验用途
邦德磨蚀试验	12.7~19	3		介质、衬板磨损
邦德破碎试验	75	10	单颗粒/否	破碎机
邦德棒磨试验	13	10	闭路循环/是	棒磨机/自磨机/半自磨机
邦德球磨试验	3.5	10	闭路循环/是	球磨机
介质耐磨性试验	165	300	批次/否	自磨机/半自磨机
单轴抗压强度试验	>85，全岩芯试样，长度大于 2.5 倍直径	最少 10 个岩芯样	岩芯/否	破碎机
点负载	40~30	20	单颗粒/否	破碎机
JK 落重试验	64	75	单颗粒/否	破碎机/自磨机/半自磨机
JK 旋转碎裂试验	13.2~45	100	单颗粒/否	自磨机/半自磨机
钢轮磨剥试验（SWAT）	300~850	3~4	单颗粒/否	介质、衬板磨损
SMC 试验	31.5	5	单颗粒/否	自磨机/半自磨机
SAG Design 试验	$F_{80}=152$	10	批次/否	自磨机/半自磨机
MacPherson 试验	32	100	连续/是	自磨机/半自磨机
SAG 功率指数（SPI）	19	5	批次/否	自磨机/半自磨机
实验室 HPGR 试验	12.5	25	连续/否	高压辊磨机
搅拌磨机试验	约 1.5	10~20	连续/否	搅拌磨机
Isa 磨机试验	约 1.5	10~20	连续/否	Isa 磨机

2.3.1　邦德低能冲击试验

邦德冲击破碎功指数试验是为了提供适用于标准邦德回路粗粒度物料计算的功指数，特别是粒度大于 16000 μm 的功指数。邦德标准回路是指 1950—1980 年流行的“传统”破碎—棒磨—球磨回路，其设计不采用任何校正系数，如图 2-1 所示。

2.3.1.1　试验设备

两个重 13.6 kg 的锤子均安装在摆锤上，当释放时，它们会沿着上升的同一直线返回，并同时撞击每个岩石样本的相对两侧。锤击面尺寸为 51 mm×51 mm×

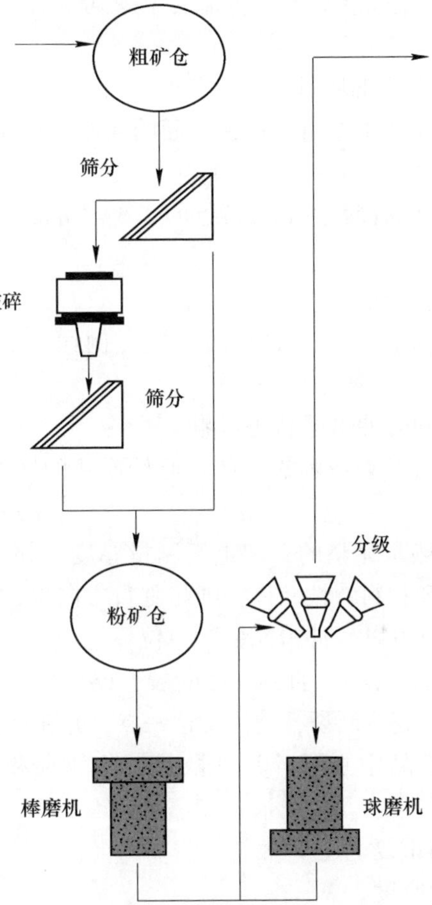

图 2-1 邦德标准回路

25.4 mm，它们在半径为 0.413 m 的圆弧上摆动。静止时，两个锤击面被 51 mm 的间隙隔开，间隙为两个锤面的厚度。当锤子从垂直方向均匀上升到角度 α 后释放时，计算冲击能量（详见 2.3.1.4 小节）。

理想情况下，两个锤轴之间的间距应可调节，以允许锤面对不同宽度的颗粒产生合适的（水平）冲击。

2.3.1.2 样品

将整个样品粉碎，使所有颗粒通过 76 mm 方孔，随后采用保留在 51 mm 方孔上的那些颗粒。

对其他应用（如破碎机的选择），一些制造商现在对给矿颗粒的要求有所不同，它们采用从更广泛的样品来源中提取自然产生的（破碎的）破碎岩石块，并且具有两个厚度在 51~76 mm 之间几乎平行的面。如果是这种情况，虽然冲击破碎功指数可以用于邦德效率计算，但需要至少试验 10 件样品（最好是 20 件）。

2.3.1.3　程序

（1）称取样品（件）的质量，精确到克（g）。

（2）将样品安装在锤子之间（如在下面的底座上使用建模黏土），使其最小尺寸位于锤子表面之间。

（3）如果锤面与样品接触达到最接近的 2.5~3 mm，则在锤面之间的点处测量样品厚度。

（4）实施适当的安全措施。

（5）最初把锤子提高到认为合适的位置（例如，如果已知物料特性许可，则与垂直方向成 10°或更大角度）。

（6）释放锤子，同时冲击样品的两侧。

（7）检查样品是否开裂或断裂。如果原始质量的 33%或以上断开，则视为断裂。

（8）如果样品仍然是完整的，则重新测量厚度，并将锤击角度增加适当的增量（例如，如果已知物料特性允许，则与垂直方向增加 5°或更大），然后返回到相同的方向。设备也可以“冲击能量”单位标记。

（9）重复步骤（4）~（8），直到样品断裂，记录最后使用的释放角度。若颗粒不断地碎裂，但没有完全断裂，请注意这一点，并在计算中进行判断。

（10）记下破碎样品中主要碎片的数量，此数字和粒子质量不会进入 W_i 计算。

（11）对所有样品重复上述步骤。

（12）测定样品的密度。

（13）对于每个样品，将质量（单位为 g）、厚度（单位为 mm）、锤释放角度（单位为（°））和主要碎片的数量制成表格。

2.3.1.4　计算

（1）计算用于破坏每个试样的冲击能量：

$$C = \frac{110.2 \times (1 - \cos\alpha)}{d} \tag{2-2}$$

式中　C——冲击能，J/mm；

α——冲击角（垂直方向的度数），(°)；

d——试样厚度，mm。

（2）计算所有试样的平均冲击能 C_{mean}。

（3）计算破碎功指数：

$$W_{ic} = 48.5 \times 1.1023 \times \frac{C_{mean}}{s_g} \tag{2-3}$$

式中 W_{ic}——破碎功指数，kW·h/t；

C_{mean}——所有试样的平均冲击能，J/mm；

s_g——试样的密度，t/m^3。

2.3.2 邦德棒磨功指数试验

邦德棒磨功指数试验是确定矿石样品棒磨功指数的标准试验[6]。它由 Fred Bond 于 1952 年开发，并于 1961 年修改。邦德棒磨功指数试验是衡量物料抗破碎和磨剥能力的指标，可用于确定棒磨机（见图 2-2）磨矿条件下给定物料的处理能力所需的磨矿功率，这是一种采用实验室筛分闭路进行的闭路循环试验。

图 2-2 邦德棒磨功指数试验用棒磨机

邦德棒磨功指数试验与进行试验时的闭路筛孔有关。对于邦德棒磨功指数试验，标准闭路筛孔为 1180 μm。但是，选择的闭路筛孔应使试验中的产品 P_{80} 尽可能接近设计回路中预期的产品 P_{80}。经验法则是：对于给定的闭路筛孔，最终产品 P_{80} 将比$\sqrt{2}$系列筛孔小约一号。例如，如果所需产品 P_{80} 约为 850 μm，则应使用 1180 μm 的闭路筛孔。

棒磨功指数试验是将给矿样品分级破碎至 12.5 mm，并在 100%循环负荷下进行试验。试验也可以用各种规格的筛孔进行闭路，但用于自磨机/半自磨机分析，通常使用标准的 14 目（1.18 mm）筛孔。棒磨功指数的计算公式如下：

$$RW_i = \frac{62}{P_1^{0.23} \times \text{Gpr}^{0.625} \times \left(\frac{10}{\sqrt{P_{80}}} - \frac{10}{\sqrt{F_{80}}}\right)} \tag{2-4}$$

式中 RW_i——棒磨功指数，kW·h/t；

P_1——闭路筛的孔径，μm；

Gpr——每个循环中新产生特定粒级的质量，g/r；

F_{80}——给矿中 80%通过的粒度，μm；

P_{80}——产品中 80%通过的粒度，μm。

标准邦德棒磨功指数试验程序首先是阶段破碎给矿，使其通过 12.7 mm 筛孔，并确定代表性样品。然后，在标准棒磨机中进行一系列批次磨矿，棒磨机的规格（直径×长度）为 0.305 m×0.610 m，波形衬板，其转速为 40 r/min。充填有 8 根钢棒，总质量为 33.38 kg。

最初，准备 1250 mL 给矿子样品用于第一批磨矿，它在磨机里磨 100 r。研磨时，磨机在 100 r 期间重复倾斜循环。它依次水平运行 8 圈、向上倾斜 5°旋转一圈、向下倾斜 5°旋转一圈、返回水平，循环重复。

每次磨矿之后，用选定的闭路筛对磨机内的物料进行筛分，去除筛下粒级，然后用等量的新给矿替代，使磨机中样品的质量等于最初充填体的质量。然后将样品返回磨机并磨到预定转数，以产生 100%循环负荷。该程序至少重复 6 次，直到磨机每转产生的筛下粒级质量达到平衡。

最后三个循环中每转净质量的平均值作为棒磨机可磨度 Gpr，单位为 g/r。然后用筛分产品代表性的样品确定 P_{80}。最后，使用式（2-4）计算出棒磨功指数。

对于给定的矿石类型，试验时通常会观察棒磨机和球磨机值之间的差异。这些差异可能是由矿石粒度引起的硬度变化（棒磨功指数试验为 12.5 mm，球磨功指数试验为 3.35 mm），或者由嵌布粒度特性引起的。

邦德棒磨功指数用于计算中等粒度（12.5~1 mm）的功率需求。该试验主要用于棒磨机或一段球磨机的设计，也可与其他邦德试验（球磨功指数和破碎功指数）一起采用半经验关系用于半自磨机设计。

在使用邦德棒磨功指数设计和优化磨矿回路时，采用下面方程（Bond，1961 年）计算：

$$W = 10W_i\left(\frac{1}{\sqrt{P_{80}}} - \frac{1}{\sqrt{F_{80}}}\right) \tag{2-5}$$

$$P = T \times W \tag{2-6}$$

式中　W——输入功率，kW · h/t；

W_i——功指数，kW · h/t；

P——输入功率，kW；

T——新给矿量，t/h；

F_{80}——给矿中 80%通过的粒度，μm；

P_{80}——产品中 80%通过的粒度，μm。

根据以上方程可以计算给定磨矿条件所需的比能耗、邦德棒磨功指数、给矿粒度和所需产品粒度，能够根据处理能力确定所需的磨机规格和电机功率。

邦德棒磨功指数提供了在棒磨机中磨剥矿石样品所需能量的度量，见表 2-5。

表 2-5　邦德棒磨功指数与矿石硬度的相应关系

性质	软	中等	硬	非常硬
邦德棒磨功指数/kW·h·t^{-1}	7~9	9~14	14~20	>20

2.3.2.1　试验设备

棒磨机由金属制成，最大内径 305 mm，带波浪形衬里。内部磨机长度为 610 mm，磨矿充填由 6 根 ϕ31.8 mm 和 2 根 ϕ44.5 mm 的钢棒组成，总长度为 533.4 mm，总质量为 33380 g。

邦德棒磨机的转速为 46 r/min，并配有转速计数器。为了处理端部的物料偏析，在每个磨矿周期内，它依次在水平位置运行 8 圈、向上倾斜 5°旋转一圈、向下倾斜 5°旋转一圈，重复进行此过程。

试验给矿控制粒度在 12.7 mm 以下，采用标准$\sqrt{2}$系列筛分设备对试验给矿、试验产品和循环负载（筛上粒级）物料进行干筛粒度分析。在两次磨矿循环之间进行一个或多个筛网的干式筛分，选择闭路筛分筛孔进行闭路试验。干式筛分适用于棒磨机试验要求，但最终产品粒度分析除外，该分析可能需要湿式筛分和干式筛分。

2.3.2.2　样品

确保物料干燥。最好从大约 14 kg 密度为 2.7 t/m^3 的物料开始，密度更高的物料按比例增加。这将允许最多 10 个磨矿循环，给矿粒度分析后的物料可重新用于磨矿试验。

2.3.2.3　程序

试验可以在 4 目（4.76 mm）~65 目（212 μm）的闭路筛孔范围内进行，但通常为 8 目（2.38 mm）~28 目（300 μm），这些效率计算选择的试验控制粒度通常为 1180 μm。

在每个磨矿周期结束时，将磨机内物料排出，并用指定的闭路筛孔对研磨物料进行筛分。对筛下料进行称重，并向筛上料中加入等量的新给矿，以构成最初加入磨机的 1250 cm^3 的总质量，再将其返回到磨机，按照计算出的转数进行研磨，以产生 100%的循环负载。磨矿循环持续进行，直到每转产生的筛下粒级的质量达到平衡和/或反向（从增加变为减少，反之亦然）。然后，对最后三个循环的最终循环负荷和筛下粒级进行筛分分析，步骤如下：

（1）阶段破碎棒磨机的给矿，并通过 12.7 mm 筛孔的筛子筛分，通过筛分避免粉碎，然后继续破碎筛上粒级，直到其全部通过 12.7 mm 的筛孔。

（2）通过试验的闭路筛孔对破碎的试验给矿进行筛分分析。

（3）使用规格合适的容器测定试验物料填塞的松散密度。

（4）确定填塞时 1250 cm^3 物料的质量，这是棒磨机中存在的物料充填质量。

（5）计算 100%循环负载下的理想可能产品（IPP），即物料填充质量（单位为 g）除以 2。

（6）将样品旋转分成适当的小批量，略小于 IPP，进一步旋转将其中一个或两个批次分成更小的子批次。

（7）使用批次和子批次，从其计算质量中补足最初的 1250 cm^3 磨机物料充填。

（8）将物料和钢球充填放入磨机中，例如运行 50 r，这个数字可以根据闭路筛孔和实验室的经验而变化。如果试验给矿含有 50%或更多小于闭路筛孔的量，则将“0”指定为第一个转数，用闭路筛孔对物料进行筛分，并用新的给矿将待研磨的物料补至所需质量。

（9）倾倒出充填物料，用闭路筛对其进行筛分，并称量筛上和筛下的产品质量。

（10）确定净产品的质量，单位为 g，公式如下：

$$\text{净产品} = \text{筛下粒级的产品} - \text{磨机给矿中筛下粒级} \tag{2-7}$$

（11）确定每转的净产品（净 Gpr），单位为 g，公式如下：

$$\text{净 Gpr} = \frac{\text{净产品}}{\text{转数}} \tag{2-8}$$

（12）向筛上粒级（循环负载）添加新的给矿，使其达到磨机中所需的物料负载。

（13）计算用于下一个循环的磨机转数，公式如下：

$$\text{转数} = \frac{\text{IPP} - \text{新添加的新给矿中筛下粒级的质量}}{\text{前面的净 Gpr}} \tag{2-9}$$

式中　IPP——100%循环负荷的理想可能的产品，g；

Gpr——每转的净产品，g/r。

（14）重复步骤（9）~（13）至少 5 个磨矿循环，直到净 Gpr 达到平衡。

（15）确定最后 3 个循环的循环负荷比，公式如下：

$$\text{循环负荷比} = \frac{\text{充填的物料质量} - \text{平均产品质量}}{\text{平均产品质量}} \tag{2-10}$$

（16）对最后三个循环的合并筛下粒级（产品）和最后一个循环的筛上粒级（循环负荷）进行筛分分析。

（17）最后三个磨矿循环的每转平均克数即是棒磨机的 Gpr(g/r)。

2.3.2.4 计算邦德棒磨机 W_i

$$W_{i_{RM}} = \frac{1.1023 \times 62}{P_{100}^{0.23} \times Gpr^{0.625} \times \left(\frac{10}{\sqrt{P_{80}}} - \frac{10}{\sqrt{F_{80}}}\right)} \tag{2-11}$$

式中 $W_{i_{RM}}$——棒磨机的 W_i，kW · h/t；

P_{100}——闭路筛孔，μm；

Gpr——每转净产品，g/r；

P_{80}——回路产品的 80%通过的粒度，μm；

F_{80}——回路给矿中 80%通过的粒度，μm。

2.3.3 邦德球磨功指数试验

邦德球磨功指数试验是确定矿石样品球磨功指数的标准试验，是由 Fred Bond 于 1952 年开发的，于 1961 年做了修正[6]。邦德球磨功指数是测量物料抗破碎和研磨能力的方法，可用来确定在球磨机磨矿条件下对给定的处理能力所需的磨矿功率，该试验是在实验室进行的与筛分构成闭路的闭路试验。

选择的闭路筛孔要使试验的产品 P_{80} 尽可能地接近设计的回路预期的产品 P_{80}，对于给定的闭路筛孔，最终产品 P_{80} 将比$\sqrt{2}$系列筛孔小约一号。例如，如果所需产品 P_{80} 约为 106 μm，则应使用 150 μm 的闭路筛孔。

邦德球磨功指数试验可以是新的选矿厂设计所需的，在可能的情况下，对选矿厂预期的给矿矿石代表性样品进行试验，然后用于新的磨矿回路计算；也可以用于现有选矿厂及其相关磨矿回路模拟和后续优化。

2.3.3.1 试验设备

金属的邦德球磨机内径 30.5 cm、内长 30.5 cm，带有圆角。除了用于填充的门孔外，它是光滑的。

磨矿充填由 285 个铁球或钢球（其中，43 个 ϕ36.8 mm、67 个 ϕ29.7 mm、10 个 ϕ25.4 mm、71 个 ϕ19.1 mm、94 个 ϕ15.5 mm）组成，总质量为 20125 g。充球的表面积为 5432 cm^2。该磨机以 70 r/min 的转速运行，并配有转速计数器。

采用标准$\sqrt{2}$系列筛分设备对试验给矿、试验产品和循环负荷（筛上粒级）进行物料粒度分析。当闭路筛孔为 75 μm（200 目）或更粗时，在磨矿循环之间采用一个或多个筛孔进行干式筛分。当闭路筛孔为 53 μm（270 目）或更细时，在磨矿循环之间使用湿式筛分。

2.3.3.2 样品

确保物料干燥。最好从密度为 2.7 t/m^3 的约 8 kg 物料开始，密度越高，所需物料质量越多。允许最多 10 个磨矿循环，用于给矿粒度分析的物料可重新用于磨矿试验。

2. 3. 3. 3　程序

试验可以在 28 目（600 μm）或更细的闭路筛孔下进行。由于邦德标准回路不采用任何校正系数，为了避免在参考邦德标准回路中引入设计低效因素，试验所需的控制粒度不应采用球磨机产品细度的校正系数，球磨机回路 P_{80} 应不小于约 70 μm（Bond，1962 年）。没有要求限定条件时，这种邦德效率确定不适用于 P_{80} 小于 70 μm 的回路。

在每个磨矿周期结束时，将磨机卸料，并用指定的闭路筛孔对卸出的物料进行筛分。对筛下物料进行称重，并向筛上物料中加入等量的新给矿，以补充最初加入磨机的 700 cm^3 的总质量。将其返回到磨机并磨至计算产生 250%的循环负荷所需的转数。磨矿循环继续进行，直到每转产生的筛下粒级的质量达到平衡，反向增加或减少。然后，对最终循环负荷和最后三个循环的筛下粒级进行筛分分析。

步骤如下：

（1）阶段性粉碎球磨机试验给矿样品，并通过 3. 36 mm（Tyler 筛 6 目）筛网进行筛分。通过筛分避免过度破碎，然后继续破碎筛上粒级，直到其全部通过 3. 36 mm 的筛网。

（2）对破碎的试验给矿，至少通过试验闭路筛孔的物料进行筛分分析。

（3）使用规格合适的容器测定试验物料填塞的松散密度。

（4）确定填塞时 700 cm^3 物料的质量，这是球磨机中存在的物料填充质量。

（5）计算 250%循环负荷下的 IPP，即物料填充质量除以 3. 5。

（6）将样品旋转分成适当的小批量，略小于 IPP，进一步旋转将其中一个或两个批次分成更小的子批次。

（7）使用批次和子批次，从其计算质量中补足最初的 700 cm^3 磨机物料填充。

（8）将物料和球充填入磨机中，例如运行 150 r，这个数字可以根据闭路筛孔和实验室的经验而改变。如果新给矿中含有 30%或更多小于闭路筛孔的质量，则将第一个转数指定为“0”，筛出筛下粒级，并添加新给矿以补足到开始磨矿所需的质量。

（9）倾倒出填充的物料，用闭路筛孔对其进行筛分，对筛上和筛下产品进行称重。

（10）确定净产品的质量，计算公式见式（2-7）。

（11）确定净 Gpr，用式（2-8）。

（12）向筛上粒级（循环负荷）添加新的给矿，使其达到磨机中所需的物料负荷。

（13）计算下一个循环采用的磨机转数，用式（2-9）。

（14）重复步骤（9）~（13）至少 5 个磨矿周期，直到净 Gpr 达到平衡。

（15）确定最后 3 个循环的循环负荷比，用式（2-10）。

（16）对最后 3 个循环的合并筛下粒级（产品）和最后一个循环的筛上粒级（循环负荷）进行筛分分析。

（17）最后三个磨矿循环的每转平均克数是球磨机的 Gpr。

2.3.3.4 计算邦德球磨功指数

$$W_{i_{BM}} = \frac{1.1023 \times 44.5}{P_{100}^{0.23} \times \mathrm{Gpr}^{0.82} \times \left(\frac{10}{\sqrt{P_{80}}} - \frac{10}{\sqrt{F_{80}}}\right)} \tag{2-12}$$

式中 $W_{i_{BM}}$——邦德球磨机的 W_i，kW · h/t；

P_{100}——闭路筛孔，μm；

Gpr——产品每转的净克数，g/r；

P_{80}——产品 80%通过的粒度，μm；

F_{80}——回路给矿中 80%通过的粒度，μm。

2.3.4 介质耐磨性试验

多年来，开发的介质耐磨性试验有一些变化。这些试验的主要目标是评估自磨机中的介质存活率，其中最成功的试验是 Orway 矿业咨询公司和 Amdel 公司开发的高级介质耐磨性试验（AMCT），其特点是在 ϕ1.829 m×0.305 m 磨机中使用 104~165 mm 范围内 5 种粒度的 10 块大块矿石进行翻滚试验。磨机旋转 500 r 后卸料，分析粒度分布。留下来的矿石接受断裂能试验程序，该程序包括对 5 种粒度的一系列邦德低能冲击试验。断裂能试验提供了第一断裂能与矿石粒度之间的关系，该关系与其他邦德（棒磨和球磨）功指数一起用于数据解释和数据库支持。由于其最大颗粒粒度为 165 mm，因此介质耐磨性试验最适合解决介质耐磨性问题[3-4]。

2.3.5 单轴抗压强度试验

单轴抗压强度试验是测定规则形状岩石试件单轴抗压强度的方法，用于岩石强度（包括碎石或卵石的原始岩石强度）的分级和岩性描述[7-10]。

试验采用的矿石样品为圆柱体，是直径不小于 54 mm 的岩芯，样品的高度与直径之比为 2.5~3.0。试验设备为压力试验机或万能试验机，有显著层理的岩石，分别沿平行和垂直层理方向各取试件 6 个。试件上、下端面应平行和磨平，试件端面的平面度公差应小于 0.02 mm，端面对试件轴线垂直度偏差不应超过 0.25°。

按岩石强度性质，选定合适的压力机。将试件置于压力机的承压板中央，对正上、下承压板，不得偏心。试验时以 0.5～1.0 MPa/s 的速率进行加荷直至破坏，记录破坏荷载及加载过程中出现的现象。

单轴抗压强度试验结果应同时列出每个试件的试验值及同组岩石单轴抗压强度的平均值；有显著层理的岩石，分别给出垂直与平行层理方向的试件强度的平均值，计算值精确至 0.1 MPa。

单轴抗压强度试验记录应包括岩石名称、试验编号、试件编号、试件描述、试件尺寸、破坏荷载、破坏形态。

2.3.6　点荷载试验

在点荷载试验中，将岩石样品安装在两个尖板之间，并施加压力，直到样品发生破坏，记录施加的峰值荷载，并用于计算点荷载指数[11]。

点荷载测试仪由一个液压驱动的柱塞和两个尖板组成，如图 2-3 所示。其中一个压板是固定的，另一个通过液压驱动的柱塞施加压力后可以自由移动。将待测岩石试样放置在两个压板之间，通过液压柱塞的活动向试样施加压力。随着施加在岩石上的力增加，最终导致岩石破裂。施加的峰值压力显示在压力表上。该仪器记录的刚好破坏岩石的力 P 被转换为强度值，这就是 $I_{s(50)}$ 值或粒度修正点荷载指数。

图 2-3　点荷载测试仪

将力的读数转换为 $I_{s(50)}$ 值的计算公式为：

$$I_{s(50)} = FP/D_e^2 \tag{2-13}$$

式中　F——粒度修正系数，$F=(D_e/50)^{0.45}$，$D_e=(4A/P)^{0.45}$；

P——施加的载荷，MN；

A——样品的最小横截面积，mm^2。

点荷载指数的单位为 MPa，由于试验导致了试样的拉伸破坏，则可通过下式将 $I_{s(50)}$ 转换为抗压强度 C：

$$C = 24I_{s(50)} \tag{2-14}$$

点荷载试验中测试每个颗粒的形状和粒度、岩石质量和性能的自然变化都会影响试验结果。为了获得最大的精度，最好的形状是圆柱形的（如岩芯），避免用凹面或凸面颗粒和三角形颗粒。如果没有岩芯样品，则首选方形或矩形颗粒。为避免部分剪切，压盘与颗粒接触的表面应平坦平行，这也将使颗粒在试验过程中脱落的可能性降至最低。点荷载指数标准化为 50 mm 的厚度，但是测试较大的颗粒会减少形状和岩石纹理的影响。样品表面应尽可能合格，没有任何明显的缺陷。

点荷载试验所需的岩芯样 50 块，其长径比至少为 2.5∶1，理想的岩芯直径约为 50 mm，直径为 20~60 mm 的也可以。另外，也可以使用 50~75 mm 范围内的岩石块（同样是 50 块，宽高比为 2.5∶1），端面平行。由于设备限制，直径超过 75 mm 的岩石或岩芯无法测试。如果可用的试样较少，不到 50 块也可以，但如果提供完整数量，结果会更准确。

2.3.7 JK 落重试验

JK 落重试验（DWT）机由 JK 中心于 1992 年研发（见图 2-4），用于测定冲击破碎系数，以准确地表述矿石特征并确定自磨机/半自磨机中矿石样品的破碎特性[2-3,12-13]。

图 2-4 JK 落重试验机

在自磨/半自磨机中，有两种主要的破碎机理：冲击（高能）和磨剥（低能）。JK 落重试验对于特定的矿样采用两种方法测量其冲击和磨剥系数：（1）磨

剥碎裂系数 t_a，由滚动跌落试验确定；（2）冲击碎裂系数 A 和 b，采用 JK 落重试验机的高能冲击碎裂装置确定。这些系数确定后，用于 JKSimMet 选矿模拟软件。在 JKSimMet 软件中，这些系数与设备的详细参数和运行条件一起模拟半自磨机或自磨机的性能。同样的程序，也可提供用于 JKSimMet 软件中破碎机模型的矿石特性参数。

在以下情况时，都需要用落重试验：

（1）在新建项目、改造项目或现有生产项目中，确定矿石在自磨/半自磨条件下的碎裂系数，便于在一定操作条件范围内的回路设计、优化或分析；

（2）确定新安装的或现有的破碎机系数，利用 JKSinMet 破碎机模型进行设计或优化；

（3）当对一个矿体进行 SMC 试验时，同一个矿样的 SMC 试验和 JK 落重试验会对矿体详情提供相关关系。

JK 落重试验程序由下面两部分组成：

（1）冲击碎裂试验。将 100 kg 的代表性矿样筛分成 5 个粒级：53～63 mm、37. 5～45 mm、26. 5～31. 5 mm、19～22. 4 mm、13. 2～16 mm。对每一个粒级矿样分别在 3 个能耗水平下，破碎成 10～30 个颗粒，共给出 15 个粒级/能耗组合。对每一个粒级/能耗组合的所有颗粒破碎产品收集后筛分，得到的粒度分布相对于最初的粒度进行规范化。在一个宽的输入能量范围内，颗粒粒度和矿石类型的相对粒度分布在形状上仍然是相似的，能够通过在分布上的单个点来描述。JKTech 的做法是用通过原始粒度的 1/10 的百分数表示，称为 t_{10}。

在 JK 落重试验中的粒度，原始的颗粒粒度采用粒度范围的几何平均值表示，用这种方法，可以获得一套 15 个粒级/能耗组合的 t_{10} 和 E_{cs} 值，下面是碎裂数量、t_{10}（mm）与比能耗 E_{cs}（kW · h/t）的计算公式：

$$t_{10} = A(1 - e^{-bE_{cs}}) \tag{2-15}$$

采用 15 个粒级/能耗组合数据值，利用最小平方差计算出最匹配的 A 和 b 参数。得到的 A 和 b 参数则与矿石对冲击破碎的阻力相关。A 与 b 的乘积则代表 E_{cs} 为 0 kW · h/t 时曲线的斜率，是一个矿石冲击破碎阻力的度量值，用于和其他矿样进行比较。当其值更低时，表明在冲击破碎时其为更硬的矿石。

（2）磨剥碎裂试验。低能（磨剥）碎裂的特征是采用单个粒级进行滚动试验，标准的磨剥试验是在实验室中用装有 4 mm×6 mm 提升棒的 ϕ305 mm×305 mm 磨机，在 70%的临界转速下，将 3 kg 38～55 mm 的颗粒磨剥 10 min，之后将得到的产品筛分，可以确定产品的 t_{10} 值。

原始粒级 38～56 mm 的几何平均颗粒粒度是 45. 7 mm，t_{10} =（1/10）× 45. 7 = 4. 57 mm。

磨剥系数 t_a 定义为：$t_a = t_{10}/10$。较低的 t_{10}（同样 t_a）值表明，物料通过原始颗粒粒度 1/10 的百分比较低，或者说磨剥碎裂的阻力更大。

表 2-6 为 JK 落重试验系数的典型数据，是相对的度量值。

表 2-6 JK 落重试验系数与矿石硬度特性的对应关系

矿石性质	很硬	硬	中硬	中	中软	软	很软
$A \times b$	<30	30~38	38~43	43~56	56~67	67~127	>127
t_a	<0.24	0.24~0.35	0.35~0.41	0.41~0.54	0.54~0.65	0.65~1.38	>1.38

落重试验参数通常用于 JKSimMet 建模和仿真软件包中，以预测矿石对碎磨过程的响应，用于分析、优化和设计回路。该软件可以模拟和校准各种碎磨和分离设备，尤其是破碎机、自磨机和球磨机、旋流器和筛分设备。

2.3.8 SMC 试验

SMC 试验由 Steve Morrell 博士开发，这是一种简化的落重试验，可以在小的岩石或岩芯上以低成本进行（可以使用金刚石锯将岩芯切割成 1/4 个圆柱体）。该试验与标准落重试验程序类似，只是对单个粒级进行试验。该试验可以在各种岩石粒度下进行，最小可接受的粒度为 16 mm，建议的粒度为 26.5~31.5 mm，这需要制备约 30 kg 的样品，实际试验只有 5 kg，所有产品和未使用的物料都可以重新用于选矿试验。更小的岩石或岩芯的试验需要的质量要小得多，块状样品或任何规格的岩芯都可以进行试验[14-15]。

该试验产生以"kW · h/m³"为单位的落重指数（DW_i）及 A 和 b 参数，但不会生成破碎机参数，这些参数必须通过全落重试验获得；还提供 t_a 的估计值和由 Morrell 开发的 M_{ia}、M_{ic} 和 M_{ih} 参数。

通常情况下，矿床中的主要矿带/类型应提交至全落重试验程序，SMC 试验用于测定主要矿带/类型内的可变性。当通过全程序测量硬度梯度时，可以校准 SMC 试验的结果，以更好地反映自磨/半自磨机所需粒度范围内矿石的硬度。注意：对最粗粒级（26.5~31.5 mm）进行试验时，无须校准。

M_{ia}、M_{ic} 和 M_{ih} 参数，以及作为邦德球磨机可磨性试验的一部分获得的 M_{ib} 可用于评估自磨机/球磨机和 HPGR/球磨机回路。另外，A 和 b 值也可以直接在 JKSimMet 中用于选矿厂设计、扩建和优化。

SMC 试验的开发旨在通过高度控制岩石样品的破碎，提供一系列有用的碎磨参数。钻孔岩芯，甚至 1/4 小直径岩芯都是合适的。只需要相对少量的样品，即可重复用于进行邦德球磨功指数试验。

SMC 试验的结果可以用于确定落重指数 DW_i，该指数是岩石强度及碎磨指数 M_{ia}、M_{ih} 和 M_{ic} 的测量值。结合邦德球磨功指数，它们可用于准确预测回路所需的整体比能耗，包括自磨机和半自磨机、球磨机、棒磨机、破碎机、高压辊磨机。

不同碎磨回路、不同设备类型的总比能耗测定值与预测值比较结果如图 2-5~图 2-7 所示。SMC 试验是目前世界上用于自磨/半自磨机、HPGR 和破碎机最广泛的碎磨试验。

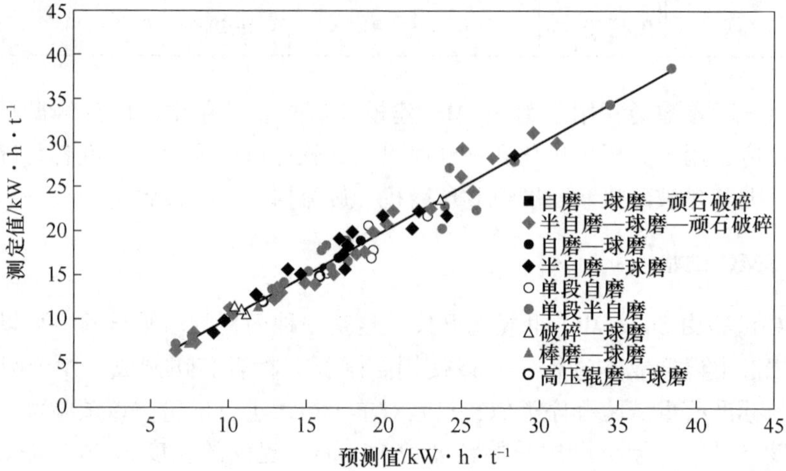

图 2-5　不同类型的碎磨回路总比能耗测定值与预测值比较

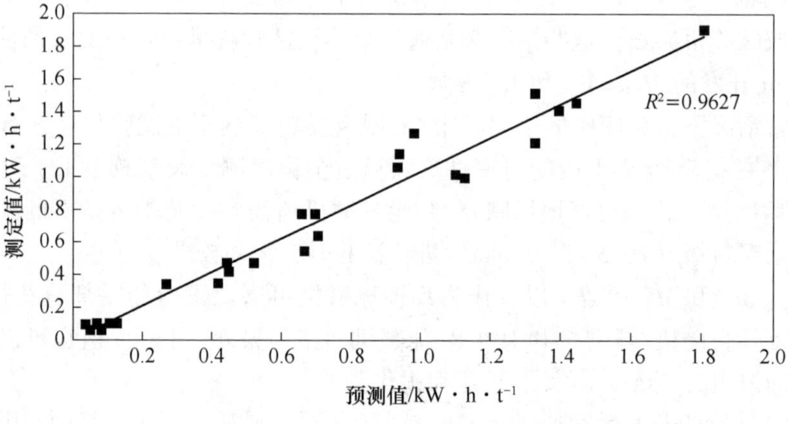

图 2-6　粗碎、中碎、细碎和顽石破碎机的比能耗测定值与预测值比较

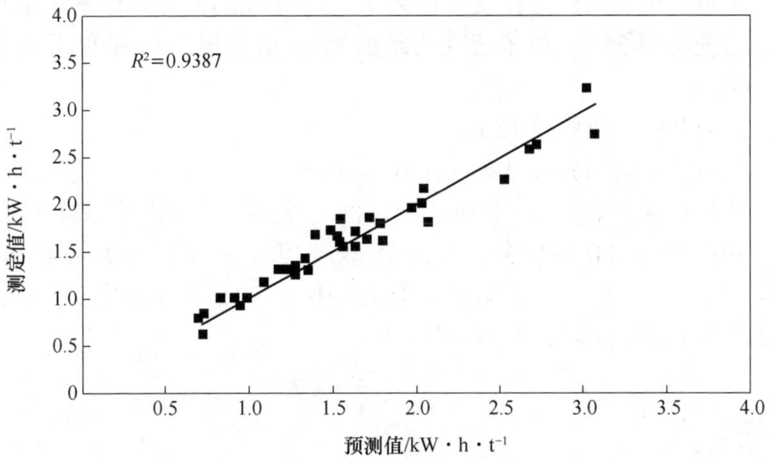

图 2-7 高压辊磨机比能耗测定值与预测值比较

2.3.9 SCSE 值的意义

在 JK 落重试验和 SMC 试验中，最重要的输出参数是 A 和 b 值及其二者的乘积，称为 $A \times b$，这已被普遍接受为代表矿石抗冲击破碎能力的参数[16]。然而，它的使用也有缺点：(1) 它是一种定性测量；(2) 它与抗冲击破碎性成反比；(3) 它与抗冲击破碎性的关系是非线性的。当比较不同样品的 $A \times b$ 值时，特别是当两个样品同处于很硬或很软的范围时，这会导致违反直觉的现象。例如，对于 $A \times b$ 值为 25 和 29（15%差异）的两个样品之间的硬度，可能存在显著的差异；对于 $A \times b$ 值为 250 和 350（差异 40%）的两个样本，感觉它们可能没有显著差异。

A 和 b 的值产生于 JK 落重试验和 SMC 试验的数据分析，其关系见式（2-15）。A 和 b 的值是互相依存的，尽管它们根本没有自己的物理意义，但它们间接地与矿石的硬度相关。它们最初被提出是用于 JKSimMet 软件中的自磨/半自磨机模型，用于自磨/半自磨机中在给定的给矿粒度分布和给矿量条件下的产品粒度分布和输出功率的预测。

为了使试验结果更清晰明了，两个试验的开发单位 JKTech 公司和 SMC 公司设计了一种新的方法来解决这个问题，其方案是将落重试验和 SMC 试验的 A 和 b 结果转换为更有意义的比能耗值。为此，JKTech 公司和 SMC 公司采用模拟方法预测自磨/半自磨机在一个由半自磨机和顽石破碎机构成闭路的“标准回路”（见图 2-8）中处理给定 A 和 b 值的矿石所需的比能耗，从而得到了预期更为合理的半自磨回路比能耗。

该方法采用的标准回路组成是：

（1）半自磨机的内径与长度之比为 2 ∶1，锥角 15°；充球率为 15%，球径 125 mm；总充填率 25%；格子板开孔面积 7%；格子板上孔 100%是砾石窗，标称孔径 56 mm。

（2）圆筒筛的分离粒径 12 mm。

（3）顽石破碎机的紧边排矿口为 10 mm。

（4）给矿粒度 F_{80} 由式（2-16）给出的 t_a 关系中导出。给矿粒度分布取自 JKTech 公司的典型给矿粒度分布数据库，经调整后满足采用 Morrell 和 Morrison（1996 年）F_{80}-t_a 关系（式（2-16））预测的矿石 80%通过的粒度，该关系式中的粗碎破碎机采用 150 mm 紧边排矿口。

$$F_{80} = 71.3 - 28.4 \times \ln t_a \tag{2-16}$$

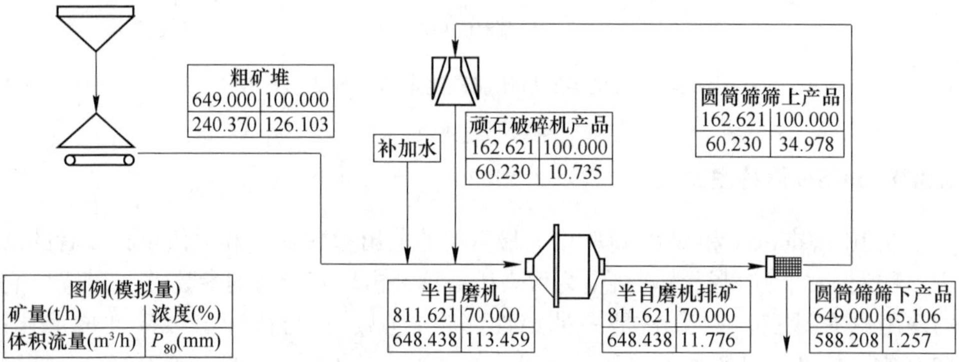

图 2-8　用于“标准”自磨/半自磨回路模拟的流程

2.3.10　JK 旋转碎裂试验

JK 旋转破碎试验（JKRBT®）是由 Julius Kruttschnitt 矿产研究中心开发的一种新试验[12]。与 DWT 一样，该试验测量岩石被冲击碎裂后的 t_{10}，主要区别在于冲击产生的方式。岩石通过振动给矿机在旋转圆盘（转子）的中间一个接一个地给入，转子直径为 450 mm，有 4 个导料槽，呈 90°放置，调整转子速度以达到所需的比能耗水平。岩石沿着导料槽加速，并投射到周围的铁砧（定子）上，在试验结束后收集产品并进行粒度分析。JKRBT 可以处理 1~45 mm 的颗粒，每种颗粒粒度的比能耗水平为 0.001~3.8 kW · h/t。在标准 JKRBT 程序中，在 13.2~45 mm 范围内试验 4 种粒度，每种粒度在 3 个比能耗水平下进行冲击试验。针对每种粒度/能耗组合试验 30 块岩石，试验的能耗水平与 DWT 相同。作为试验的一部分，使用与 DWT 相同的滚动磨机和程序测量耐磨剥性（t_a）。进行 JKRBT（包括 t_a 测量）需要约 100 kg 物料，岩石的粒度范围必须为 12.5~

53 mm，或直径至少为 50 mm 的全岩芯。

如图 2-9 所示，JKRBT 使用转子-定子碰撞系统，在该系统中，颗粒在转子中旋转时获得受控动能，然后抛出并撞击定子，导致颗粒碎裂。JKRBT 采用了一个直径 450 mm 的转子，由一个三相 7.5 kW、5000 r/min 的电动机驱动，电机由变频驱动装置通过控制面板中的人机界面（HMI）控制。JKRBT 的盖子可以打开，以便清洁破碎腔。盖子由电子驱动的线性执行器操作，盖子背面的配重设计用于防止盖子在打开或关闭时，如果电子系统发生故障，盖子会因重力而掉落。转子和铁砧倾斜 30°，便于操作人员接近，并完全封闭在坚固的腔室中。样品由一个完整的真空系统回收，该系统将破碎后的矿石收集在一个可移动的箱子中。

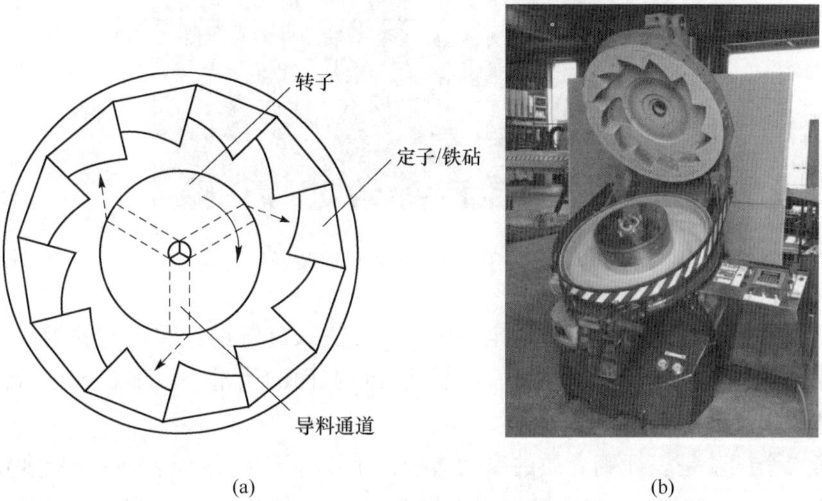

图 2-9 商业化的 JKRBT
（a）碰撞系统；（b）装置图

该装置可处理大到 45 mm 的颗粒。因此，在标准 DWT 试验的五种粒度组分中的四种可以在工业化的 JKRBT（37.5~45 mm、26.5~31.5 mm、19~22.4 mm 和 13.2~16 mm）中处理，迄今为止试验的最小粒度为 2.36~3.35 mm。工业化 JKRBT 的比冲击能量范围很宽，为 0.001~3.8 kW·h/t，与颗粒粒度无关。

2.3.11 JK 钢介质磨损试验

JKTech 提供了一种独特的测试方法，用于定量描述半自磨机和球磨机中的钢介质磨损特性。该方法和相关设备作为 AMIRA P9N 项目的一部分，由加拿大麦吉尔大学机械工程系的研究人员在彼得·雷迪泽夫斯基博士的指导下开发[17]。

钢介质磨剥试验方法结合了两个单独试验程序的结果，这两个程序分别表征了钢介质的磨剥磨损和腐蚀磨损，从而得出一个总磨损预测。

第一个试验称为钢轮磨蚀试验（steel wheel abrasion test，SWAT），使用定制的试验台（见图 2-10），并基于标准橡胶轮磨蚀试验机（rubber wheel abrasion tester，RWAT）。新的 SWAT 旨在克服 RWAT 的某些缺陷，即应力水平不足，无法真实反映运行磨机中磨矿介质的经历。

图 2-10　钢轮磨蚀试验装置

试验程序包括通过重力将给定粒度的矿石送入旋转钢轮和固定的钢截面之间的间隙，以进行磨损试验。在试验前后测量钢截面的质量，以确定磨损量，并给出研磨磨损参数 k_1。

第二个试验是表征钢介质的腐蚀磨损，采用标准填充有待测钢介质和适当矿浆的 ϕ200 mm×300 mm 的加热衬胶小型磨机（见图 2-11），采用标准滚动程序。这里产生的腐蚀参数是 k_2。

图 2-11　腐蚀磨损试验磨机

将两个磨损参数 k_1 和 k_2 与磨损能量 E_{abr}、介质表面积 A 和能量校准系数 f 相结合，得出预测的磨损质量 $m_{predicted}$，如图 2-12 所示。

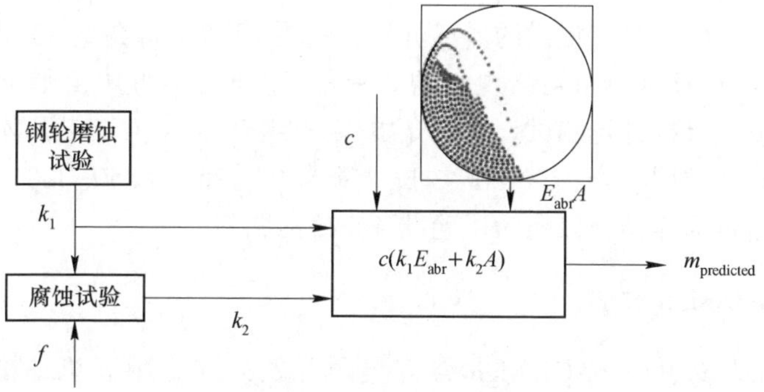

图 2-12　两个试验中参数之间的相互关系

该试验的预测能力已在多台运行的磨机上进行了试验，结果如图 2-13 所示。

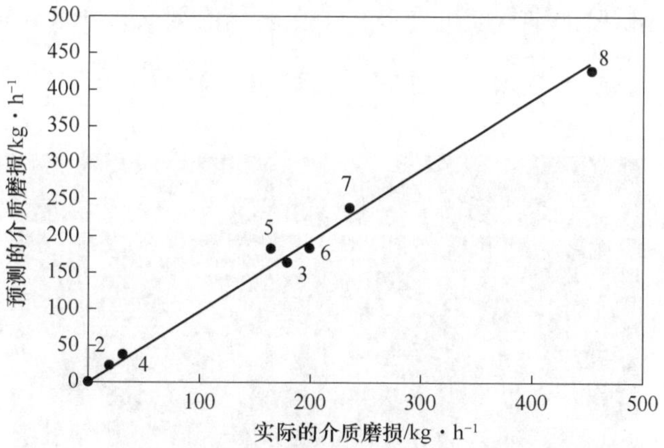

图 2-13　预测磨损结果与实际磨损结果
（图中序号为试验磨机的序号）

钢介质磨损试验可用于：

（1）预测钢球磨损，从而预测运行磨机中的钢球消耗；

（2）比较特定磨机条件下钢类型的磨损性能；

（3）评估研磨和腐蚀相对于总磨损的贡献，从而指出减少磨损的补救措施。

在磨蚀试验中，对于每种磨矿介质和矿石类型的组合，需 3～4 kg 准确粒度分布（−850+300 μm）的物料。必须提供足够量的样品，以便为试验准备正确的物料。磨矿介质由客户提供，直径最好为 50 mm。如果该规格的要求硬度或介质不可用，则可以提供直径 50 mm 的类似材料进行试验。大直径的介质要切割以适合样品架。在后一种情况下，必须注意确保介质样品不受热影响，每种介质/矿石组合需要 5 个介质样品进行试验。

在腐蚀试验中，客户提供的磨矿介质需每种待测介质类型 30 个，要求直径在约 25.4 mm 范围内。如果该规格的要求硬度/介质不可用，则可以提供直径 25.4 mm 的类似材料进行测试。每种介质/矿石组合需 10 L 工艺用水。对于每种磨矿介质和矿石类型组合，需要 2~3 kg 准确粒度分布（−850+300 μm）的物料。必须提供足够量的样品，以便为试验准备正确的物料。

2.3.12　SAGDesign 试验

SAGDesign 试验由 SAGDesign 咨询集团开发，试验用磨机如图 2-14 所示。SAGDesign 试验测定的是把矿石从 80%通过 152 mm 磨到 80%通过 1.7 mm 时小齿轮的功率输出（W_{SDT}）[18-19]。试验的第二阶段测定的是半自磨机磨过的矿石的邦德球磨功指数 S_d-BW_i。SAGDesign 试验的给矿矿石需要最少 10 kg 分出的或整个的岩芯样或原矿样，通过颚式破碎机分段破碎到 80%通过 19 mm。破碎的矿石随后在 SAGDesign 试验的半自磨机（内径 489 mm×有效长度 165 mm）中磨矿。其操作参数与工业半自磨机类似：总充填率 26%，充球率 11%，矿石充填率 15%，转速率 76%。

图 2-14　试验用的 SAGDesign 半自磨机

计算累计到 80%的矿石通过 1.7 mm 筛孔时的磨机转数，和半自磨机充填的质量一起计算半自磨机小齿轮轴的比功率输出，公式如下：

$$W_{SDT}=\frac{n(16000+m_s)}{447.3m_s} \tag{2-17}$$

式中 W_{SDT}——从 F_{80} 为 152.4 mm 磨到 T_{80} 为 1.7 mm 时的自磨/半自磨小齿轮轴功率输出，kW · h/t；

n——磨到 T_{80} 为 1.7 mm 时半自磨试验机的累计转数，通过 SAGDesign 试验测得；

m_s——半自磨机给矿的样品质量，g。

确定转数的过程是周期性地进行，每个周期完成后从半自磨机中除去小于 1.7 mm 的物料，直到 60%的矿石通过 1.7 mm 筛孔。在第一个磨矿目标达到后（即 60%的矿石粒度小于 1.7 mm），把细的和粗的物料再返回到半自磨机中进行后面的磨矿循环，直到 80%的矿石通过 1.7 mm 筛孔。典型的 SAGDesign 试验半自磨试验磨矿曲线如图 2-15 所示。

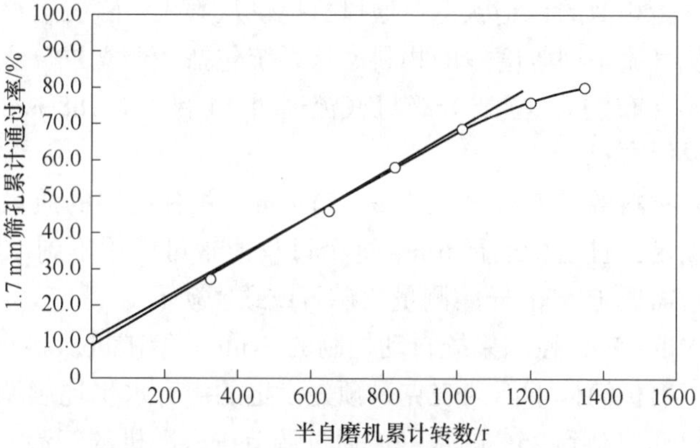

图 2-15 典型的 SAGDesign 试验半自磨磨矿曲线

SAGDesign 试验的第二阶段是测量已经破碎到 100%通过 3.35 mm 筛孔的半自磨机磨过矿石的邦德球磨功指数，通过邦德第三粉碎理论确定：

$$S_d-BW_i=\frac{44.5}{P_1^{0.23}\cdot \mathrm{Gpr}^{0.82}\cdot\left(\frac{10}{P_{80}^{0.5}}-\frac{10}{F_{80}^{0.5}}\right)}\times 1.102 \tag{2-18}$$

式中 F_{80}——给矿中 80%通过的粒度，μm；

P_{80}——产品中 80%通过的粒度，μm；

P_1——闭路筛孔，μm；

Gpr——最后三个邦德循环平均值，g/r。

在得到半自磨机小齿轮功率输出、W_{SDT}（kW · h/t）和半自磨机排矿的邦德球磨功指数 S_d-BW_i（kW · h/t）之后，这些数据用来计算把矿石从 80%的通过

152 mm 筛孔磨到 80%通过客户要求的最终产品粒度 P_{80} 的总能耗。这个数据与矿石密度一起用于计算工业应用所需的磨机规格和电动机功率。SAGDesign 试验完成了 Fred Bond 开发的设计磨矿回路的主要原理。

通常，该试验的开发者建议半自磨机回路后为球磨机，与半自磨机串联工作，建议的磨机或顽石破碎机的数量取决于矿石硬度、设计的选矿厂处理能力，以及理想的解理所需的产品粒度。

SAGDesign 试验也用于校核性项目，通过试验预测的总能耗与在选矿厂测定的实际功率输出进行比较。根据实际的数据结果确认，试验的精度在±10%之内。

2.3.13　MacPherson 自磨试验

MacPherson 自磨试验[4,20] 由 Arthur MacPherson 等人[21] 开发，是在 18 in (46 cm) 半自磨机上进行的连续试验，充球率为 8%。试验一直进行到与邦德棒磨机和球磨机试验相似的稳定状态。通风机提供从磨机中除去磨好物料所需的气流，收集系统从气流中回收磨好的物料。该系统包括一个立式分级机、一个旋流器和一个收尘器（布袋），立式分级机底流通过 14 目（1.168 mm）筛孔进行分级，筛上粒度返回磨机。

该试验要求物料的最大粒度大于 31.75 mm，并有足够的质量运行到所有的稳态条件得到满足，且至少运行 6 h。这个过程通常可以用不到 100 kg 的样品来实现，但是通常需要 175 kg 样品测量软矿石或致密矿石。

磨机通过 Milltronics 控制系统自动控制的 Syntron 给矿机从料斗给料。这个控制系统保持位于磨机筒体下面的麦克风预先设定的声音水平连续调节给矿量，把磨机的容积充填率控制到 25%的水平。通过调节进入磨机的气流，将循环负荷控制在 5%以内。MacPherson 磨机如图 2-16 所示。

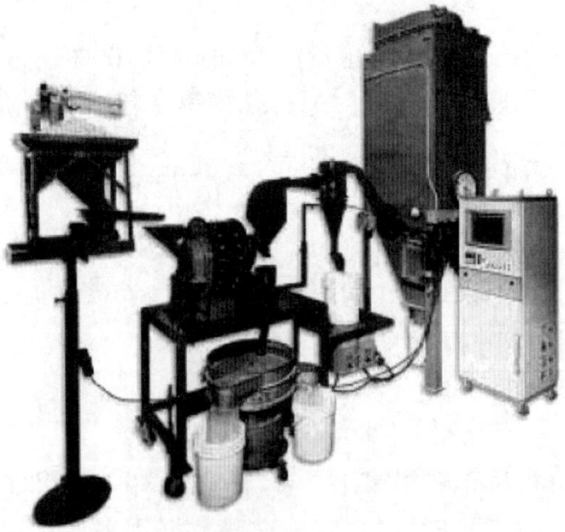

图 2-16　MacPherson 自磨试验装置

试验是连续运行的，类似于一个小型半工业试验厂，至少运行 6 h，且直到稳定状态。每 15 min 试验输出物料，包括筛下产品、筛上产品，旋流器底流分别被收集和称重。筛上粒级作为循环负载返回给料盘，并记录产品质量和控制设置。运行 5 h 后，如果处理量和循环负荷稳定，可以开始取样过程。采样周期为 1 h，每 15 min 一次。处理量和循环负荷在采样周期内保持不变，并且试验闭合必须满足以下两个条件（均适用于磨机的总产量）：

（1）最后 1 h 的最高值和最低值之间的差值必须在 10%以内；

（2）在最后 45 min 内，该值的变化必须为降-升-降或升-降-升。

如果不满足这些条件，则放弃第一个 15 min 的间隔，并继续采样 15 min，以此类推，直到达到闭合状态。取样周期结束后，将磨机清空并测量充填率。充填体料位必须在 11.6~12.2 L 范围内，相当于 25%±2.5%的容积充填率。如果不满足此标准，则将整个磨机负荷返回到磨机，调整设定点以增加或减少磨机负荷量，并将试验再延长 15~30 min。一旦负荷水平再次稳定，则开始 1 h 的采样周期。重复这个过程，直到满足所有条件。

在试验完成后，做产品粒度分析（PSA），并倾倒出磨机充填体进行观察。磨机充填体也提交进行粒度分析，并逐个粒度级别进行密度的测定。允许评估磨机中的任何粗粒物料，或任何矿物的密度和浓度，最终的产品包括三种矿流的混合物：14 目（1.168 mm）筛孔的筛下粒级、旋流器底流，以及布袋收尘器收集的粉尘。对每种矿流进行粒度分析，并根据三种产品的流量和粒度分析重新计算最终产品的粒度分布。

由于该试验是连续进行的，因此得到了实际的稳态处理能力（kg/h）和比能量输入（kW·h/t），这是该试验特有的优势，并且非常适用于自磨（因为自磨对产品粒度的控制能力是非常有限的）。对于一个给定的输出功率（kW），以“kW/t”输入的比能量是由自磨/半自磨机的生产能力驱动的，进而受矿石的动态变化影响。测量所需比能耗的传统方法是在半工业试验厂中运行的，其中的磨机给矿量保持在恒定的磨机充填率设定值。MacPherson 磨机以完全相同的方式运行，如果要对大量的样品进行所需的比能耗（kW·h/t）比较，它提供了一个高效的替代方案。

2.3.14 半自磨功率指数（SPI®）试验

半自磨功率指数（SPI®）试验是测定将矿石样品从 $F_{80}=12.7$ mm 破碎到 $P_{80}=1.7$ mm 所需的时间（T，min）。批次试验在实验室磨机中进行，磨机直径为 304.8 mm、长度为 101.6 mm，装载有 15%直径为 31.8 mm 的钢球。SPI®试验需要 2 kg 最大粒度为 19 mm 的矿石，最好是总质量为 10 kg 粒度 38.1 mm 的矿石，这样可以确定破碎功指数（破碎功指数用于估计粗碎破碎机的粒度分布）。准备

好的样品的 F_{80} 为 12.7 mm，进行试验以确定达到 $P_{80}=1.7$ mm 所需的时间。磨矿时间越长，磨矿阻力越大，因此矿石越硬。SPI®具有所需样品少的优点，因此非常适合矿床的地质冶金绘图。近年来，SPI®试验得到了广泛应用，可以将提交给研究的矿床在硬度和可变性方面与数据库进行比较[4,22]。

2.3.15　高压辊磨（HPGR）试验

矿石的耐研磨性随着矿石的物理性质和 HPGR 的运行条件而变化很大，每个制造商对工业规格的 HPGR 都开发了实验室试验程序来预测耐磨性[4,23-27]。

2.3.15.1　KHD 耐磨试验程序[24]

KHD 耐磨试验程序是根据 ASTM G65 方法测定在一个转动的辊子和一个固定的金属板表面之间物料的磨损，如图 2-17（a）所示。根据 KHD 的理论，试验模拟在辊压机运行间隙中物料的相对移动，在运行的设备中实际磨损速率采用实验室的结果进行校准，对新的矿石提供预测能力。

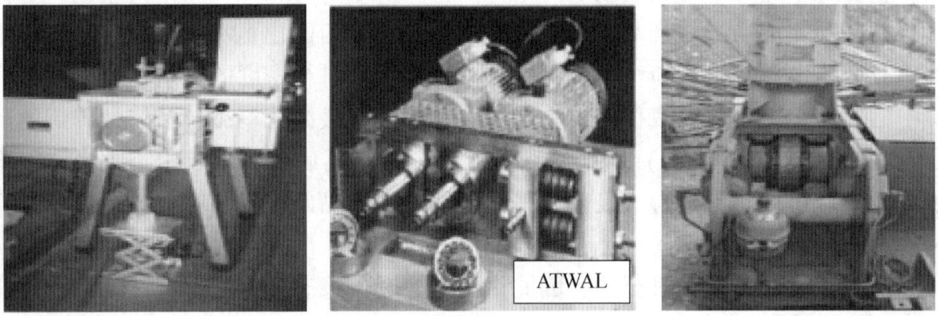

(a)　(b)　(c)

图 2-17　部分实验室 HPGR 试验设备

（a）KHD；（b）Polysius；（c）Koppern

耐磨试验样品为两段给矿粒度分布，由 50%的 0.5~1.0 mm 和 50%的 1.0~1.4 mm 组成，从原始破碎样品中筛分得到。试验中采用给矿量进行调节以得到恒定的体积流量，便于相同数量的颗粒通过磨损装置的研磨通道。该程序需要在磨损板称重之间进行多次连续的给矿循环。磨损板的质量损失与通过物料的质量相关，磨损速率以每千克矿石金属损失量（g）或每转金属损失量（g），或者每个时间间隔的金属量表示。

2.3.15.2　Polysius 研磨试验程序

研磨试验在 ATWAL 实验室设备中进行[24]，该设备的辊径为 100 mm、宽 300 mm，设备装备有不同耐磨材料制成的辊胎，通常磨损试验使用的为硬镍Ⅳ，耐磨辊胎在试验前后都要称重。ATWAL 在每个试验期间给入已知量的物料，磨损速率根据质量损失除以所处理的物料量计算得到，“g/t”是磨损指数（ATWI）的单位。

一般一个试验样品 100 kg，最小的给矿粒度为 3.15 mm，对应于工业上最大的给矿粒度为 50~60 mm，取决于最终选择的辊径[25]，如图 2-17（b）所示。

在 JKTech 进行的高压磨辊机试验采用 Krupp Polysius 的设备，如图 2-18 所示[26]。

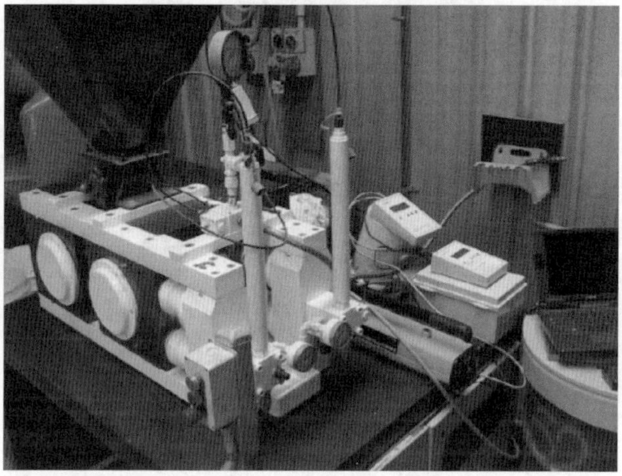

图 2-18 实验室用高压辊磨机

图 2-18 中，给矿漏斗容量约 80 kg，用于保持 HPGR 的恒定给矿量。该设备配有辊钉衬，如图 2-19 所示。其中，一个辊子的旋转轴固定，另一个辊子安装在滑动块上，可以沿着与其旋转轴成直角的轨道自由移动。

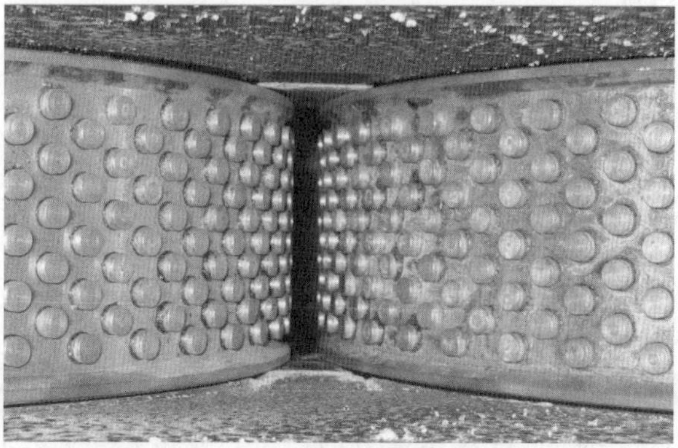

图 2-19 高压辊磨机的辊钉衬

辊子所需的破碎力通过该装置液压系统驱动的活塞，沿着轨道的方向施加到辊上。该力转化为挤压力，由辊施加到给进的物料上。装有氮气的气动蓄能器用作减震器，如图 2-20 所示。

图 2-20　高压辊磨机的蓄能器

因此，液压系统起着弹簧的作用，其特性由初始的运行间隙设定、初始氮气压力和初始液压油压力决定，这些设备设定的组合决定了弹簧的非线性刚度响应。

该设备的辊宽 70 mm、直径 300 mm，每个辊都由单独的电机独立驱动，该设备允许用户从两个固定速度设置中进行选择，辊的线速度可以在 0. 33 m/s 和 0. 67 m/s 之间进行选择。

试验类型有 A 类和 B 类两种，具体如下：

（1）A 类。在这种情况下，矿石对 HPGR 的能量响应通常至少进行 6 次试验，以实现不同 HPGR 工作压力下矿石的有效表征。这个试验是确定最佳粉碎能量响应，对应于 2～6 N/mm^2 的比挤压力，比能量输入通常在 1～4 kW · h/t 范围内。

（2）B 类。针对 HPGR 的矿石可变性，应对尽可能多的矿石类型进行可变性试验，以测试矿石对相同 HPGR 工艺设置的相对响应。在这些情况下，应选择预先选定的或最佳的试验条件，并在其余试验中保持恒定。

测试方法如下：当样品到达 JKTech 时，将其破碎至粒度 9. 5 mm（如果客户要求，可破碎至粒度小于 9. 5 mm，例如 6. 7 mm），以符合 JKTech 实验室设备的给矿要求。将每个给矿样品的代表性子样品进行筛分分析和松散密度测定，每次

HPGR 试验的产品都进行打散和筛分分析，还要确定块或片密度。

样品要求：建议 A 类试验样品量为 20～30 kg，这是在稳态工艺条件下得到评估所需的最低样品量。

2.3.15.3 Koppern 试验程序

Hexadur®磨损非常慢，因此没有能够模拟 HPGR 中真实条件的简单试验。由于这个原因，设备制造商设计了一个实验室规格的 HPGR，配备了适当的辅助设施，辊径为 300 mm、辊宽为 75 mm，如图 2-17（c）所示[24]。在试验之前，所有的共 12 片（浮动辊 6 片、固定辊 6 片）都从辊上取下，利用非常精确的测量装备测定磨损表面的三维图像，然后重新装上；在磨损试验进行之后，重复测量其三维图像。在试验前后三维轮廓之间的差别则是磨损估算的基础。试验在 8 N/mm^2 压力下进行，以提供可测定的磨损信息，这个条件代表最坏的磨损情况。在运行设备上实际的磨损速率会低于实验室试验得到的数据，可利用含有可比性的实验室数据和工业运行数据的数据库为新的矿石提供预测数据。

在 UBC 的 CMP 实验室安装了一台 Koppern 高压辊磨机用于半工业试验项目[27]（见图 2-21），设备运行参数见表 2-7。该试验装置运行的给矿粒度上限是 32 mm，辊的直径为 0.75 m、辊宽 0.22 m。该试验装置采用光面衬便于半工业规模试验，因为不需要自垫层，所以只需更少的矿样。半工业试验结果评估关键操作参数对 HPGR 粉碎的影响，提供能耗、比处理能力和基本的矿石对颗粒间粉碎适应性的数据。

图 2-21 安装在 UBC 的 CMP 实验室中 Koppern 高压辊磨机

表 2-7 Koppern 的高压辊磨机参数

参数	单位	数值
辊径	m	0.75

续表 2-7

参数	单位	数值
辊宽	m	0.22
传动机构		双输出轴减速机
给矿系统		重力
磨损表面		Hexadur WTII
安装功率	kW	200
最大压力	kN	1600
最大比压缩力	N/mm^2	8.5
静间隙	mm	9.0
变速驱动转速	r/min	上限 40（1.55 m/s）

所有在 UBC 进行的试验都遵循标准的 Koppern HPGR 试验程序，按照以下步骤操作：

（1）选择试验参数，包括给矿粒度上限、给矿水分、比压缩力和辊速。注意：比压缩力一般要均匀增加，例如 2.5 N/mm^2、3.5 N/mm^2、4.5 N/mm^2。

（2）根据所需的给矿粒度上限（32mm），准备给矿样品和给矿水分，通过破碎、筛分、混匀和分样。随后，取出代表性的样品用于特性分析，如粒度分布（PSD）、水分分析、堆密度分析。

（3）进行 HPGR 试验，一般为 200 L 的桶装物料（250～300 kg）。启动 HPGR 和产品皮带，打开给矿漏斗滑动闸板（见图 2-22），使物料给入高压辊磨机。在打开滑动闸板之后约 5 s 进入稳定运行，稳定运行持续大约 20 s（根据总的给矿样品量），在此期间给入的物料用完。在稳定运行前后将收集到的样品放入废料桶中，稳定运行期间产生的产品以大约 70∶30 的质量比分成中心物料和边料，分料器安装在皮带排料端的位置（见图 2-22）。在每个试验期间，产品的碎屑也要收集起来。

（4）在试验过程中，一个数据记录仪要连接到高压辊磨机的程序逻辑控制器（PLC）系统，以便记录试验时间、辊子转速、转矩、压力、运行间隙和功率输出。

（5）在每次试验之后，中心料和边料都要取有代表性的复样，采用旋转分料器分样后进行筛析以确定粒度分布。饼的厚度和密度也要测定。

（6）记录的设备数据与从给矿和产品测得的数据一起，用于确定高压辊磨机的参数和粉碎性能。

图 2-22　高压辊磨机试验工作程序

2.3.16　静压试验

静压试验（SPT）是一种小型静态试验，用于测量压缩碎裂的比能耗，并且评估高压辊磨机所需的比能耗[4]。试验设备包括一台液压机，该液压机将受控压力（高达 55 MPa）施加到限制在直径为 100 mm、高度为 200 mm 钢瓶中的样品上。对于 SPI®试验，给矿通常为 100%通过 19 mm 筛孔，80%通过 12.7 mm 筛孔。该试验也可以在粒度小于 12.7 mm 样品上进行，以便与 0.25 m 的小型 HPGR 进行直接比较。完整试验是一种闭路循环试验，需要 7 kg 物料；也有一种简化程序，需要 3 kg 的物料。因此可以对大量样品进行试验，以描述整个矿体的可变性。对于每个可变性研究，应根据部分样品的全闭路循环试验结果对简化试验进行校准。在全闭路循环试验程序中，需要完成 5 个或 6 个循环，在每个循环中产生的小于 3.35 mm 矿石被筛除，并在下一个循环之前用新给矿替换。最后三个循环的平均比能耗（E，单位为 kW · h/t）及测定的 F_{80} 和 P_{80} 用于计算高压可磨性指数（HPI）。

2.3.17　改进的邦德球磨机试验

MinnovEX 技术公司（现在的 SGS）开发了一种改进的邦德球磨机试验程序（Mod Bond），该试验需要 1.2 kg 破碎到粒度小于 3.35 mm 的样品[4]。1.2 kg 的装料用标准邦德球磨机磨一设定时间，对给矿和磨好的产品进行粒度分析，并使用专有模型计算修改后的邦德功指数。Mod Bond 结果必须依据足够的标准邦德球磨机功指数进行校准，通常为总功指数的 10%。Mod Bond 试验用于大的可变性计划，因为它的成本（所需物料和试验时间更少）和周转时间显著节省，而且不会影响结果的质量。因为它不是用给定的筛孔闭路，所以该试验可以用来模拟任何闭路筛分，当考虑具有可变的磨矿指标的大型数据集时，或尚未建立准确的最终磨矿指标时，这是非常有用的。

2.3.18　邦德磨蚀试验

邦德磨蚀试验确定了磨蚀指数 A_i，该指数可用于估计在破碎机、棒磨机和球磨机中的钢介质消耗和衬板磨损[4,28]。磨蚀试验是由 Allis Chalmers 采用 Bath 钢铁厂的 Pennsylvania 破碎机使用的方法和设备改造的，该设备由一个旋转滚筒组成，带有一个安装在中心轴上的冲击叶轮，该中心轴与滚筒的旋转方向相同。将 400 g 矿石充填在滚筒中翻滚 15 min 并倾倒出来，将新的 400 g 矿石放入滚筒中，再翻滚 15 min，此过程总共重复 4 次。叶片由硬化至布氏硬度 500 的标准合金钢制成，在第一个循环之前和第四个循环之后将叶片称重，根据标准运行条件下叶片的质量损失确定磨蚀指数。该试验需要 1.6 kg 物料，粒度范围为 12.7～19.0 mm。

邦德磨蚀试验本身不是可磨性试验，因为它不是测量矿石的抗磨性，而是测量其耐磨蚀性。但是，它与碎磨工程密切相关，因为它广泛用于估计碎磨回路设计中的金属磨损量。

邦德磨蚀试验确定磨蚀指数，该指数用于确定钢介质和衬板在破碎机、棒磨机、球磨机中的磨损量。邦德根据碎磨过程中单位功率下金属的磨损速率（kg/(kW · h)），提出了相应的关系，见表 2-8。

表 2-8　碎磨过程中单位功率下金属的磨损速率

设备	磨损部件	关系式
湿式棒磨机	钢棒	磨损速率 $=0.159(A_i-0.020)^{0.2}$
	衬板	磨损速率 $=0.0159(A_i-0.015)^{0.3}$
湿式球磨机	钢球	磨损速率 $=0.159(A_i-0.015)^{0.33}$
	衬板	磨损速率 $=0.0118(A_i-0.015)^{0.3}$
干式球磨机	钢球	磨损速率 $=0.0227A_i^{0.5}$
	衬板	磨损速率 $=0.00227A_i^{0.5}$
破碎机（旋回、颚式、圆锥）	衬板	磨损速率 $=(A_i+0.22)/24.2$
高压辊磨机	辊套	磨损速率 $=0.455(0.1A_i)^{0.667}$

在破碎机、棒磨机和球磨机中，钢介质的磨损速率及衬板磨损可以根据邦德相关性或类似的模型进行预测，以更好地反映现实使用要求。

2.3.19　Isa 磨机试验

Isa 磨机是一种卧式高强度搅拌磨机[29]，是 20 世纪 90 年代由 Mount Isa 矿业公司开发的，用于处理细粒嵌布矿体。它允许高能量输入，占地面积非常小；在开路情况下运行，可以获得非常细的磨矿粒度，具有非常窄的粒度分布和高能效。该磨机现在越来越多地用于常规的再磨和磨矿应用，可以使用多种介质，包括更有利于选矿环境的惰性介质。

2.3.19.1 试验程序

给矿物料在容积 30 L 的槽中搅拌浆化，浆化的物料给入 Isa 试验磨机（见图 2-23），然后进入第二个容积槽中。在磨矿过程中，对给入的样品和产品的能耗进行测定。该过程重复多次，直到达到目标粒度。

图 2-23 Isa 试验磨机

2.3.19.2 试验结果

Isa 磨机试验可以生成数据，用于确定 Isa 磨机在特定应用中的有效性，并支持工艺设计。

2.3.19.3 试验报告

试验报告包括：试验条件、介质消费、比能耗（kW·h/t）与产品粒度（P_{80}）的特性曲线、Isa 磨机每次的产品粒度分布数据。

2.3.19.4 试验内容

试验内容包括：评估 Isa 磨机与其他磨矿方法，各种介质类型的能效和消耗，使用量化矿物学评估对矿物解离的影响，Isa 磨机磨矿对浮选性能、浓缩机性能、浸出性能、颗粒形状和反射率的影响，采用 Isa 磨机的初步选矿厂流程图设计。

2.3.19.5　样品要求

Isa 磨机试验需要 30 kg 粒度小于 1 mm 矿石，也可出现较粗的矿石，但这可能会产生一些样品制备费用。

客户还需要指定使用的介质。如果指定了不寻常的介质，可能需要提供样品。

通常情况下，将使用 Keramax MT1 陶瓷介质、各种河砂或钢球。

2.3.20　半工业试验

碎磨回路设计通常可以使用本章所述的可磨性试验和放大模型的组合开发，放大模型将试验结果转换为选矿厂性能指标，如处理能力、产品 P_{80}、循环量等[4]。这些模型内容丰富，具有不同的复杂度，通常分为两大类：基于碎裂的模型和基于功率的模型。现代设计通常依赖对大量可变性样品进行的小型试验，以开发可与大型数据库进行比较的硬度曲线。这些模型通常根据实际回路中获得的选矿厂数据进行校准，随着时间的推移，它们的置信度越来越高，因此现在许多回路设计不再考虑半工业试验厂的试验。当必须生产下游选矿试验所需的物料，或考虑异常矿石或回路时，则仍然需要进行半工业试验厂的试验。模型有局限性，只与它们的输入数据相关。下面讨论需要半工业试验厂试验确认的示例。

2.3.20.1　异常的矿石、回路配置和/或运行条件的任何组合

当矿石具有不寻常的可磨性特征时，可能需要进行半工业试验，通常会导致可磨性试验结果出现明显的硬度差异（从软到硬）。当考虑性质高度不均匀的矿石时，或当具有显著不同可磨性特征的矿石混合时，也应考虑这一点。

当矿石的硬度超出正常范围（如极硬）时，或者如果其描述了任何其他与传统放大方法不一致的行为（如异常粗的粒度），含有可能在循环过程中积聚的片状或纤维状，或具有异常流变性（高黏土），也应进行半工业试验。在矿石中存在显著的可溶性成分时，也应该进行半工业试验。

异常或少见的回路配置也可能需要半工业试验确认。例如，单段自磨或 HPGR 磨矿到细粒级可能会产生过大的循环负荷，这在小型试验中很难预测。在碎磨回路中引入高产率的选矿分离（铁矿石经常使用）也会使小型试验结果难以解释。围绕任何可能超出典型范围的运行条件（磨机转速、钢球规格、充球率、磨机负荷等）进行的设计也可能需要进行半工业试验。碎磨模型包含典型回路校准的经验参数，在此以外的运行条件这些模型可能无法预测。

2.3.20.2　全自磨和砾磨

全自磨（FAG）磨矿包括砾磨，不使用钢介质，显著降低了运营成本，但这些系统非常依赖于矿石的性质。当考虑全自磨时，必须进行半工业试验，以确认矿石是否适合全自磨磨矿。

这些系统对给矿粒度分布非常敏感，很难通过小型试验进行预测。在大多数小型试验程序中也无法预测粗磨介质和更细的岩石充填体之间是否能达到适当平衡，必须在半工业试验规模上证明有足够量的粗磨介质能够有效地磨剥更细的岩石，同时不会产生临界粒度累积。同样，从自磨机中提取的顽石与其用作球磨机磨矿介质之间的平衡也必须在半工业试验中确认。

2.3.20.3 预破碎或选择性破碎

预破碎（或部分给矿的选择性破碎）通常被认为是消除现有半自磨机运行的瓶颈，以提高产量。采用预破碎作业后可达到的最大处理能力难以使用主要针对典型磨矿运行开发和校准的模型来准确确定。半工业试验仍然是估计半自磨机比能耗需求降低和评估预破碎对循环负荷和过渡粒度影响的最佳选择。首先应试验标准给矿粒度，以使半工业试验厂达到全规模性能，然后可将给矿预破碎至各种粒度。当然，仅有部分给矿破碎（选择性预破碎）的效果也可以与直接预破碎的结果进行比较。

2.3.20.4 相互矛盾的结果

“有问题”的设计在采用不同的放大方法时可能会产生“相互矛盾”的结果，由于试验和模型有根本的不同（包含实验误差），因此通常会出现较小的差异，但在经济意义上的显著差异可能需要进行半工业试验。如果可以提供可用的样品，并且需要最终“裁决”，则应进行半工业试验，因为它涉及最低水平的放大和不确定性，并将允许在较低的风险下作出最终决定。

2.3.20.5 半工业试验交付物

半工业试验将确认所需的比功率，以及充填体的密度和充填体中轻矿物或重矿物的优先累积，这对自磨至关重要。它还将提供回路的完整质量平衡和粒度分析。其他参数，如循环负荷、过渡粒度和球磨机所需功率也将在半工业试验中确定。半工业试验的结果也可用于校准现有模型，从而实现更可靠的最终回路设计。最后，得到的产品可用于试验连续闭路选矿运行（如浮选的半工业试验）。

参考文献

[1] 东北工学院选矿教研室 . 选矿学 [M]. 1981（内部教材）.

[2] CHANDRAMOHAN R, LANE G S, FOGGIATTO B, et al. Reliability of some ore characterization tests [C]//KLEIN B, MCLEOD K, ROUFAIL R, et al. International Semi-Autogenous Grinding and High Pressure Grinding Roll Technology 2015. Vancouver: CIM, 2015: 7.

[3] MCKEN A, WILLIAMS S. An overview of the small-scale tests available to characterize ore grindability [C]//Department of Mining Engineering University of British Columbia. SAG 2006. Vancouver, 2006, Ⅳ: 315-330.

[4] VERRET F O, CHIASSON G, MCKEN A. SAG mill testing—An overview of the test procedures

available to characterize ore grindability [C]//Department of Mining Engineering University of British Columbia. SAG 2011. Vancouver, 2011: 159.

[5] MEADOWS D, SCINTO PA, STARKEY J H, Seeking consensus-How many samples and what testwork is required for a low risk SAG circuit design [C]//Department of Mining Engineering University of British Columbia. SAG 2011. Vancouver, 2011: 133.

[6] GMG. Determining the Bond Effciency of Industrial Grinding Circuits [R]. Global Mining Guidelines Group (GMG), 2020.

[7] JKTECH PTY LTD. Bond Rod Mill Index Test (BRMWI) [EB/OL]. [2017-03-16]. https://jktech. com. au/services/laboratory/comminution-testing.

[8] YILMAZ I. A new testing method for indirect determination of the unconfined compressive strength of rocks [J]. International Journal of Rock Mechanics and Mining Sciences, 2009, 46: 1349-1357.

[9] KONCAGÜL E C, SANTI P M. Predicting the unconfined compressive strength of the breathitt shale using slake durability, shore hardness and rock structural properties [J]. International Journal of Rock Mechanics and Mining Sciences, 1999, 36 (2): 139-153.

[10] 中国电力企业联合会. GB/T 5026—2013 工程岩体试验方法标准 [S]. 北京: 中国计划出版社, 2013.

[11] JKTECH PTY LTD. Point Load Test [EB/OL]. [2017-03-16]. https://jktech. com. au/services/laboratory/comminution-testing.

[12] SHI F, KOJOVIC T. Comparison of impact breakage characterization methods between the JK rotary breakage tester and drop weight tester [C]//Department of Mining Engineering University of British Columbia. SAG 2011. Vancouver, 2011: 101.

[13] JKTECH PTY LTD. JK Drop Weight Test [EB/OL]. [2017-03-16]. https://jktech. com. au/services/laboratory/comminution-testing.

[14] MORRELL S. Design of AG/SAG mill circuits using the SMC test [C]//Department of Mining Engineering University of British Columbia. SAG 2006. Vancouver, 2006, Ⅳ: 279-298.

[15] MORRELL S. Rock characterization for high pressure grinding rolls circuit design [C]//Department of Mining Engineering University of British Columbia. SAG 2006. Vancouver, 2006, Ⅳ: 267-278.

[16] MATEI V, BAILEY C W, MORRELL S. A new way of representing *A* and *b* prameters from JK drop-weight and SMC tests: the "SCSE" [C]//KLEIN B, MCLEOD K, ROUFAIL R, et al. International Semi-Autogenous Grinding and High Pressure Grinding Roll Technology 2015. Vancouver: CIM, 2015: 16.

[17] JKTECH PTY LTD. Steel Media Wear Test [EB/OL]. [2017-03-16]. https://jktech. com. au/services/laboratory/comminution-testing.

[18] STARKEY & ASSOCIATES INC. SAGDesign Testing [EB/OL]. [2017-07-14]. https://sagdesign. com/products-and-services/sagdesign-test.

[19] STARKEY J, HINDSTROM S, NADASDY G. SAGDesign testing-What it is and why it works [C]//Department of Mining Engineering University of British Columbia. SAG 2006. Vancouver,

2006, Ⅳ: 240-254.

[20] MCKEN A, CHIASSON G. Small-scale continuous SAG testing using the MacPherson autogenous grindability test [C]//Department of Mining Engineering University of British Columbia. SAG 2006. Vancouver, 2006, Ⅳ: 299-314.

[21] MACPHERSON A R, TURNER R R. Autogenous grinding from test work to purchase of a commercial unit [C]//MULAR A L, BHAPPU R B. Mineral Processing Plant Design. New York: AIME, 1978: 279-305.

[22] STARKEY J, DOBBY G. Application of the minnovex SAG power index at five Canadian SAG plants [C]//Mining and Mineral Process Engineering, UBC. SAG 1996. Vancouver, 1996: 345-360.

[23] MCKEN A, Williams S. An overview of the small-scale tests available to characterize ore grindability [C]//Department of Mining Engineering University of British Columbia. SAG 2006. Vancouver, 2006, Ⅳ: 315-330.

[24] DUNNE R. HPGR—The journey from soft to competent and abrasive [C]//Department of Mining Engineering University of British Columbia. SAG 2006. Vancouver, 2006, Ⅳ: 190-205.

[25] KLYMOWSKY R, PATZELT N, KNECHT J, et al. Selection and sizing of high pressure grinding rolls [C]//MULAR A L, HALBE D, BARRATT D. Mineral Processing Plant Design, Practice, and Control. Littleton: SME, 2002: Proceedings (1): 636-668.

[26] JKTech Pty Ltd. HPGR—High Pressure Grinding Rolls [EB/OL]. [2017-03-16]. https://jktech.com.au/services/laboratory/comminution-testing.

[27] WANG F, KLEIN B. A review of 10 years of HPGR pilot tests at the university of British Columbia [C]//Department of Mining Engineering University of British Columbia. SAG 2019. Vancouver, 2019: 14.

[28] SGS. Abrasion Test [EB/OL]. [2017-05-09]. https://www.sgsgroup.com.cn/en/mining/metallurgy-and-process-design/unit-operations-and-metallurgical-services/comminution-and-beneficiation/abrasion-test.

[29] JKTECH PTY LTD. Isa Mill Test [EB/OL]. [2017-03-16]. https://jktech.com.au/services/laboratory/comminution-testing.

3 碎磨工艺流程

3.1 概述

常用的碎磨工艺主要有以下三类。

（1）常规碎磨流程：三段（或二段）一闭路破碎+闭路磨矿流程。例如，规模大时，采用粗碎+预先筛分+中碎+细碎闭路筛分+闭路磨矿流程；规模小时，采用粗碎+细碎闭路筛分+闭路磨矿流程。

（2）自磨（半自磨）流程：粗碎+自磨（半自磨）+(顽石破碎)+闭路磨矿流程。例如，粗碎+单段自磨（半自磨）流程、粗碎+自磨（半自磨）+球磨流程、粗碎+自磨（半自磨）+(顽石破碎)+闭路磨矿流程、粗碎+自磨+砾磨流程等。

（3）高压辊磨流程：粗碎+闭路中碎+湿式（干式）闭路高压辊磨+闭路球磨流程。

此外，根据工艺和产品的需求，工作原理和机械结构完全不同于常规碎磨工艺的细磨和超细磨工艺也应用越来越多，本章后面专门介绍。

目前，碎磨工艺采用的设备主要有旋回破碎机、颚式破碎机、圆锥破碎机、高压辊磨机、自磨机、半自磨机、球磨机、立磨机、Isa 磨机、介质搅拌式磨机（SMD）等。

3.2 常规碎磨工艺流程

常规破碎磨矿流程，即三段（或二段）一闭路破碎筛分+闭路磨矿流程，如图 3-1 所示[1]。

在常规破碎磨矿流程中，又根据采用破碎及筛分设备的不同分为两种情况：

（1）20 世纪 60—70 年代及以前广泛采用的常规碎磨流程。在该流程中，大、中型矿山的粗碎设备可采用旋回破碎机或颚式破碎机，中碎设备一般采用传统的标准或中型弹簧圆锥破碎机，细碎设备采用短头型圆锥破碎机。该流程中球磨机的给矿粒度 F_{80} 一般为 12～20 mm，单位处理能力的碎磨能耗较高。

（2）20 世纪 80 年代以后兴起的采用“多碎少磨”理念改造出来的新的常规破碎流程（或称“多碎少磨”流程）。在该流程中，大、中型矿山的粗碎设备可采用旋回破碎机或颚式破碎机；中碎设备采用新型的高能破碎机，也称超重型弹簧（或液压）圆锥破碎机；细碎设备则采用超重型弹簧（或液压）短头型圆锥

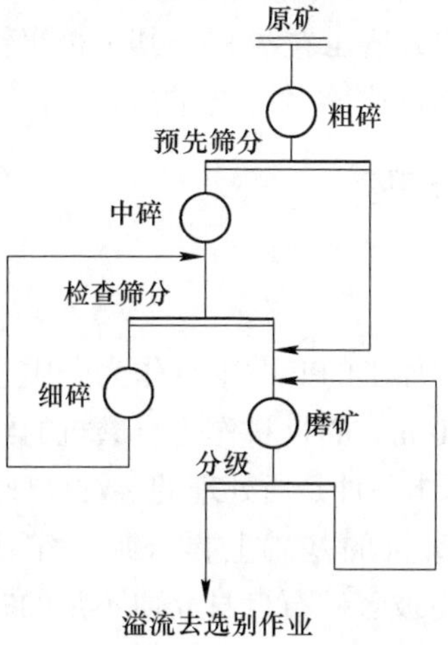

图 3-1 典型的常规碎磨流程

破碎机，该流程中球磨机的给矿粒度 F_{80} 一般为 7~10 mm。同等条件下，单位处理能力的碎磨能耗较传统的常规碎磨流程低约 7%。

3.2.1 流程特点

常规碎磨流程的优点是设备传统，易于操作，应用广泛，建成后达产所需时间短。其缺点是流程长，设备数量多，配置占地面积大，粉尘产生点多，给矿中水分含量高时会影响破碎效率和筛分效率，严重时影响破碎机运行，堵塞振动筛筛孔，导致整个破碎系统无法正常运行。

3.2.2 工艺的适应性

常规碎磨流程适用于原生矿泥少、黏土含量低、水分含量低，并且配置空间允许的环境条件。

3.2.3 工艺的配置类型

常规碎磨工艺流程在破碎工序大多采用粗碎、中碎、细碎、筛分单独厂房的配置，中碎、细碎、筛分设备前设置缓冲矿仓。当粗碎采用颚式破碎机时，则破碎机前需设置缓冲矿仓和给矿设施；当粗碎采用旋回破碎机时，则可设置受矿仓直接卸矿。当规模大时在粗碎后设置粗矿堆（仓）。

3.2.4 工艺应用实例

我国德兴铜矿选矿厂的一期、二期、三期工程，金川镍矿的一期、二期、三期选矿厂，金堆城钼矿的一期、二期、三期选矿厂，以及国内在 21 世纪之前建成的大多数选矿厂均为常规碎磨工艺流程，其中德兴铜矿三期工程（60000 t/d）为世界上首个设计采用“多碎少磨”工艺的选矿厂。

3.3　自磨/半自磨工艺流程

3.3.1　流程特点

自磨磨矿是指采用所需加工的矿石本身作为介质进行磨矿的过程，一般是把开采出的矿石破碎到 300~0 mm 的物料作为自磨机的给矿。

自磨磨矿工艺应用的基本条件是所处理的矿石自身能够形成足够的磨矿介质。

半自磨磨矿则是在自磨机的基础上再添加一定比例的钢球（一般为 8%~16%，最多可达 20%）作为被磨矿石自身介质不足的补充进行磨矿的过程，一般是通过粗碎把矿石破碎到小于 250 mm（或小于 200 mm 或更细）的粒度后作为半自磨机的给矿。

半自磨的出现是当时为了解决自磨流程生产过程中暴露出来的问题，人们开始尝试在自磨机中添加部分介质（钢球或砾石）解决矿石自身作为介质产生的生产不稳定问题。原设计为自磨机，之后添加钢球形成半自磨机，受原设计安装的驱动功率的限制，其钢球添加量受限，一般为 3%~6%。相对于自磨机来说，半自磨机磨矿过程中的冲击和磨剥作用增强，研磨作用相对减弱，因而磨矿产品的粒度变粗，单位产品的磨矿能耗降低。

自磨/半自磨磨矿流程短（见图 3-2）、环节少，取消了中、细碎和干式筛分作业，极大地减少了粉尘产生，配置方便，易于管理，并且尽可能以所磨矿石自身作为介质，降低了钢材的消耗。但是，自磨/半自磨磨矿流程的一个最大影响因素是所磨矿石自身物理性质（如硬度和耐磨性）的变化[2]。

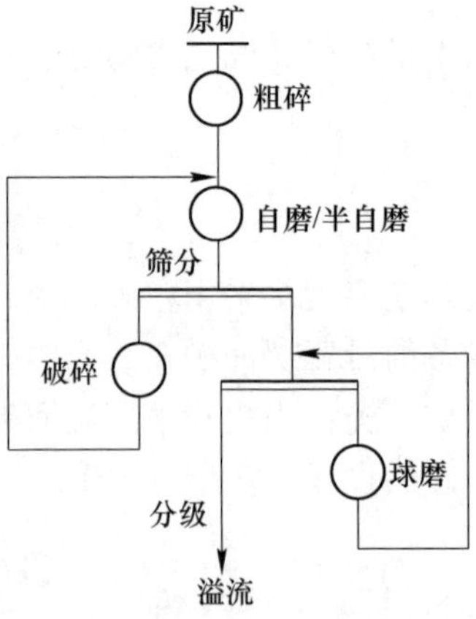

图 3-2　典型的自磨/半自磨磨矿工艺流程

3.3.2 工艺的适应性

自磨/半自磨工艺适应于处理硬度适宜、含泥量高、湿度大或易产生粉尘的矿石，但随着顽石破碎机的加入，使得自磨/半自磨工艺的应用范围扩大，对所处理矿石的物理性质变化的适应性进一步增强。

3.3.3 工艺的配置类型

自磨/半自磨工艺流程简单，通常粗碎后设置粗矿堆（仓），然后是磨矿厂房，需要顽石破碎时则设置顽石破碎厂房，条件允许时可以采用露天布置。由于该工艺的碎磨机理不同于常规碎磨工艺，因此其配置类型较多，依据所处理矿石性质的不同又有所不同，常见的有：单段自磨（AG）流程（见图3-3）、单段半自磨（SAG）流程（见图3-3）、自磨—球磨（AB）流程（见图3-4）、半自磨—球磨（SAB）流程（见图3-4）、自磨—砾磨（AP）流程（见图3-5）、自磨—顽石破碎（AC）流程（见图3-6）、半自磨—顽石破碎（SAC）流程（见图3-6）、自磨—球磨—顽石破碎（ABC）流程（见图3-2）、半自磨—球磨—顽石破碎（SABC）流程（见图3-2）、自磨—砾磨—顽石破碎（APC）流程（见图3-7）、部分预先破碎—半自磨—球磨—顽石破碎流程（CSABC流程）（见图3-8）、自磨—立磨—顽石破碎（AVC）流程（见图3-2中球磨机由立磨机取代）。

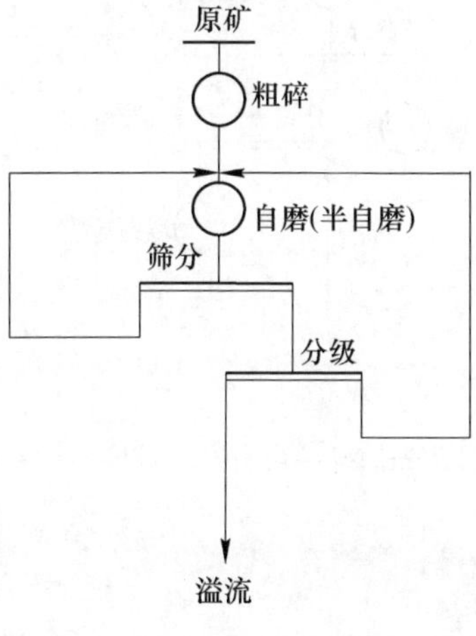

图3-3 单段自磨（半自磨）流程

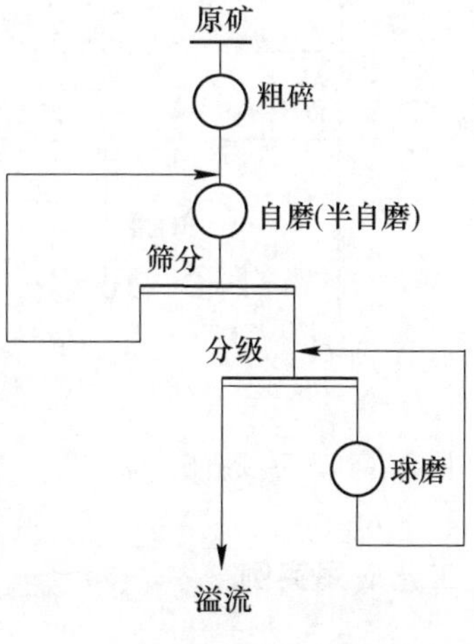

图3-4 自磨（半自磨）—球磨流程

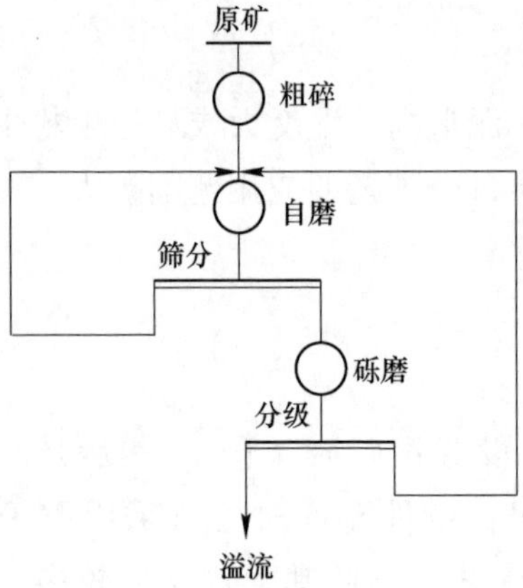

图 3-5　自磨—砾磨流程

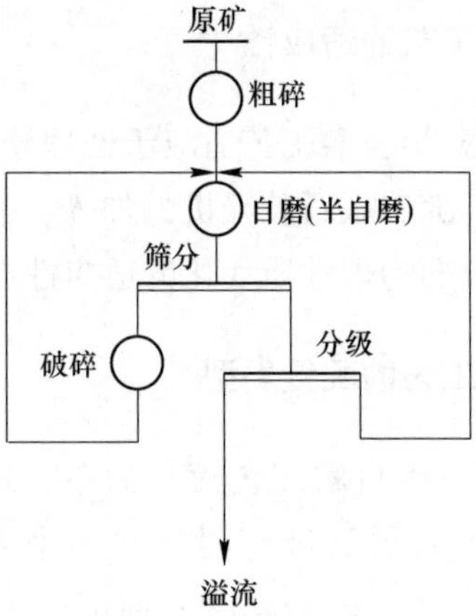

图 3-6　自磨（半自磨）—顽石破碎流程

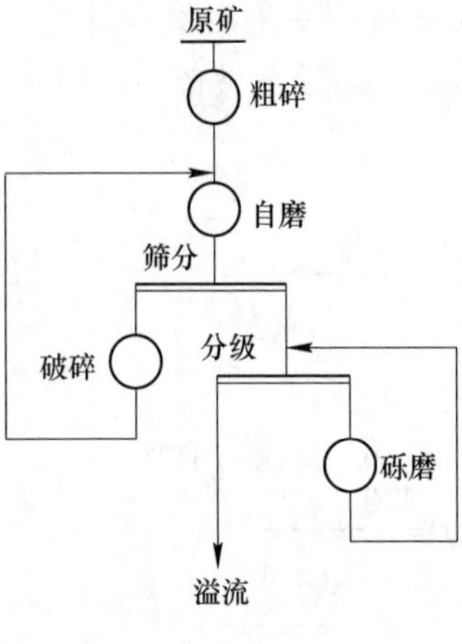

图 3-7　自磨—砾磨—顽石破碎流程

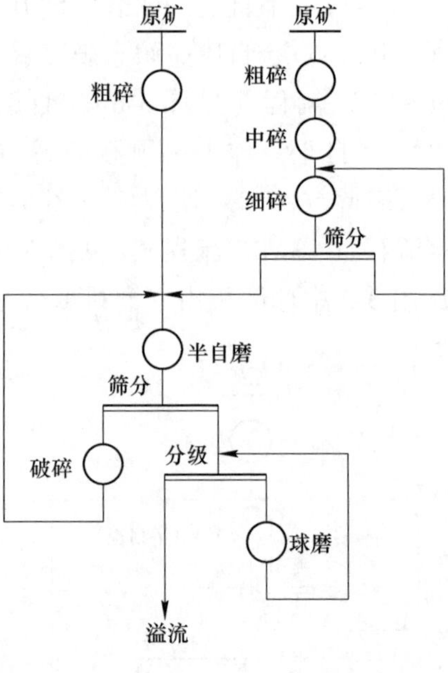

图 3-8　部分预先破碎—半自磨—球磨—顽石破碎流程

3.3.4　工艺应用实例

在自磨/半自磨机的应用上，每个矿山的矿石性质都有自己的特点，其硬度、耐磨性、密度等物理性质不尽相同。因此，不同矿山在碎磨流程的采用上并非千篇一律，而是根据各自矿石的特性，摸索试验出适合自己矿石性质的详细流程。

例如，伊朗的 Gol-E-Gohar 铁矿、刚果的 Mutanda 铜矿、科特迪瓦的 Bonikro 金矿、美国的 Henderson 钼矿、澳大利亚的 Lefroy 金矿、秘鲁的 Minera Yanacocha 金矿、南非的 Leeudoorn 金矿等都采用单段半自磨（SAG）磨矿流程，芬兰的 Kevitsa 铜多金属矿、土耳其的 Eti Bakir 矿业公司的 Murgul 铜矿、瑞典的 Aitik 铜矿、LKAB 铁矿、Boliden Mineral AB 铜铅锌矿、美国的 Empire 铁矿、Tilden 铁矿、澳大利亚的 Forrestania 镍矿等都采用自磨—砾磨（AP）或自磨—砾磨—顽石破碎（APC）流程，加纳的 Chirano 金矿、Tarkwa 金矿、Damang 金矿、澳大利亚的 Granny Smith 金矿、巴布亚新几内亚的 Porgera Joint Venture 金矿、坦桑尼亚的 Geita 金矿、North Mara 金矿及加拿大的 Inmet Troilus 金铜矿、Goldex 金矿等都采用两段或三段破碎—半自磨—球磨—顽石破碎（CSABC）流程，美国的 Round Mountain 金矿、智利的 El Soldado 铜矿则是单段半自磨—顽石破碎（SAC）流程，博茨瓦纳的 Karowe 金刚石矿、瑞典的 Ammeberg Mining AB 铅锌银矿、澳大利亚的 Mt Fisher 金矿等则为单段自磨—顽石破碎（AC）流程，澳大利亚的 Cannington 银铅锌矿则是采用自磨—立磨—顽石破碎（AVC）流程，另有大多数矿山则是采用半自磨—球磨—顽石破碎（SABC）流程。

3.4 高压辊磨工艺流程

进入 21 世纪以来，随着对能源需求的重视及高压辊磨机应用技术的成熟和其独有的特点，高压辊磨机在金属矿山的采用引起越来越多的重视[3]。

在采用常规破碎流程的选矿厂中，高压辊磨机就是将原来常规破碎流程中的第三段圆锥破碎机由高压辊磨机替代，或将第三段破碎的产品（分级）给入高压辊磨机，作为第四段破碎。原来常规破碎流程的最终产品粒度一般为 $P_{80}=7\sim10$ mm，采用高压辊磨机后一般的 P_{80} 可达到 $5\sim6$ mm（甚至 3 mm）；同时，由于其产生的高压应力作用，还使矿石的磨矿功指数降低，降低了后续磨矿作业的能耗。新的“多碎少磨”流程如图 3-9 所示。

3.4.1 流程特点

高压辊磨工艺有下列特点：

(1) 与常规碎磨工艺相比，在高压应力下破碎矿石的单位能耗更低；

(2) 挤压过程中产生的微裂隙可降低后续磨矿回路的单位能耗；

(3) 高压辊磨机既可以与干式筛分闭路，也可以与湿式筛分闭路；

(4) 要求的给矿条件和控制过程苛刻，碎磨流程复杂，设备台（套）多。

因此，与目前普遍采用的半自磨工艺相比，采用高压辊磨工艺后的碎磨流程能耗低、综合运行成本低，但由于流程复杂、设备数量多、投资高，特别是高压辊磨机的产品粒度更细，如果检查筛分采用干筛，粉尘的控制和筛分效率是一个难题，目前大规模应用均采用与湿式筛分闭路[3]，如图 3-10 所示。高压辊磨机与湿式筛分闭路后，则其运行制度与磨矿回路相同，可以每天 24 h 运行。采用哪种碎磨流程，需根据所处理的矿石特性，进行详尽的技术经济方案比较后选择确定。

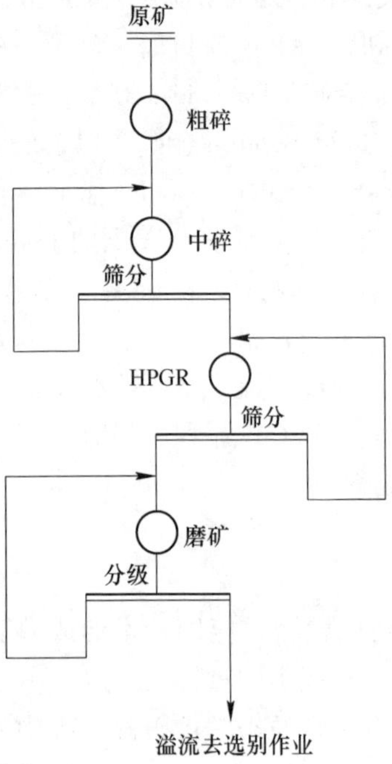

图 3-9　采用高压辊磨机的碎磨流程

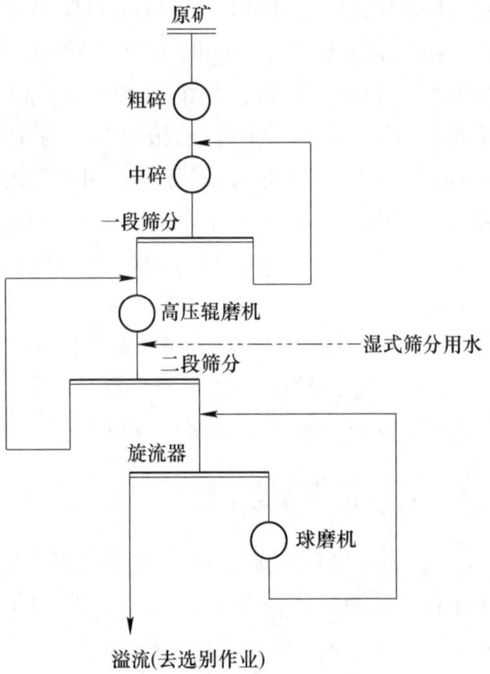

图 3-10　与湿式筛分闭路的高压辊磨工艺流程

3.4.2　工艺的适应性

由于高压辊磨工艺的破碎机理是采用高压应力使矿石碎裂，产品粒度细，合格粒级含量高，故其适用于给矿 $A\times b$ 值和 t_a 值低或邦德功指数高的硬矿石，或矿石中黏性成分和水分的含量低，挤压后不易成饼或块的矿石。

3.4.3　工艺的配置类型

从图 3-9 可以看出，采用高压辊磨工艺的碎磨流程与典型的常规碎磨流程十分相似，唯一的不同点是采用高压辊磨工艺后，其前面的中碎作业需要闭路，这是由于高压辊磨机要求苛刻的给矿粒度。此外，如果高压辊磨机与干式筛分闭路(见图 3-9)，则需要严格控制粉尘的产生；如果与湿式筛分闭路（见图 3-10)，则需要与后续的球磨机回路组成统一的系统。

3.4.4 工艺应用实例

相比于自磨/半自磨工艺，高压辊磨工艺出现比较晚，经过了适用阶段后，目前发展很快，但该工艺的适用与所处理矿石的物理性质密切相关。因此，采用该工艺之前需经过详细的试验和论证，以确定是否适用于该工艺。

表 3-1 为国内外部分矿山采用高压辊磨工艺的配置情况。

表 3-1 部分矿山采用的高压辊磨机配置情况

矿石类型		用户	投产年份	规格(台数×直径（dm）/长度(dm))	位置	回路配置	筛分
铁矿	磁铁矿	马钢凹山铁矿选矿厂[4]	2006 年	1×15/12	第四段	前向闭路	湿式
	赤铁矿	Anglo American-Minas Rios	2014 年	3×24/17	第三段	开路	无
	赤铁矿	FMG-Christmas Creek	2012 年	2×24/17	第三/第四	后向闭路	干式
	赤铁矿	Assmang-Khumani （BKM）		1×17/12	第三段	后向闭路	湿式
	磁铁矿	Shougang-Marcona	2018 年	3×24/17	第三段	前向闭路	湿式
	磁铁矿	Gindalbie Metals-Karara	2012 年	2×24/17	第三段	前向闭路	湿式
	磁铁矿	Magnetite Plant	2011 年	2×15/11	第三段	前向闭路	湿式
	磁铁矿	Magnetite Plant	2011 年	1×15/11	第三段	开路	无
	磁铁矿	山金昌邑矿业公司	2013 年	1×15/10	第三段	开路	干式
铜、金、铂矿	铜矿	Vale-Salobo Ⅲ	2020 年	2×20/15	第三段	前向闭路	湿式
	铜矿	Macobre-Mina Justa	2019 年	1×20/15	第三段	前向闭路	湿式
	铜矿	SPCC-Toquepala	2019 年	2×24/17	第三段	前向闭路	湿式
	铜矿	Freeport-Cerro Verde Ⅱ	2016 年	8×24/17	第三段	前向闭路	湿式
		Cudeco	2014 年	1×17/12	第三段	后向闭路	湿式
	铜矿	KGHM-Sierre Gorda	2014 年	4×24/18	第三段	前向闭路	湿式
	铜矿	Vale-Salobo Ⅱ	2014 年	2×20/15	第三段	前向闭路	湿式
	铜矿	Vale-SaloboI	2012 年	2×20/15	第三段	前向闭路	湿式
	铂矿	Anglo Platinum-Mogalakwena	2008 年	1×22/16	第三段	前向闭路	干式
	金矿	Newmont-Boddington	2009 年	4×24/17	第三段	前向闭路	湿式
	铜矿	Freeport-Cerro Verde Ⅰ	2006 年	4×24/17	第三段	前向闭路	湿式
	铜矿	Cyprus-Sierrita①	1994 年	1×22/13	第三段	后向闭路	干式
选厂改造		SPCC-Toquepala	2018 年	1×24/17	第三段	开路	无
		SPCC-Cuajone	2013 年	1×24/17	第三段	开路	无
		Freeport-Grasberg	2008 年	2×20/15	第三段	开路	无

续表 3-1

矿石类型	用户	投产年份	规格(台数×直径（dm）/长度(dm))	位置	回路配置	筛分
顽石破碎	Kaz Minerals-Aktogay Ⅱ	2019 年	1×20/15	第三段	前向闭路	湿式
	Kaz Minerals-Aktogay Ⅰ	2017 年	1×20/15	第三段	前向闭路	湿式
	Kaz Minerals-Bozshakol	2016 年	1×20/15	第三段	前向闭路	湿式
	Newcrest Mining-Cadia Mine	2012 年	1×24/17	预破碎/顽石	开路(边料返回)	无
	Goldcorp-Peñasquito	2010 年	1×24/17	第三段	前向闭路	湿式
铜-堆浸	Macobre-Mina Justa	2019 年	1×24/17	第三段	后向闭路	干式
金-堆浸	Cour Mining-Rochester	2019 年	1×20/15	第三段	开路	无
	Golden Queen-Soledad Mountain	2015 年	1×17/12	第三段	开路(边料返回)	无
	Gold Fields-Tarkwa①	2010 年	1×17/9	第三段	开路(边料返回)	无
金刚石	Stornoway-Renard Mine	2016 年	1×17/10	第三段	闭路	擦洗
	De Beers-Gacho Kue	2016 年	1×20/13	第三段	闭路	擦洗
	De Beers-Voorspoed	2008 年	1×19/15	第三段	闭路	擦洗
	De Beers-Snap Lake	2007 年	1×20/10	第三段	闭路	擦洗
	Argyle Ⅱ	1993 年	1×24/10	第三段	开路	无
	Argyle Ⅰ	1990 年	1×22/10	第三段	开路	无
	De Beers-Premier Mine	1987 年	2×28/5	第三段	开路	无

①停止运行。

3.5 细磨及超细磨工艺

在选矿工艺中，细磨及超细磨工艺不是一个独立存在使用的工艺，它是上述三种主要碎磨工艺的补充。当上述工艺得到的最终产品（或经选别后）仍不能满足要求或不经济时，则需要采用细磨或超细磨工艺获得满足要求且经济的产品。

在选矿工艺中，细磨和超细磨没有标准的定义，工业意义上根据磨矿产品的粒度可以确定四个磨矿阶段：传统上，磨至 80%粒级小于 75 μm 视为常规磨矿，因为许多选矿厂都磨至该粒度；再磨后产生 30~75 μm 的粒级。细磨是一个相对较新的领域，认为是磨到 10~30 μm 的粒级。粒级在 10 μm 以下，可以认为是超细磨矿[5]。

随着选矿工业的发展，已开采的或者将要开采的与其他金属矿物或者脉石矿物细颗粒共生的有用矿物越来越多，这些矿石已经在选矿厂设计中提出了新的要求，需要细磨和超细磨矿才能获得可接受的品位和回收率。现在浮选工艺的发展已经可以使小于 10 μm 甚至更低的粒级范围有效浮选，能够从脉石中分离细粒浸染矿物。同样，生产超细粒给矿的能力，用于各种浸出过程，包括生物浸出和低压氧化，经常需要细粒或超细粒磨矿以改善反应动力学，使这些过程达到商业上经济可行的水平。经济的超细磨矿过程也使得直接浸出难处理金矿石可行，而不是更常规的焙烧或高压釜路线。

众所周知，磨矿过程中在所需的能量和产品粒度之间的相互关系不是成比例的，理论上，破碎一个颗粒到其粒度的 1/100 所需的能量（每单位质量）是破碎到该起始粒度所需能量的 4000 倍[6]。要努力实现更细的磨矿，需要优化磨矿过程是显而易见的。因此，细磨和超细磨的发展和应用正在受到越来越多的关注。

3.5.1 可用于细磨作业的设备

目前，工业上已经应用的能够生产细粒和超细粒产品的磨机类型不多，且这些磨机都是独特和专有的设计，没有通用名称，只有其商标名称。细磨设备的类型主要有：球磨机、搅拌介质磨机、离心磨机和气流磨（喷磨机）。

在这几类能够生产细粒和超细粒产品的细磨设备中，前两类完成了细磨和超细磨任务的大部分。其中，球磨机仍然广泛用于工业矿物细粉和超细粉的生产，以干磨为主，如方解石、大理石、石灰石、重晶石、石膏、矿渣等软质材料，以及石英、长石、碳化硅、棕刚玉、莫来石、超细水泥、锆英砂等硬质材料的细磨和超细磨。在生产细粒和超细粉时，经常采用陶瓷磨矿介质（避免产品的金属污染）。这些应用中的球磨机一般与动力分级机闭路运行，也采用长的管磨机（长度与直径的比值超过 3∶1）及分批次磨机。在湿式矿物的细磨中，常规球磨机的采用正在下降且主要限制于超大规模应用和相对粗的磨矿。实践已经证明，搅拌介质磨机的效率优于球磨机，细磨和超细磨应用已经越来越多地采用搅拌介质磨机。有人在磨化学成分和哈德格罗夫指数值已知的铝土矿样品时，采用实验室规模的搅拌介质磨机和实验室规模的邦德球磨机进行比较。搅拌介质磨机在 3 min 内将铝土矿的 d_{50} 从 780 μm 减小到 5 μm；在同一磨矿周期结束时，球磨机则减小到 455 μm。此外，对于类似的细度（5 μm），球磨机消耗的比能耗约为 300 kW · h/t，而搅拌介质磨机消耗约 174 kW · h/t[7]。图 3-11 所示为典型的球磨机和搅拌介质磨机的比能耗与产品粒度的相互关系。在较粗的磨矿粒度下，搅拌介质磨机所需的能耗比球磨机低约 30%。对超细粒磨矿，这个优势增加到超过 50%[6]。这个例子中给出的是在半工业试验中采用常规球磨机和立磨机的闭路比较数据，两台磨机的介质规格和给矿是相同的，这些相互关系适于全规格的磨机。

3.5.2 工艺流程的特点

细磨和超细磨工艺的特点是：

（1）能够生产目前常规磨机无法经济生产的细度；

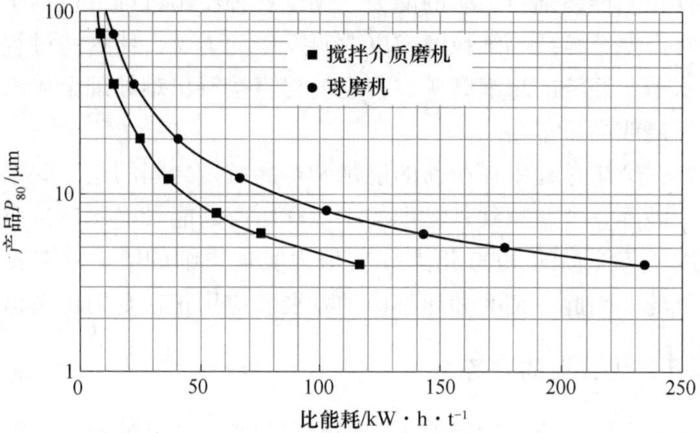

图 3-11　搅拌介质磨机和常规球磨机的性能比较[6]

（2）在细磨作业中，同样的磨矿细度下，采用细磨单位能耗比常规的磨机节省能耗，且产品细度越细，节能效果越明显；

（3）与常规磨矿设备相比，节省占地面积。

3.5.3　工艺的适应性

根据细磨和超细磨工艺的原理和特点，只要物料的性质没有特殊要求，后续工艺或产品要求细磨或超细磨，均可以采用细磨工艺进行处理。例如，细粒嵌布矿物的解离、粗精矿或中矿的再磨、精矿产品的再提纯，新型材料、建材、化工领域等的原料改性或制备。

3.5.4　工艺的配置类型

细磨工艺可以根据给矿和产品的要求进行开路或闭路配置。

3.5.5　工艺应用实例

选矿的细磨和超细磨工艺应用最广泛的是立式或卧式搅拌磨机，如立磨机、Isa 磨机、介质搅拌式磨机（SMD）、高强度磨机（HIGmill™）等。近年来，新建或改造的有色金属选矿厂的再磨作业几乎无一例外地采用立式搅拌磨机。搅拌磨机的国内外应用案例很多，最典型的应用是 Mount Isa 铅锌矿的铅锌分离，该矿的铅锌矿石嵌布粒度极细，需磨到 P_{80} 为 7 μm 时方可使铅、锌分离。在 Isa 磨机出现前，该矿的铅锌矿石无法选别，直到 Isa 磨机研制成功后，才使铅、锌成功分离。此后，Isa 磨机成功应用于南非一些矿山从选矿尾矿中回收铂族元素。目前，Isa 磨机已经广泛应用于国内外有色、黄金、铁矿等矿山选矿厂。

参 考 文 献

［1］杨松荣，蒋仲亚，刘文拯．碎磨工艺及应用［M］．北京：冶金工业出版社，2013.

［2］杨松荣．自磨半自磨磨矿工艺及应用［M］．北京：冶金工业出版社，2019.

［3］杨松荣．高压辊磨工艺及应用［M］．北京：冶金工业出版社，2021.

［4］赵文华，黄瑛彩，费文坤，等．高压辊磨机在凹山选厂的应用效果初步评价［J］．现代矿业，2010（11）：94-95.

［5］JANKOVIC A. Variables affecting the fine grinding of minerals using stirred mills［J］. Minerals Engineering，2003（16）：337-345.

［6］LICHTER J K H，DAVEY G. Selection and sizing of ultrafine and stirred grinding mills［C］//MULAR A L，HALBE D，BARRATT D. Mineral Processing Design，Practice，and Control. Littleton：SME，2002：783-800.

［7］HASAN H，VAHAP K A. Performance comparison of stirred media mill and ball（BOND）mill in bauxite grinding［J］. Particulate Science and Technology，2018：1547342.

4 碎矿设备的选择计算

破碎的主要设备包括粗碎、中碎、细碎等设备。选择计算的目的是在满足工艺过程要求的条件下，经过技术经济比较，正确选定设备的类型、规格和数量。

4.1 破碎设备选择计算的依据和原则

4.1.1 设备选择计算的依据

在选矿厂设计中，破碎设备选择计算的依据是[1]：

（1）选矿厂的建设规模和工作制度；

（2）所处理矿石的物理化学性质及后续选别作业对粒度的要求；

（3）设计的碎磨工艺流程；

（4）所建选矿厂对机械装备水平、自控水平及设备作业率的要求；

（5）所选设备类型的实际应用资料。

4.1.2 设备选择计算的原则

设备选择计算的原则为：

（1）选定的设备类型、规格、数量应满足选矿厂建设规模及所处理矿石的物理、化学性质和后续选别作业对粒度的要求。若适应要求的设备方案较多时，需通过技术经济比较择优选用。

（2）上、下工序所选设备的负荷率应当均衡，同一作业设备类型、规格应当相同，设备的数量应当与设置的系列数相适应。

（3）所选设备必须是工作可靠、操作方便、维修简单、耗电少、运行费用低、备品备件易于解决的定型产品，或经过鉴定确认可以推广使用的新设备。

（4）设计时应注意选用与所建选矿厂规模相适应的大型设备，力争减少生产设备数量和系列数，以降低投资和运行成本，实现自动控制和管理。

（5）为了确保主机的作业率，与主机相关的设备应按实际需要给予一定数量的备品备件或整机备用。

（6）采用多段破碎的大型选矿厂，若中碎和细碎之间设有中间储矿仓，则中间储矿仓之前，按粗碎破碎机的处理量选择相关设备；中间储矿仓之后，按细碎破碎机处理量选择相关设备。同时，应考虑由于矿石性质变化所引起的处理量波动。

4.2　破碎设备的选择

破碎设备类型的选择和规格的确定主要与所处理矿石的物理性质（硬度、密度、黏性、黏土含量、水分、给矿中最大粒度等）、处理量、破碎产品粒度及设备配置等因素有关，所选的破碎设备必须满足破碎产品粒度、设计处理量和适应给矿中最大粒度的要求。粗碎破碎机给矿中的最大粒度，一般不大于破碎机给矿口宽度的 0.8～0.85 倍，中碎、细碎破碎机不大于给矿口宽度的 0.85～0.9 倍。

4.2.1　粗碎设备的选择

粗碎设备的选择原则为：

（1）在金属矿山选矿厂的粗碎作业，一般采用颚式破碎机或旋回破碎机；在某些非金属或水泥等工业中，当处理中等硬度或较软矿石时，也可采用反击式破碎机。

（2）设计大、中型选矿厂时，在确定选用颚式破碎机或选用旋回破碎机之前，一般都从设备安装功率、设备质量、基建投资、运行成本、设备配置及工艺操作的优缺点等方面经过技术经济比较，择优选用。

（3）设计中、小型选矿厂时，为了适应采矿来矿粒度较大的特点，需要采用与矿石粒度相适应的粗碎破碎机。

（4）设在矿山坑内的大型破碎机应选择能解体吊装的特制的地下破碎机。设在露天采场的破碎机可采用固定式，也可采用半固定式或移动式破碎机。

颚式破碎机的优点是：结构简单，质量轻，价格比较低廉，便于维护和运输，外形高度小，需要配置高差小，工作可靠，排矿口调节方便，破碎潮湿矿石及含黏土较多的矿石时不易堵塞。其缺点是：衬板易磨损，相比于旋回破碎机处理量低，破碎产品粒度不均匀，过大块多，要求给矿均匀，需要设置给矿设备。中、小型选矿厂的粗碎作业一般均采用颚式破碎机。

目前常用的颚式破碎机又分为简单摆动式（双肘板式）和复杂摆动式（单肘板式）两种结构类型。简单摆动式颚式破碎机由于采用了曲轴双连杆机构，即使在动颚板所受破碎力很大的情况下，其连杆和偏心轴所受的力仍较小。因此，简单摆动式颚式破碎机可以做成很大的规格，用于破碎硬矿石或物料，可破碎矿石的抗压强度可高达 600 MPa，多数情况下为 350 MPa。复杂摆动式颚式破碎机的动颚板直接悬挂在偏心传动轴上，所以从构造上看，其结构和简单摆动式颚式破碎机相比，要简单一些，机体质量也较轻。正是由于其动颚板悬挂在偏心传动轴上，使得偏心传动轴在运行时，既要支撑动颚板在工作时产生的巨大应力，又要保证破碎机的正常运行，因而其所受的负荷很大，往往容易损坏。与简单摆动式颚式破碎机相比，复杂摆动式颚式破碎机能破碎矿石的抗压强度为 200 MPa，不适用于处理高硬度矿石。因此，复杂摆动式颚式破碎机不适合做成大规格的设备，适合小规模生产能力下的小型设备。目前国内最大规格的复杂摆动式颚式破碎机是 900 mm×1200 mm，规格大于此的均为简单摆动式[2-3]。

旋回破碎机属于圆锥破碎机的一种，适用于粗碎作业。旋回破碎机的破碎腔是由一个顶点在上的圆锥实体和一个顶点在下的逆向配置的锥形环体组合而成的，特点是处理能力大、对物料破碎强度大、破碎效率高，可破碎矿石的抗压强度可达 600 MPa[3]。但是，它的结构复杂，破碎腔深，空间体积大，占用空间大。由于旋回破碎机独特的结构形式和工作特性，目前仍是大中型选矿厂和大型采石场的粗碎作业必选设备。

旋回破碎机工作时，安装在竖轴上的动锥随着偏心套筒的运行，对应于定锥上的任意一点，时而靠近，时而离开。动锥靠近定锥时将物料破碎，动锥离开定锥时破碎的物料排出。由于旋回破碎机的结构特点，在其运行过程中，不论动锥转到什么位置，总有一点是与定锥最靠近的，而与该点对称的另一点则与定锥距离是最远的。动锥与定锥最靠近的一边总是破碎物料，两锥相距最远的一边总是排出物料。可以把旋回破碎机看作是由无限个破碎腔长度为无限小的颚式破碎机组成的，这无限个颚式破碎机依次重复物料破碎—排出的过程，就构成了旋回破碎机的工作行程。因此，旋回破碎机没有空转行程，是连续工作的，其动力负荷比较均匀，生产率也高。

旋回破碎机的规格国内一般用给料口的尺寸表示，如 1200 mm 的旋回破碎机，是指其给料口的宽度为 1200 mm。国外则采用给料口+动锥底部直径表示，如 60 in×113 in（1524 mm×2870 mm）旋回破碎机，是指其给料口宽度为 60 in（1524 mm）、动锥的底部直径为 113 in（2870 mm）。旋回破碎机的旋摆频率一般为 85～150 r/min。

目前，旋回破碎机已有的最大规格为 1830 mm，最大给矿粒度为 1370 mm，用于处理加拿大魁北克省 Johns-Manville 石棉矿的矿石，在 200mm 排矿口的条件下，处理能力可达 5000t/h。已经使用的处理能力最大的旋回破碎机是在印尼 Freeport McMoRan Copper & Gold 的 Grasberg 露天矿用于采矿剥离的 63 in×114 in（1600 mm×2896 mm）型旋回破碎机，处理能力超过 10000 t/h[2]。

作为主要的粗碎设备，颚式破碎机和旋回破碎机各有自己的特点。颚式破碎机结构简单、占用空间位置小、维护方便，但生产率较低、需要给矿设备，只适合于中小规模的生产使用。同颚式破碎机相比，旋回破碎机则结构复杂得多、机身高大、占用空间位置大，且不宜安装于厂房内；但其生产率高，不需要给矿设备，单位电耗低，处理能力大，适合于大规模的生产使用。

在矿山，一般当处理能力小于 600 t/h 时，采用颚式破碎机作为粗碎设备；当处理能力超过 900 t/h 时，则选择旋回破碎机作为粗碎设备。当处理能力位于二者之间时，具体采用哪种形式的破碎机更合适则需要经过技术经济比较后确定[4]。

4.2.2 中、细碎设备的选择

破碎硬矿石和中硬矿石的中、细碎设备一般选用圆锥破碎机。随着技术的发展，过去应用的弹簧圆锥破碎机已经被多缸液压圆锥破碎机取代。中碎设备一般选用标准型圆锥破碎机；细碎设备选用短头型圆锥破碎机或高压辊磨机（高压辊磨机的选择计算见第 5 章）；处理特硬矿石，以前是采用超重型圆锥破碎机，目前则是采用高压辊磨机。中、小型选矿厂采用两段破碎时，第二段可选用中型圆锥破碎机。所谓的中型圆锥破碎机，是介于中碎用的标准型圆锥破碎机和细碎用的短头型圆锥破碎机之间的一种破碎机，根据给矿和产品粒度的要求，既可用于中碎作业也可用于细碎作业。同种规格的标准型圆锥破碎机和中型圆锥破碎机的结构，除了给矿口宽度和动锥与定锥之间的平行带长短不同外，其余完全相同。破碎易碎物料，可采用对辊破碎机、反击式破碎机或锤式破碎机。

对辊破碎机适用于破碎脆性物料或避免过粉碎的物料。其优点是构造简单、制造容易，缺点是辊筒易磨损、处理量低。

反击式破碎机或锤式破碎机适用于破碎中硬矿石，特别是易碎物料，如石灰石、黄铁矿、石棉、焦炭、煤等。它的优点是体积小、构造简单、破碎比大、电耗小、处理量大、产品粒度均匀，而且具有选择性破碎作用；缺点是板锤和反击板容易磨损，需要经常更换，噪声大。反击式破碎机较锤式破碎机性能优越，在煤炭及非金属矿山应用广泛，在金属矿山基本不采用。

目前已经应用的规格最大的圆锥破碎机为 MP2500，该型设备在排矿口为 32 mm 的条件下，每台处理能力可达 3000 t/h 以上。在赞比亚 2016 年 11 月投产的处理能力 55 Mt/a 的 Sentinel 铜矿选矿厂，安装了 2 台 MP2500 的圆锥破碎机，用于 SABC 流程给矿的部分二次破碎[5]。

4.3 破碎设备处理能力的计算

破碎设备处理能力与被破碎物料的物理性质（硬度、密度、解理性能、湿度、粒度等），破碎机的类型、规格及性能，以及工艺要求（破碎比、开路或闭路、给矿均匀性及产品粒度）等因素有关。由于目前还没有能把所有这些因素全部包括进去的理论计算方法，因此在设计计算时，多采用经验公式进行概略计算，并根据实际应用条件及类似矿山选矿厂的生产数据加以校正。

4.3.1　颚式破碎机、旋回破碎机和圆锥破碎机的处理能力计算[1]

4.3.1.1　开路破碎

开路破碎时，处理能力计算如下：

$$Q = K_1K_2K_3K_4Q_s \tag{4-1}$$

式中　Q——设计条件下破碎机的处理能力，t/h；

Q_s——标准条件下（中硬矿石、松散密度为 1.6 t/m³）开路破碎时的处理能力，t/h，$Q_s = q_0e$；

q_0——颚式破碎机、旋回破碎机、圆锥破碎机单位排矿口宽度的处理能力，t/(mm · h)，见表 4-1～表 4-5；

e——破碎机排矿口宽度，mm；

K_1——矿石可碎性系数，见表 4-6；

K_2——矿石密度修正系数，$K_2 = \dfrac{\delta_0}{1.6} \approx \dfrac{\rho_0}{2.7}$；

δ_0——矿石松散密度，t/m^3；

ρ_0——矿石密度，t/m^3；

K_3——给矿粒度或破碎比修正系数，见表 4-7 和表 4-8；

K_4——水分修正系数，见表 4-9。

表 4-1　颚式破碎机 q_0 值

破碎机规格/mm×mm	250×400	400×600	600×900	900×1200	1200×1500	1500×2100
q_0/t · (mm · h)$^{-1}$	0.40	0.65	0.95～1.0	1.25～1.30	1.90	2.70

表 4-2　旋回破碎机 q_0 值

破碎机规格/mm	500/75	700/130	900/160	1200/180	1500/180	1500/300
q_0/t · (mm · h)$^{-1}$	2.5	3.0	4.5	6.0	10.5	13.5

表 4-3　开路破碎时标准、中型圆锥破碎机 q_0 值

破碎机直径/mm	600	900	1200	1750	2200
q_0/t · (mm · h)$^{-1}$	1.0	2.5	4.0～4.5	8.0～9.0	14.0～15.0

注：排矿口小时取大值，排矿口大时取小值。

表 4-4 开路破碎时短头圆锥破碎机 q_0 值

破碎机直径/mm	900	1200	1750	2200
q_0/t·(mm·h)$^{-1}$	4.0	6.5	14.0	24.0

表 4-5 开路破碎时单缸液压圆锥破碎机 q_0 值

破碎机直径/mm		900	1200	1750	2200
q_0/t·(mm·h)$^{-1}$	标准型	2.52	4.6	8.15	16.0
	中型	2.76	5.4	9.6	20.0
	短头型	4.25	6.7	14.0	25.0

表 4-6 矿石可碎性系数 K_1 值

矿石性质	极限抗压强度/MPa (kgf/cm^2)	普氏硬度	K_1 值
硬	156.9~196.1 (1600~2000)	16~20	0.9~0.95
中硬	78.45~156.9 (800~1600)	8~16	1.0
软	<78.45 (<800)	<8	1.1~1.2

表 4-7 粗碎设备的给矿粒度修正系数 K_3 值

给矿最大粒度 D_{max} 和给矿口宽度 B 之比 (D_{max}/B)	0.85	0.70	0.6	0.5	0.4	0.3
K_3	1.00	1.04	1.07	1.11	1.16	1.23

表 4-8 中碎与细碎圆锥破碎机破碎比修正系数 K_3 值

标准或中型圆锥破碎机		短头圆锥破碎机	
e/B	K_3	e/B	K_3
0.60	0.90~0.98	0.40	0.9~0.94
0.55	0.92~1.00	0.25	1.00~1.05
0.40	0.96~1.06	0.15	1.06~1.12
0.35	1.00~1.10	0.075	1.14~1.20

注：1. e 为在开路破碎时上段破碎机排矿口宽；B 为本段中碎或细碎圆锥破碎机给矿口宽。

2. 在闭路破碎时，e/B 是指闭路破碎机的排矿口与给矿口宽度之比。

3. 设有预先筛分时 K_3 取小值，否则预先筛分时取大值。

表 4-9　水分修正系数 K_4 值

矿石中水分含量/%	4	5	6	7	8	9	10	11
K_4	1.0	1.0	0.95	0.90	0.85	0.80	0.75	0.65

注：矿石中除含水外，还要有成球的粉矿时才能引用 K_4 系数。

4.3.1.2　闭路破碎

在闭路破碎时，破碎机的处理能力按闭路通过的矿量计算，计算公式如下：

$$Q_c = K_c K_1 K_2 K_3 K_4 Q_s \tag{4-2}$$

式中　Q_c——闭路破碎时破碎机的处理量，t/h；

K_c——闭路时平均给矿粒度变细的系数，中型或短头型圆锥破碎机在闭路时一般取 1.15～1.4（硬矿石取小值，软矿石取大值）。

破碎中硬矿石，其松散密度为 1.6 t/m³ 时的单缸液压圆锥破碎机处理能力见表 4-10。

表 4-10　单缸液压圆锥破碎机处理能力

类型	规格	排矿口调整范围/mm	不同排矿口宽度的处理量/t·h⁻¹																				
			4 mm	5 mm	6 mm	7 mm	8 mm	9 mm	10 mm	12 mm	13 mm	14 mm	15 mm	20 mm	23 mm	25 mm	30 mm	35 mm	40 mm	45 mm	50 mm	55 mm	60 mm
标准型	PYY-900/135	15～40											40	50	58	63	75	88	100				
	PYY-1200/190	20～45												90	103	112	134	156	180	200			
	PYY-1650/285	25～50														210	255	300	340	380	425		
	PYY-1850/315	28～55															450	368	420	473	525	580	
	PYY-2200/350	30～60																525	600	675	750	825	900
	PYY-3000/415	35～60																980	1120	1260	1400	1540	1680
中型	PYY-900/75	6～20		17	19	22	25	28	33	36	39	41	55										
	PYY-1200/150	9～25					45	49	59	64	69	74	98	113	120								
	PYY-1650/230	13～30								120	132	140	190	215	535	280							
	PYY-1850/260	14～25									160	173	230	265	288	345	400						
	PYY-2200/290	15～35										250	330	380	410	500	580						
	PYY-3000/340	18～40											612	740	765	918	1071	1225					

续表 4-10

类型	规格	排矿口调整范围/mm	不同排矿口宽度的处理量/t · h^{-1}																				
			4 mm	5 mm	6 mm	7 mm	8 mm	9 mm	10 mm	12 mm	13 mm	14 mm	15 mm	20 mm	23 mm	25 mm	30 mm	35 mm	40 mm	45 mm	50 mm	55 mm	60 mm
短头型	PYY-900/60	4~12	15	21	25	29	33	37	43	50													
	PYY-1200/80	5~13		40	45	53	60	68	76	91	100												
	PYY-1650/100	7~14				100	110	125	140	170	180	200											
	PYY-1850/115	8~15					145	162	180	216	234	252	270										
	PYY-2200/130	8~15					200	229	254	305	330	356	380										
	PYY-3000/150	10~20							470	571	619	666	709	945									

4.3.2 光面对辊破碎机处理能力的计算

光面对辊破碎机的处理能力 Q(t/h) 计算如下[1]：

$$Q = 60\pi\mu DnLe\delta_0 \tag{4-3}$$

式中 μ——破碎机排出口的充满系数，$\mu=0.2\sim0.4$，破碎硬矿石和粗粒矿石时取大值，反之取小值；

D——破碎机辊筒直径，m；

n——破碎机辊筒转数，r/min；

L——破碎机辊筒长度，m；

e——破碎机辊筒之间的排矿口宽度，m；

δ_0——破碎矿石的松散密度，t/m^3。

选择光面对辊破碎机时，辊筒啮角 α（°）有很大意义，一般计算如下：

$$\cos\frac{\alpha}{2} = \frac{D+e}{D+d} \tag{4-4}$$

式中 D——辊筒直径，mm；

d——最大给矿粒度，mm；

e——辊筒之间的排矿口宽度，mm。

根据啮角条件，为了不使破碎物料抛出，使破碎机能有效地工作，所选的破碎机辊筒直径应大于最大给矿粒度的 22~25 倍。

4.3.3　反击式破碎机处理能力的计算

反击式破碎机处理能力 Q(t/h) 计算如下[1]：

$$Q = 60KC(h + a)bDn\delta_0 \tag{4-5}$$

式中　K——理论处理量与实际处理量的修正系数，一般取 $K=0.1$；

C——转子上板锤数目；

b——板锤宽度，m；

h——板锤高度，m；

n——转子转数，r/min；

D——转子直径，m；

a——反击板与板锤之间的间隙，m；

δ_0——矿石的松散密度，t/m^3。

还可按下式计算：

$$Q = 3600\mu vLa\delta_0 \tag{4-6}$$

式中　μ——矿石充满系数，$\mu=0.2\sim0.7$；

L——转子长度，m；

v——打击板锤的线速度，m/s。

反击式破碎机的转子圆周速度使用范围是 12～70 m/s，一般常用的是 15～45 m/s。

转子直径 D(mm) 根据给矿中最大粒度选取：

$$D \geqslant 1.25d_{max} + 200 \tag{4-7}$$

式中　d_{max}——最大给矿粒度，mm。

4.3.4　锤式破碎机处理能力的计算

锤式破碎机处理能力 Q(t/h) 计算如下[1]：

$$Q = 60bLCd\mu mn\delta_0 \tag{4-8}$$

式中　b——筛格的缝隙宽度，m；

L——箅条筛格的长度，m；

C——排矿箅条的缝隙个数；

d——排矿粒度，m；

μ——充满与排料不均匀系数，一般取 $\mu=0.015\sim0.07$，小型破碎机取较小值，大型破碎机取较大值；

m——转子圆周方向的锤子排数，一般 $m=3\sim6$；

n——转子转数，r/min；

δ_0——矿石的松散密度，t/m^3。

由于理论公式计算较麻烦，一般多采用经验公式计算。当破碎硬物料，且破碎比为15~20时，可计算如下：

$$Q = (30 \sim 45) DL\delta_0 \tag{4-9}$$

式中　Q——锤式破碎机的处理能力，t/h；

D——按转子外缘计算的转子直径，m；

L——转子长度，m；

δ_0——矿石的松散密度，t/m^3。

破碎煤时，锤式破碎机的处理能力计算如下：

$$Q = \frac{\eta LD^2 \left(\frac{n}{60}\right)^2}{S - 1} \tag{4-10}$$

式中　n——转子转速，r/min；

S——破碎比；

η——矿石硬度和破碎机结构型式影响的系数，对于煤，$\eta = 0.12 \sim 0.22$。

以上的经验公式都有局限性，应注意其使用条件。特别是对于颚式破碎机、旋回破碎机及圆锥破碎机，因制造厂家不同，即使同类型同规格设备，由于破碎腔、偏心距、转速、功率等可能各不相同，因而处理能力将有差异，这些公式中的修正系数尚未考虑设备的构造系数。设计计算时，可以根据设备样本的处理能力乘以被破碎矿石的硬度、密度、给矿粒度和水分等修正系数来校正。

4.3.5　破碎机台数的计算

设计需要的破碎机台数 n 计算如下[1]：

$$n = \frac{Q_d}{Q} \tag{4-11}$$

式中　Q_d——破碎作业的设计矿量，闭路破碎时，按通过闭路破碎机的设计矿量计算，t/h；

Q——选用的破碎机单台处理量，t/h。

计算出设计需要的破碎机台数后，将小数进位取整数，即为选定破碎机台数。

4.4　其他计算方法

4.4.1　根据产品目录的处理能力计算

颚式破碎机、旋回破碎机和圆锥破碎机的处理能力也可根据产品目录的处理量计算[1]：

$$Q = K_1 K_2 K_3 K_4 Q_0 \tag{4-12}$$

式中　Q——开路破碎机的处理能力，t/h；

Q_0——产品样本中破碎机破碎标准矿石（中硬矿石、松散密度为 1.6 t/m³）的处理能力（t/h），见表 4-11～表 4-13；

K_1——矿石硬度（可碎性）修正系数，见表 4-14；

K_2——矿石密度修正系数；

K_3——给矿粒度修正系数，见表 4-15；

K_4——水分修正系数，见表 4-9。

表 4-11　颚式破碎机的基本参数

类型	型号及规格	进料口（长×宽）/mm×mm	最大给矿粒度/mm	处理量/t·h⁻¹	排矿口调节范围/mm	主轴转速/r·min⁻¹	最重件质量/t	外形尺寸（长×宽×高）/mm×mm×mm	质量①/t
复摆颚式破碎机	PE150×250	250×150	125	1～3	10～40	300		896×745×935	1.10
	PE200×350	350×200	160	2～5	10～50	285		1080×1060×1090	1.60
	PE250×400	400×250	210	5～20	20～80	300	1.288	1100×1090×1400	2.50
	PE400×600	600×400	320	25～64	40～100	260	2.97	1700×1742×1530	6.30
	PE600×900	900×600	500	56～192	75～200	250	7.55	2575×3723×2375	16.08
	PE900×1200	1200×900	750	180 m³/h	130±25	225	20.86	5000×4471×3280	44.13
复摆（细碎型）颚式破碎机	PEX150×750	750×150	120	8～35	10～40	300		1215×1521×1031	3.5
	PEX250×600	600×250	210	7～22	10～40			1350×1777×1533	5.23
	PEX250×750	750×250	210	13～35	15～50			1400×1751×1585	6.01
	PEX250×1200	1200×250	210	40～85	20～50	300		2380×1920×1800	13.22
简摆颚式破碎机	PJ900×1200	1200×900	750	180～270	100～180	180	27	4754×4768×3221	55.363
	PJ1200×1500	1500×1200	1000	310 m³/h	150±40	160	32	6273×4580×3715	110.380
	PJ1500×2100	2100×1500	1300	550 m³/h	180±45	120	45	7390×5790×4460	187.66

注：型号及规格项中的 P 为破碎机，E 为颚式，J 为简单摆动，X 为细碎型。

①不包括电动机。

表 4-12　旋回破碎机的基本参数

类型	型号及规格	进料口宽度/mm	最大给矿粒度/mm	处理量/t·h⁻¹	动锥转数/r·min⁻¹	排矿口调节范围/mm	动锥直径/mm	最重件质量/t	外形尺寸（长×宽×高）/mm×mm×mm	质量①/t
普通型旋回破碎机	PX-500/75	500	400	170		75		6.85	3020×2030×3500	43.5
	PX-900/150	900	750	500		150		24.3	6500×3300×5500	143.6

续表 4-12

类型	型号及规格	进料口宽度/mm	最大给矿粒度/mm	处理量/t·h^{-1}	动锥转数/r·min^{-1}	排矿口调节范围/mm	动锥直径/mm	最重件质量/t	外形尺寸(长×宽×高)/mm×mm×mm	质量①/t
液压重型旋回破碎机	PXZ-500/60	500	420	140~170	160	60~75	1200	8.7		44.1
	PXZ-700/100	700	580	310~400	140	100~130	1400	21	3400×3400×4315	91.9
	PXZ-900/90	900	750	380~510		90		34	4060×4060×5130	141
	PXZ-900/130	900	750	625~770	125	130~160	1650	34	4060×4060×5130	141
	PXZ-900/170	900	750	815~910	125	170~190	1650	34	4060×4060×5130	141
	PXZ-1200/160	1200	1000	1250~1480	110	160~190	2000	70	4670×4670×6255	228.2
	PXZ-1200/210	1200	1000	1640~1800	110	210~230	2000	70	4670×4670×6255	228.2
	PXZ-1400/170	1400	1200	1750~2060	105	170~200	2200	93	5360×5360×8710	314.5
	PXZ-1400/220	1400	1200	2160~2370	105	220~240	2200	93	5360×5360×8710	305
	PXZ-1600/180	1600	1350	2400~2800	100	180~210	2500	170	6200×6200×10000	481
	PXZ-1600/230	1600	1350	2800~2950	100	230~250	2500	170	6200×6200×10000	481
液压轻型旋回破碎机	PXQ-700/100	700	580	200~240	160	100~120	1200	9.5	2740×2740×3685	45
	PXQ-900/130	900	750	350~450	140	130~150	1400	20	3510×3510×4935	87
	PXQ-1200/150	1200	1000	600~680	125	150~170	1650	38	4530×4530×6000	145

注：型号及规格项中的 P 为破碎机，X 为旋回，Z 为重型，Q 为轻型。

①包括电动机。

表 4-13 圆锥破碎机的基本参数

类型		型号及规格	进料口宽度/mm	最大给矿粒度/mm	排矿口调节范围/mm	处理量/t·h^{-1}	动锥直径/mm	最重件质量/t	外形尺寸(长×宽×高)/mm×mm×mm	质量①/t
单缸液压圆锥破碎机	标准	PYY900/135	135	115	15~40	40~100	900	2.2	2960×1550×2392	9.34
		PYY1200/190	190	160	20~45	90~200	1200	5.08	3950×1900×3140	19.33
		PYY1650/285	285	240	25~50	210~425	1650	9025	4765×2600×4090	37.82
		PYY2200/350	350	300	30~60	450~900	2200	21.85	6500×3680×5400	74.5
	中型	PYY900/75	75	65	6~20	17~55	900	2.2	2960×1550×2362	8.31
		PYY1200/150	150	130	9~25	45~120	1200	5.08	3950×1900×3100	19
		PYY1650/230	230	195	13~30	120~280	1650	9025	4765×2600×3990	35.7
		PYY2200/290	290	230	15~35	250~580	2200	21.85	6500×3680×5300	78.94

续表 4-13

类型		型号及规格	进料口宽度/mm	最大给矿粒度/mm	排矿口调节范围/mm	处理量/$t \cdot h^{-1}$	动锥直径/mm	最重件质量/t	外形尺寸（长×宽×高）/mm×mm×mm	质量①/t
单缸液压圆锥破碎机	短头	PYY900/60	60	50	4~12	15~50	900	2.2	2960×1550×2322	8.32
		PYY1200/80	80	70	5~13	40~100	1200	5.08	3950×1900×3060	17.6
		PYY1650/100	100	85	7~14	100~200	1650	9025	4765×2600×3990	35.6
		PYY2200/130	130	110	8~15	200~380	2200	21.85	6500×3680×5300	73.4
弹簧圆锥破碎机	标准	PYB-600	75	65	12~25	40	600	1.06	2760×1330×1690	5.6
		PYB-900	135	115	15~50	50~90	900	2.9	3050×1640×2350	10.8
		PYB-1200	170	145	20~50	110~168	1200	5	5100×5300×2300	25
		PYB-1750	250	215	25~60	280~430	1750	10.83	6020×5200×5900	50.3
		PYB-2200	350	300	30~60	590~1000	2200	18.512	12800×4700×4100	84
	中型	PYZ-900	70	60	5~20	20~65	900	2.9	3050×1640×2350	10.82
		PYZ-1200	115	100	8~25	42~135	1200	5	5100×5300×2200	25
		PYZ-1750	215	185	10~30	115~320	1750	10.83	6020×5200×5900	50.5
		PYZ-2200	275	230	10~30	200~580	2200	18.512	12800×4700×4100	85
	短头	PYD-600	40	36	3~13	12~23	600	1.06	2760×1330×1470	5.6
		PYD-900	50	40	3~13	15~50	900	2.9	3050×1640×2350	10.93
		PYD-1200	60	50	3~15	18~105	1200	5	5100×5300×2300	25.7
		PYD-1750	100	85	3~15	75~230	1750	10.83	6020×5200×5900	50.5
		PYD-2200	130	100	3~15	120~340	2200	18.512	12800×4700×4100	85

注：在型号及规格项中的 P 为破碎机，第一个 Y 为圆锥，第二个 Y 为液压，B 为标准，Z 为中型，D 为短头。

①包括电动机。

表 4-14　矿石硬度修正系数 K_1

矿石硬度等级	软		中硬				硬			特硬	
普氏硬度系数	10	11	12	13	14	15	16	17	18	19	20
K_1	1.2	1.15	1.10	1.05	1.0	0.95	0.90	0.85	0.80	0.75	0.70

表 4-15　给矿粒度修正系数 K_3

最大矿块与给矿口之比 d_{max}/B	0.3	0.4	0.5	0.6	0.7	0.85
K_3	1.5	1.4	1.3	1.2	1.1	1.0

4.4.2 根据设备的技术参数和产品粒度曲线（数据）选取

C 系列颚式破碎机的处理能力选择见表 4-16，在不同紧边排矿口条件下破碎产品粒度如图 4-1 所示。

表 4-16 C 系列颚式破碎机的处理能力及技术参数[6]

设备系列		C95	C105	C80	C100	C3054	C110	C125	C140	C145	C160	C200
给矿口宽度/mm		930	1060	800	1000	1375	1100	1250	1400	1400	1600	2000
给矿口深度/mm		580	700	510	760	760	850	950	1070	1100	1200	1500
安装功率/kW		90	110	75	110	160	160	160	200	200	250	400
转速/r · min^{-1}		330	300	350	260	260	220	220	220	220	220	200
产品粒度/mm	紧边排矿口（CSS）/mm	处理能力/t · h^{-1}										
0~30	20			*								
0~35	25	*	*	*								
0~45	30	*	*	*								
0~60	40	*	*	55~75	*	*	*					
0~75	50	*	*	65~95	*	*	*					
0~90	60	105~135	*	80~110	*	*	*					
0~105	70	125~155	135~175	95~135	125~175	210~270	160~220					
0~120	80	140~180	155~195	110~150	145~200	240~300	175~245	*				
0~135	90	160~200	175~225	125~175	160~220	260~330	190~275	*	*	*		
0~150	100	175~225	195~245	140~190	180~250	285~365	215~295	245~335	*	*	*	
0~185	125	220~280	245~315	175~245	220~310	345~435	260~360	295~405	325~445	335~465	*	*
0~225	150	265~335	295~375	210~290	265~365	405~515	310~430	345~475	380~530	395~545	430~610	*
0~260	175	310~390	345~435	245~335	310~430	465~595	350~490	395~545	435~605	455~625	495~695	630~890
0~300	200		390~500		355~490	530~670	405~555	445~615	495~685	510~710	560~790	710~1000
0~340	225							495~685	550~760	570~790	625~880	785~1105
0~375	250							545~755	610~840	630~870	685~965	865~1215
0~410	275									690~950	745~1055	940~1320
0~450	300										815~1145	1015~1435

注：* 为根据用途和产品需求可以经常采用的更小的紧边排矿口，处理能力估算可以咨询供货商；表中的数据是给矿物料在平均密度为 2.7 t/m^3 条件下破碎机的处理能力。

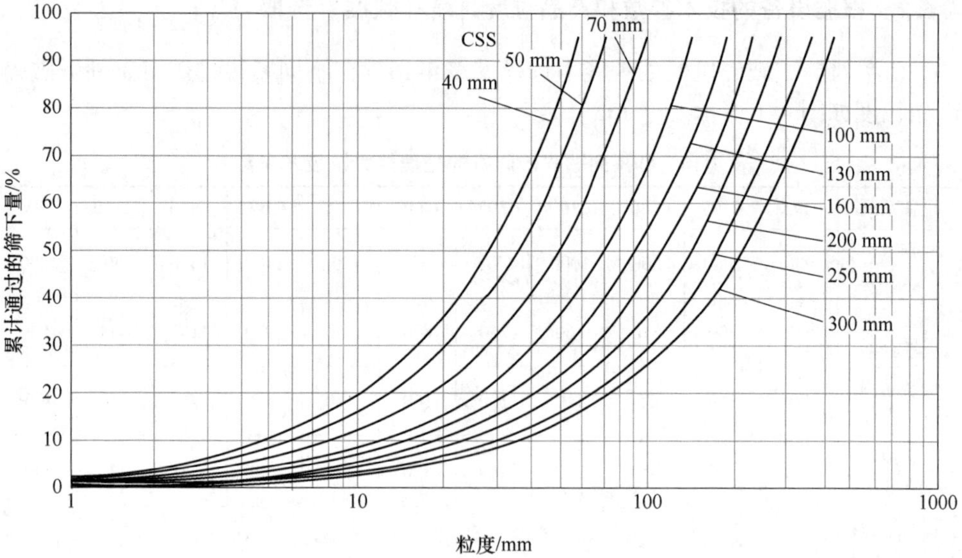

图 4-1　C 系列颚式破碎机在不同紧边排矿口条件下产品粒度分布

美卓旋回破碎机的处理能力及技术参数选取见表 4-17。

表 4-17　美卓旋回破碎机的处理能力及技术参数

设备系列	42~65	50~65	54~75	62~75	60~89	70~89	60~110
给矿口宽度/mm	1066	1270	1370	1575	1525	1780	1525
安装功率/kW	450	450	600	600	750	900	1000
开边排矿口(OSS)/mm	处理能力/t·h^{-1}						
152	2354~3362	2414~3449	2908~4154	2913~4162			
177	2893~4133	2958~4226	3170~4529	3845~5494	4576~6538	5051~7215	5579~7970
203			3513~5018	4365~6235	5337~7625	6076~8681	7394~10562
228					5851~8359	7033~10047	8346~11923
254							8961~12802
305							9857~14082

注：表中的数据是给矿物料在松散密度为 1.6 t/m^3 条件下破碎机的处理能力。

GP 系列圆锥破碎机的处理能力及技术参数选取分别见表 4-18（中碎系列）、图 4-2（中碎系列）、表 4-19（中碎系列）、表 4-20（细碎系列）、图 4-3（细碎系列）及表 4-21（细碎系列）。

表 4-18 GP 中碎系列圆锥破碎机技术参数

破碎机型号	GP100S	GP200S	GP300S	GP500S
电动机功率/kW	75~90	110~160	132~250	200~315
偏心距/mm	16，20，25	18，25，32	18，25，32，40	18，25，32
更换衬板最大质量/t	2.5	3.5	5.2	11.0
总重/t	约 7.35	约 10.9	约 16.0	约 33.0
腔型	标称给矿口/mm			
中等 M	200			
粗型 C	250	250	280	380
超粗 EC		330	380	500

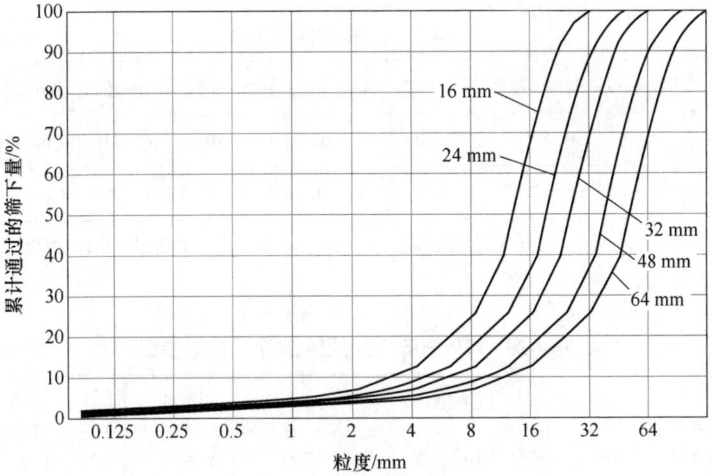

图 4-2 GP 中碎系列圆锥破碎机粒度曲线

表 4-19 GP 中碎系列圆锥破碎机处理能力

型号	偏心距/mm	CSS/mm						
		20	25	30	35	40	45	50
		处理能力/$t \cdot h^{-1}$						
GP100S	16	80~90	105~115	120~130	135~145	145~165	155~175	
	20		120~130	145~155	160~180	170~200	185~215	
	25			185~195	200~220	210~230		
GP200S	18		110~140	140~170	160~190	180~210	200~230	230~260
	25			170~220	190~240	210~260	230~280	
	32				230~280	270~320	280~350	

续表 4-19

型号	偏心距/mm	CSS/mm						
		20	25	30	35	40	45	50
		处理能力/t·h⁻¹						
GP300S	18		170~190	170~210	190~230	210~255	235~275	255~295
	25				255~315	390~345	320~350	
	32				360~400	380~420	400~400	
	40					450~500	480~530	

型号	偏心距/mm	CSS/mm							
		45	50	55	60	65	70	75	80
		处理能力/t·h⁻¹							
GP500S	18	300~350	325~375	375~425	400~450	425~475	450~500	500~550	550~600
	25		500~550	550~600	600~650	650~700	700~750	750~800	
	32		650~700	700~750	750~800	825~875	900~950	950~1000	

注：处理能力和最小排矿口均按物料的松散密度 1.6 t/m³ 计算，实际结果随给矿类型、水分含量等会有所变化。

表 4-20　GP 细碎系列圆锥破碎机技术参数

破碎机型号	GP100	GP200	GP300	GP500	GP11F	GP11M
电动机功率/kW	75~90	110~160	160~250	250~315	132~160	132~160
偏心距/mm	16,20,25	18,25,30,40	25,32,40	25,32,40	20,25,30	20,25,30
更换衬板最大质量/t	1.6	3.5	3.2	5.0	2.7	3.0
总重/t	约 5.7	约 9.1	约 13.1	约 23.3	约 10.5	约 11.5
腔型	标称给矿口/mm					
超细 EF	40	40	40	40	40	—
细型 F	50	70	60	80	80	—
中等 M	100	—	100	130	—	—
粗型 C	150	—	180	220	200	180
超粗 EC	—	210	260	—	—	220

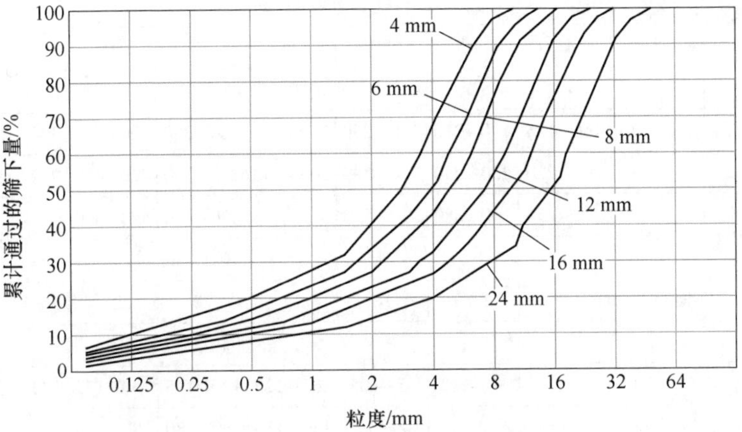

图 4-3 GP 细碎系列圆锥破碎机粒度曲线

表 4-21 GP 细碎系列圆锥破碎机处理能力

型号	偏心距/mm	CSS/mm 7	10	13	16	19	22	25
		处理能力/t·h^{-1}						
GP100	10	35~45	45~55	55~56	65~75	75~85	80~90	85~95
	20	45~50	50~60	60~70	70~85	90~100	100~110	
	25		55~65	65~75	75~90	100~115		

型号	偏心距/mm	排矿口/mm 8	10	15	20	25	30	33
		处理能力/t·h^{-1}						
GP200	18	60~70	70~90	80~105	100~125	135~150	160~175	170~185
	25		90~110	110~130	130~155	160~180	185~210	
	32			140~160	170~190	190~220		
	40				200~220	220~240		

型号	偏心距/mm	排矿口/mm 8	12	16	20	24	28	32	36	40
		处理能力/t·h^{-1}								
GP300	18	100~120	120~140	140~160	160~180	180~200	200~220	220~245	245~265	265~290
	25	100~130	130~160	170~200	195~225	220~250	250~280	275~305	305~335	
	32		160~190	215~245	245~275	280~310	315~345	335~365		

续表 4-21

型号	偏心距/mm	排矿口/mm								
		8	12	16	20	24	30	35	40	45
		处理能力/t · h^{-1}								
GP500	25	150~170	165~185	190~210	230~250	250~270	280~300	320~340	340~370	370~390
	32		200~220	230~250	270~290	300~330	370~390	420~430	270~490	
	40		230~250	260~280	320~350	375~405	420~450	470~500		

型号	偏心距/mm	排矿口/mm						
		8	10	15	20	25	30	33
		处理能力/t · h^{-1}						
GP11F	20	80~100	85~105	105~125	120~145	150~170	170~190	
	25		100~120	130~150	160~180	180~210		
	30			160~180	190~210	210~230		

型号	偏心距/mm	排矿口/mm						
		15	20	25	30	35	40	45
		处理能力/t · h^{-1}						
GP11M	20	105~125	120~145	150~170	170~190	180~200	200~220	220~250
	25		160~180	180~210	200~230	220~250	250~280	280~310
	30		190~210	210~230	240~270	270~310	300~340	330~360

注：处理能力和最小排矿口均按物料的松散密度 1.6 t/m^3 计算，实际结果随给矿类型、水分含量等会有所变化。

HP 系列圆锥破碎机的处理能力选取分别见表 4-22~表 4-26 及图 4-4。

表 4-22　HP 系列圆锥破碎机技术参数

参数	HP3™	HP4™	HP5™	HP6™	HP100™	HP200™	HP300™	HP400™	HP500™	HP900™
动锥直径/mm	1000	1120	1250	1400	735	940	1120	1320	1520	1780
功率/kW	250	315	370	500	90	132	220	315	355	700
破碎机总重/t	16.1	24.2	29.0	44.55	6.47	12.16	18.1	25.6	37.0	77.96
给矿口/mm	220	252	317	331	150	185	241	304	351	356
最大处理能力/t · h^{-1}	388	555	600	790	155	250	440	630	790	2000

表 4-23 HP 系列圆锥破碎机破碎腔的选择（一）

破碎机型号	破碎腔型	标准型/mm		短头型/mm		备注
		最小排矿口 A	给矿口 B	最小排矿口 A	给矿口 B	
HP100™	超细			6	14	1. 表中最小排矿口 A 和给矿口 B 的位置见下图。 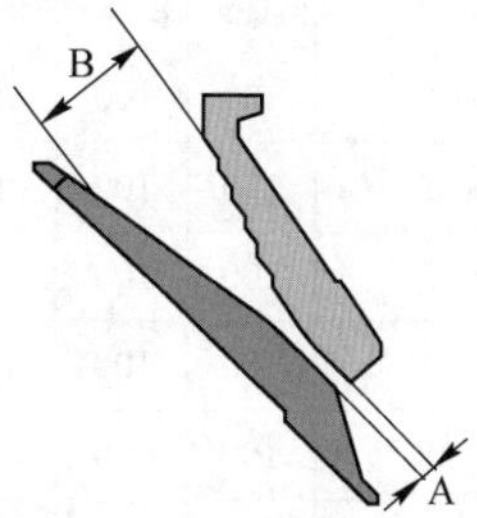 2. 最小排矿口是指在不引起调整环跳动时能实现的最小排矿口，其取决于破碎物料的特性，这个排矿口是可变的。 3. 给矿口 B 是在最小排矿口 A 时的给矿口
	细			9	74	
	中			9	12	
	粗			13	100	
	超粗			17	141	
HP200™	超细			6	10	
	细	13	95	5	23	
	中	17	125	6	54	
	粗	19	185	10	76	
	超粗					
HP300™	超细			6	25	
	细	13	107	6	22	
	中	17	150	8	53	
	粗	19	211	10	77	
	超粗	25	233			
HP400™	超细			6	52	
	细	14	111	6	51	
	中	20	198	8	52	
	粗	25	252	10	92	
	超粗	30	299			
HP500™	超细			6	53	
	细	16	133	8	52	
	中	20	204	10	57	
	粗	25	286	13	95	
	超粗	30	335			
HP900™	超细	16	187			
	细	19	219	9	33	
	中	19	267	10	92	
	粗	25	297	13	155	
	超粗	32	353			

表 4-24 HP 系列圆锥破碎机破碎腔的选择（二） （mm）

参数	最小排矿口				给矿口			
破碎机型号	HP3™	HP4™	HP5™	HP6™	HP3™	HP4™	HP5™	HP6™
超细	8	8	6	9	18	67	50	52
细	11	10	10	13	95	116	130	106
中	15	16	20	20	156	158	195	196
粗	20	25	25	25	183	203	252	279
超粗	25	28	30	30	200	237	312	328

表 4-25 HP 系列圆锥破碎机不同排矿口条件下的产品粒度特性

筛孔/mm	通过方筛孔的百分数/%												
	6 mm	8 mm	10 mm	13 mm	16 mm	19 mm	22 mm	25 mm	28 mm	32 mm	38 mm	45 mm	51 mm
100	100	100	100	100	100	100	100	100	100	100	100	100	100
75	100	100	100	100	100	100	100	100	100	100	100	100	98
63	100	100	100	100	100	100	100	100	100	100	99	95	90
51	100	100	100	100	100	100	100	100	99	98	92	82	68
38	100	100	100	100	100	100	100	98	95	90	76	62	50
32	100	100	100	100	100	100	95	90	79	69	52	42	36
25	100	100	100	100	98	94	85	74	60	49	40	33	28
22	100	100	100	100	95	88	76	63	51	42	34	28	25
19	100	100	100	98	92	82	68	57	46	37	30	26	22
16	100	100	99	92	80	69	55	46	36	29	24	20	18
13	100	99	92	78	66	55	43	36	28	22	18	16	14
10	100	93	81	66	55	45	34	30	23	18	15	13	11
8	94	82	69	55	45	37	28	24	19	15	13	11	10
6	82	67	55	43	36	29	22	19	16	12	9	8	7
4	65	49	40	32	26	21	16	14	11	9	7	6	5
2	40	28	23	17	13	11	8	7	6	4	3.5	3	2.5

表 4-26 HP 系列圆锥破碎机处理能力 （t/h）

型号	紧边排矿口（CSS）/mm											
	6	8	10	13	16	19	22	25	32	38	45	51
HP100	45~55	50~60	55~70	60~80	70~90	75~95	80~100	85~110	100~140			
HP200			90~120	120~150	140~180	150~190	160~200	170~220	190~235	210~250		

续表 4-26

型号	紧边排矿口（CSS）/mm											
	6	8	10	13	16	19	22	25	32	38	45	51
HP300			115~140	150~185	180~220	200~240	220~260	230~280	250~320	300~380	350~440	
HP400			140~175	185~230	225~280	255~320	275~345	295~370	325~430	360~490	410~560	465~630
HP500			175~220	230~290	280~350	320~400	345~430	365~455	405~535	445~605	510~700	580~790
HP800			260~335	325~425	385~500	435~545	470~600	495~730	545~800	600~950	690~1050	785~1200

注：1. 处理能力和最小排矿口均按物料的松散密度 1.6 t/m^3 计算，实际结果随给矿类型、水分含量等会有所变化。

2. HP 系列改进后，除增加了 HP3、HP4、HP5、HP6 四种型号外，还以 HP900™ 取代了原有的 HP800、HP800™，故表中 HP800 的处理能力仅供参考。

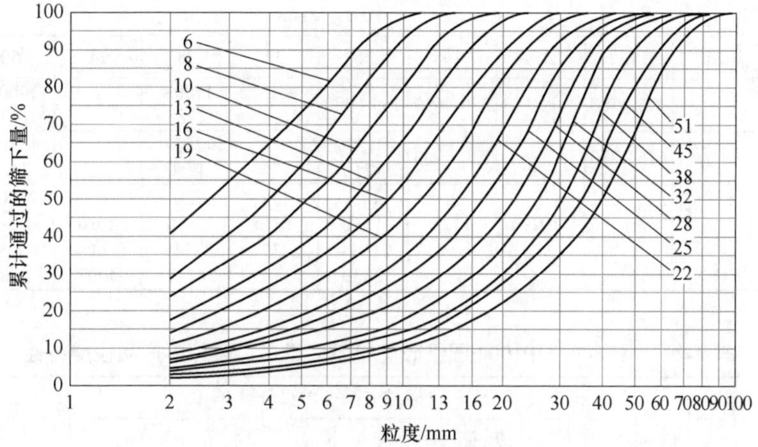

图 4-4 HP 系列圆锥破碎机的产品粒度特性

MP 系列圆锥破碎机的处理能力选取分别见表 4-27~表 4-29 及图 4-5、图 4-6。

表 4-27 MP 系列圆锥破碎机破碎腔的选择

类型		紧边给矿口 A/mm	开边给矿口 B/mm	紧边排矿口 C/mm	给矿口的最小压缩比
MP800	短头型 细	40	91	6	2.28
	短头型 中	68	117	6	1.72
	短头型 粗	113	162	12	1.43
	标准型 超细	144	193	19	1.34
	标准型 细	241	282	19	1.17
	标准型 中	308	347	25	1.13
	标准型 粗	343	384	32	1.12

续表 4-27

类型		紧边给矿口 A/mm	开边给矿口 B/mm	紧边排矿口 C/mm	给矿口的最小压缩比
MP1000	短头型 细	64	128	8	2.00
	短头型 中	104	169	10	1.63
	短头型 粗	140	203	10	1.45
	标准型 超细	241	295	22	1.22
	标准型 细	242	300	25	1.24
	标准型 中	343	390	32	1.14
	标准型 粗	360	414	38	1.15

表 4-28　MP 系列圆锥破碎机处理能力　　(t/h)

型号	给矿口/mm									
	10	13	16	19	25	32	38	44	50	63
MP800™		495~585		580~690	735~980		1100~1285		1460~1935	
MP1000™		615~730		720~900	915~1210		1375~1750		1830~2420	
MP1250™	590~700	770~915	835~1020	900~1125	1145~1510	1455~1875	1720~2190	2000~2610	2290~3025	
MP2500™					2153~2839	2735~3525	3234~4117	3760~4907	4305~5687	5425~7166

表 4-29　MP800/MP1000 圆锥破碎机不同排矿口条件下产品粒度特性

筛孔/mm	通过方筛孔的百分数/%				
	13 mm	19 mm	25 mm	38 mm	50 mm
90				100	97~100
75			100	99~100	92~98
50			99~100	86~94	67~81
38	100	100	92~98	68~78	54~64
25	99~100	94~98	65~80	48~54	38~45
19	96~99	82~90	51~62	37~42	30~35
16	92~97	73~82	43~53	31~35	25~29
13	83~93	63~73	35~44	26~29	22~25
10	70~91	52~61	28~34	22~24	18~21
6	50~57	36~44	19~23	15~16	13~14

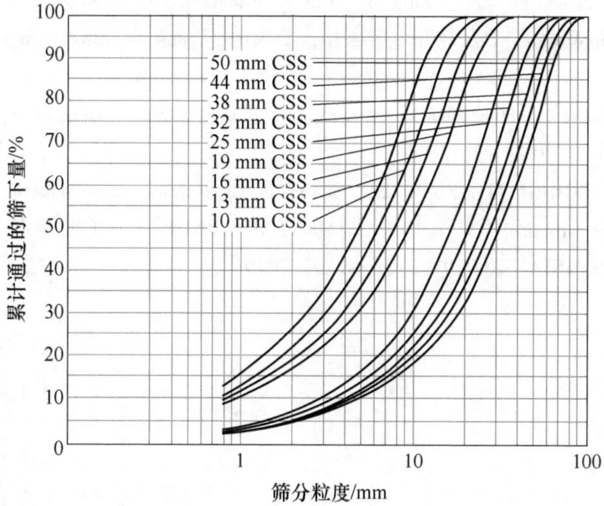

图 4-5 MP1250 圆锥破碎机产品粒度特性曲线

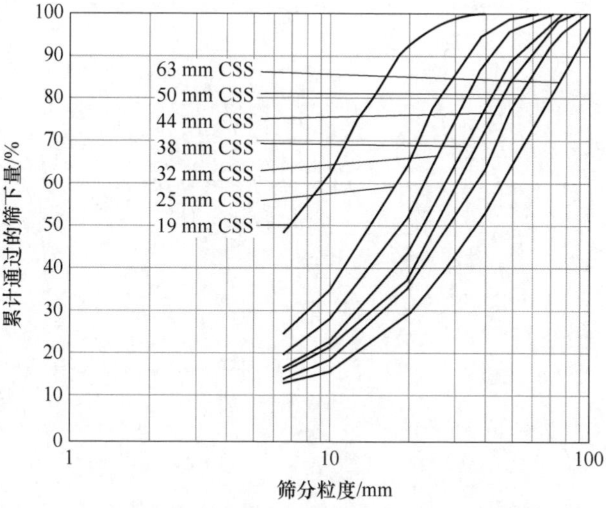

图 4-6 MP2500 圆锥破碎机产品粒度特性曲线

参考文献

[1]《选矿设计手册》编委会．选矿设计手册［M］．北京：冶金工业出版社，1988：113-120.

[2] 杨松荣，蒋仲亚，刘文拯．碎磨工艺及应用［M］．北京：冶金出版社，2013：65-68.

[3] UTLEY R W. Selection and sizing of primary crushers [C]//MULAR A L, HALBE D, BARRATT D. Mineral Processing Design, Practice, and Control. Littleton: SME, 2002: 584-605.

[4] DE LA VERGNE J. Hard Rock Miner's Handbook [M]. Edmonton, Alberta: Stantec Consulting Ltd., 2014: 236-245.

[5] BUTAR R, BECKER M, PUTLAND B, et al. Continuous improvement at Sentinal (with remote grinding support) [C]//DEPARTMENT OF MINING ENGINEERING UNIVERSITY OF BRITISH COLUMBIA. SAG 2019. Vancouver, 2019: 5.

5 高压辊磨机的选择计算

5.1 概述

进入21世纪以来，随着对能源需求的重视，以及高压辊磨机应用技术的成熟和独有的特点，高压辊磨机在硬岩金属矿山的应用引起越来越多的重视。

实际上，将原来“多碎少磨”流程中的第三段圆锥破碎机由高压辊磨机替代，则形成了新的“多碎少磨”流程。对矿石采用强制高压使其碎裂，破碎流程的最终产品粒度由原来的 $P_{80}=8\sim10$ mm 经济地降低到 5~6 mm（或 3~4 mm，甚至更低）；同时，由于其产生的高压应力作用，还使矿石的磨矿功指数有所降低[1]。

高压辊磨机有下列特点：

(1) 破碎矿石的单位电耗低；

(2) 挤压过程中产生的微裂隙可降低后续磨矿回路的单位电耗；

(3) 要求的给矿条件和控制过程苛刻，碎磨流程复杂，设备台（套）多。

因此，采用高压辊磨工艺后的碎磨流程与目前普遍采用的半自磨工艺相比，能耗低，综合运行成本低；但由于流程复杂，设备数量多，因而投资高。采用哪种碎磨流程，需根据所要处理的矿石特性，进行详尽的技术经济方案比较后确定。

高压辊磨机的适用条件主要有：

(1) 用电成本高或运输成本高的偏远地区；

(2) 给矿中黏性矿石或废石少；

(3) 比较硬的矿石，$A\times b$ 值和 T_a 值低；

(4) 邦德功指数值高；

(5) 矿石中黏性成分和水分低，挤压后不易成饼或块；

(6) 矿石中纤维成分低，挤压后不会产生过多的粉尘。

根据国外研究和应用的结果，认为高压辊磨机不能代替半自磨机。如果矿石硬度高、耐磨性强（$A\times b<35$），半自磨机处理的比能耗大于 8~9 kW · h/t、邦德球磨功指数大于 15~17 kW · h/t，采用高压辊磨工艺更合适；反之，则可能采用半自磨工艺更合适。

对于是否采用高压辊磨机，项目的前期工作所需的资料和数据一定要充分，这是方案合适可行的关键。至于高压辊磨机排出的产品是否产生微裂隙，使后续的球磨机磨矿比能耗降低，则可能与不同矿床的矿石性质有关，需通过代表性矿样的试验确定。

目前，已经在生产中使用的最大规格的高压辊磨机为 Freeport-McMoRan 在 Morenci 铜矿 Metcalf 选矿厂的世界上第一台 ϕ3 m×2 m 凸缘辊胎 HRC™3000 高压辊磨机，安装功率为 2×5700 kW。目前，世界上共有 3 个原矿日处理能力超过 10 万吨的选矿厂采用了新的“多碎少磨”（高压辊磨）工艺，分别为澳大利亚的 Boddington 铜矿（100000 t/d）、秘鲁的 Cerro Verde 铜矿（一期 120000 t/d；二期 240000 t/d）、智利的 Sierra Gorda 铜矿（110000 t/d）。

需要注意的是，当细碎采用高压辊磨机时，其前面的中碎应当与筛分闭路，以便严格控制高压辊磨机的给矿粒度。

5.2 设备发展历史

高压辊磨机是德国的 K. Schonert 教授在 20 世纪 70 年代末在密实料层中对单颗粒和多颗粒层进行破碎物理学基础研究时所提出的成果。结果表明，如果物料首先在高压辊磨机中处理，其粉碎只需相当低的比能耗，由此开启了在不需要进行大变动的情况下对选矿厂能力扩充的可能性。第一台高压辊磨机于 1985 年安装于水泥行业，用于处理炉渣和原料，由于其节省能耗、降低成本、增加处理能力、需要空间少、辊的使用寿命长，因而在水泥行业很快得到认可。随后，在金刚石行业安装了第一台高压辊磨机，改善了矿物的解离和产品的回收率。早期曾做过一些努力将高压辊磨机用于其他矿物处理，但都失败了，原因是辊面的过度磨损。随后的研发是把辊钉引入了辊中，第一台采用辊钉辊面的高压辊磨机于 1994 年在铁矿石行业用于辊磨球团给矿，随后很快在 1997 年用于铁矿石行业粗粒矿石破碎。

高压辊磨机在硬岩矿山（单轴抗压强度（UCS）>300 MPa）首次采用是 1995 年在 Cyprus Sierrita 铜矿，是当时世界上最大的设备，直径 2.4 m、宽 1.4 m，这台设备在 1996 年停止运行之前共处理了超过 700 万吨矿石。它是设计用来试验不同的耐磨防护表面——从硬镍衬到各种不同等级的碳化钨辊钉。从这次试验中得到的经验与教训，已经使得对高压辊磨机的设计、辊面耐磨保护、在选矿厂的配置及增加高压辊磨机的有效运转率等方面做了大量的改进。

5.3 设备简述

高压辊磨机由安装在重型无摩擦轴承上的两个相向转动的辊组成，封置于坚固的框架内。挤压力通过液压弹簧系统施加到其中的一个辊上，另一个辊则保持在框架内一个固定的位置上。可移动辊可以沿着无摩擦垫滑动（或游动），对由于物料和弹簧系统作用在辊上的力进行反作用。辊的给矿通过安装在辊上方的漏斗提供，漏斗中装有料位控制以保证高压辊磨机连续挤满给矿。正常情况下，来自漏斗的自由落体矿石足以对辊施加一个单独的力。在给矿粒度细且潮湿的情况下，对这个漏斗的设计要特别注意，辊子由不同电机通过减速机连接到辊的主轴驱动，辊子能够根据工艺的要求采用定速或变速运行。

辊子可以是实体，或者由专门的耐磨块或辊胎安装于辊的主轴上。辊面也可以用焊到表面上的硬金属层保护。在大多数矿物应用中，辊面是采用植入的碳化钨辊钉保护的，它有助于在辊面形成一个自生耐磨层，并且有助于物料进入挤压区域。

工业和半工业设备的辊径变化范围为0.8~3.0 m，施加的力为2000~20000 kN，在辊之间的运行间隙中挤压力为80~300 MPa。大多数矿石和物料的抗压强度位于50~280 MPa之间，处理能力为50~3000 t/h，比能耗为1~3 kW · h/t。

5.4 高压辊磨机的选择

高压辊磨机是一种特殊的粉碎设备，对于特定的矿石，当高压辊磨机的规格确定之后，其处理能力与矿石硬度无关，只与辊的转速（线速度）有关。由于其独特的工作原理，产品中可以进入选别作业的合格粒级产率为20%~30%，远高于细碎圆锥破碎机排矿产品中相同粒级（产率7%~8%）的含量；由于其对颗粒群慢压缩负载的作用机理，可使产生这部分合格粒级所施加的能量利用效率（能效）达到30%，远高于在球磨机中产生同样粒级能效仅为5%左右的结果。因此，在矿石性质许可的条件下，采用高压辊磨机会显著地节省能耗。

目前，在选矿尤其是硬岩矿山应用中，高压辊磨机的主要作用是破碎矿石。由于高压辊磨机高能量慢挤压的特点，因此，要注意绝不能像操作圆锥破碎机那样运行高压辊磨机。在高压辊磨机的选择、设计、安装和使用上必须遵循它的原理和特点。

选择高压辊磨机的参数要注意：长径比、辊和耐磨保护、所处理矿石的特性（最大粒度和粒度分布、硬度、含泥量、含水率等）、比处理能力、比能耗、运行间隙、转速。

5.4.1 长径比

长径比（L/D）的大小不仅影响高压辊磨机的性能，对单独部件的设计、设备的总体配置都有着重要的影响。

最小的辊径受制于轴承的外径和轴承座的厚度，轴承本身是根据安装的辊磨力来选择计算的。为了设计高长径比的高压辊磨机，必须选择最小外径的轴承，即圆柱滚子轴承。

轴承的规格决定了主轴的直径，并且也决定了减速机和主轴连接的方式。如果传递的功率大，减速机必须位于相反的一侧，如果位于同一侧会互相触碰。

低长径比的大直径辊在选择最合适的轴承时有更大的自由度。辊径越大，在主轴和减速机之间的连接执行越简单，并且可以使大的减速机位于同一侧以节省空间和便于维护。

高压辊磨机的计算从选择合适的辊尺寸以满足处理量的需求开始，是根据特定的给矿物料预期的比处理能力进行的。这个阶段重要的考虑是长径比（L/D），因为这个比值对辊的设计、耐磨防护、性能和设备的价格有着重要影响。

用两台不同长径比的最大型号的高压辊磨机对所需处理能力为 1425 t/h（见表 5-1）的项目进行了比较[2]。该比较基于矿石的比处理能力 $\dot{m}$ 为 225 t/(m^3 · h)、比挤压力 f 为 4 N/mm^2、比能量输入 w_{sp} 为 2 kW · h/t。

表 5-1　同一项目中不同长径比的高压辊磨机的比较结果

性能参数	单位	型号 1	型号 2
L/D 比值		高	低
辊子直径 D	m	1.70	2.25
辊子宽度 L	m	1.8	1.4
辊子转速 n	r/min	23.26	17.06
线速度 u	m/s	2.07	2.01
比处理能力 $\dot{m}$	t/(m^3 · h)	225	225
处理能力 Q	t/h	1425	1425
相对处理能力	%	100	100
辊子质量 W_1+W_1	t	65	88
相对辊重	%	100	136
比挤压力 f	N/mm^2	4	4
挤压力 F	kN	12240	12600
相对挤压力	%	100	103
比能量输入 w_{sp}	kW · h/t	2.0	2.0
所需电动机功率（每台）P_{rep}	kW	1425	1425
推荐电动机功率（每台）P_{rec}	kW	1575	1575
辊扭矩（每个）T_{roll}	kN · m	647	881
相对减速机扭矩	%	100	136
预期运行间隙 S	mm	42	55
相对运行间隙	%	100	132
推荐最大给矿粒度硬矿石 X_{max}	mm	42	55
软矿石 X_{max}	mm	62	83
相对衬板寿命	%	100	136

型号 1（高长径比）需要在高于临界值（$u>D$）的转速下运行以达到所需的处理能力，型号 2（低长径比）是在低于临界值（$u<D$）的转速下运行。比较结果表明，高的转速下，型号 1 的比处理能力低于型号 2 的比处理能力。此外，型号 1 的磨损速率（每转的磨损量）会更高，因为其转速更高。

从另一个角度考虑相同辊子尺寸的圆柱实体质量，型号 2 辊子的质量更大。

两种型号辊子所需的挤压力 F 非常相似，并且根据设计的数据，推荐两种型号的电动机功率 P_{rec} 是相同的。然而，型号 2 的减速机必须传递更高的转矩，因为该设备是在更低的转速下运行，但传递的功率相同。这就意味着型号 2 总是比相同处理能力下的型号 1 需要更大的减速机。另外，型号 1 限制了主轴和辊胎的粗细，这就导致了主轴挠曲量的增加，且限制了辊胎的应力。

型号 1 的辊子在挤压过程中边料的比例相对小，代价是沿着辊的长度上给矿离析会导致偏斜，这种偏斜实际上可能增大了未挤压的物料量。由于型号 2 辊径更大，运行间隙更大，会比型号 1 接受更大的给矿粒度，宽度越窄，偏斜的趋势越小。

对粗粒物料，型号 2 的比处理能力更高，这一点通过比较两个辊子在相同的给矿粒度和挤压力条件下的啮合特性（见图 5-1）能够很好地说明。

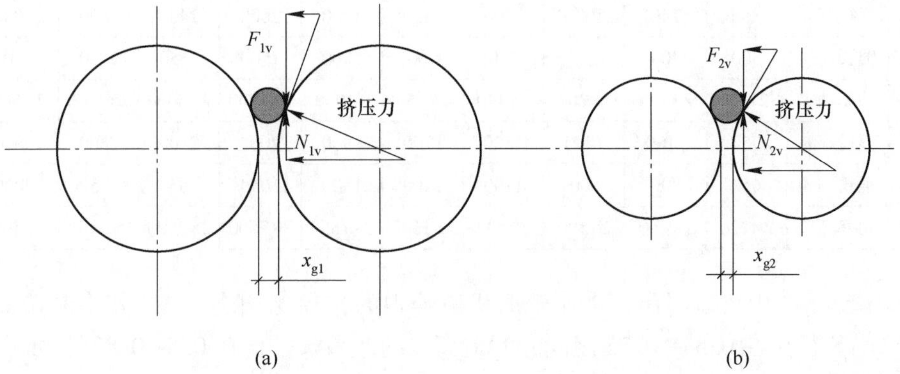

图 5-1　低长径比和高长径比不同条件下的啮合结果

（a）低长径比：$F_{1v}>N_{1v}$；（b）高长径比：$F_{2v}\leqslant N_{2v}$

从图 5-1 中可以看出，对更大直径的辊，摩擦力的垂直分量 F_{1v} 大于挤压力的垂直分量 N_{1v}，给矿可以在辊面上没有滑移的情况下更好地进入辊子之间。

辊子的磨损寿命由磨损速率、辊速和可用的磨损厚度或采用的辊钉长度确定。根据同样的辊钉长度，假设同样的磨损速率，低长径比辊子的磨损寿命长得多。但是，由于更低的相对转速和相对更小的给矿粒度，实际上高长径比辊子的磨损速率更低。表 5-1 中的比较结果表明，根据转数和恒定的磨损速率，高长径比辊子使用寿命高出 36%。这意味着在一定时期内，这台设备的耐磨防护必须更换 3 次，而低长径比辊子的设备需要更换 4 次。

高、低长径比的高压辊磨机优缺点见表 5-2。

表 5-2　高、低长径比的高压辊磨机优缺点

类型	优点	缺点
低长径比	转速低，磨损速率低，耐磨防护使用寿命长；运行间隙大，可接受的给矿粒度大；有效运转率更高；啮合条件改善；主轴和辊胎加粗，机械性能更可靠	辊子更重，减速机更大，费用更高；相对的边缘效应比例更高
高长径比	转速高，减速机小，整体质量小，费用低	磨损速率高，耐磨防护使用寿命短；运行间隙小，可接受的给矿粒度小；主轴和辊胎加粗受限，主轴挠曲量大；偏斜趋势大；如传递功率大，驱动系需两边布置，使结构复杂

部分制造商生产的高压辊磨机规格见表 5-3。

表 5-3　部分制造商生产的高压辊磨机规格

制造商 1	辊径/mm	800	740	1000	1200	1450	1700	2000	2400	2600	3000
	辊长/mm	500	400	625	750	900	1000	1500	1650	1750	2000
	功率/kW	2×75	2×132	2×260	2×440	2×650	2×900	2×1900	2×3000	2×3700	2×5700
制造商 2	辊径/mm	950	1100	1400	1520	1700	1900	2000	2400	2600	3000
	辊长/mm	650	800	800	1100	1400	1500	1650	1650	1750	2000
	功率/kW	2×220	2×450	2×500	2×800	2×1600	2×1850	2×2500	2×2800	2×3400	2×5000

从表 5-3 中可以看出，高压辊磨机破碎辊的长径比均小于 1，其中制造商 1 的产品长径比在 0. 54~0. 75 之间，制造商 2 的产品长径比在 0. 5~0. 82 之间。

5. 4. 2　破碎辊和耐磨保护

5. 4. 2. 1　破碎辊

高压辊磨机的主要磨损部件是破碎辊，破碎辊的设计目前主要有三种：实体辊、实体辊外包整体辊胎、实体辊外包拼装辊胎。

实体辊通常采用复合材料铸造或锻造，铸造的实体辊不再需要辊面防护，但可以是光滑的辊面，或有凹槽的辊面，也可安装辊钉；锻造的实体辊辊面则需要有硬表面保护，或熔焊，或包硬合金瓦，或安装辊钉。采用实体辊的高压辊磨机主要用于水泥工业破碎煅烧后的石灰石等原料，由于水泥工业的原料易碎易磨，因而辊的使用寿命长。在金属矿山由于矿石磨蚀性高，因此基本上不采用实体辊。

整体辊胎是采用复合材料、贝氏体钢、硬镍整体铸造或锻造而成，由于其耐磨性能高，因此主要应用在冶金矿山行业处理高磨蚀性的矿石及物料。目前应用的最大整体辊胎直径是 3.0 m，最大整体辊胎宽度是 2.0 m。

拼装辊胎以前是采用钢或硬镍铸造，实践中多块拼装的辊胎仅限于挤压压力低的领域应用，但也有一些用于铁精矿的研磨和金刚石矿石的破碎。近年来，随着材料和制造技术的发展，拼装辊胎已经开始用于挤压压力高的破碎工序中，如成都利君生产的拼装辊胎已经成功地用于国内外铁矿的第三段破碎及顽石破碎中。

整体辊胎和拼装辊胎的特点：拼装辊胎更换时间短，辊胎运送容易；整体辊胎维护量少，使用寿命长，更换麻烦，一般是将破碎辊整体拆下，随即换上备用辊，然后将换下的磨损破碎辊整体运送到具备拆装整胎的车间或维护点进行拆装。

实际应用当中，选择最佳的辊设计标准是：

（1）运行成本和投资之间的平衡；

（2）可接受的使用寿命和更换频率；

（3）辊胎更换时能接受的停车时间。

5.4.2.2　辊面的耐磨防护

不同的辊面设计方案可与各种类型的耐磨表面防护相结合，见表 5-4。锻件可以采用硬面、硬金属瓦或辊钉防护，硬的或复合铸件不需要任何表面防护。表面本身可以是光滑的、有轮廓的、刻槽的或辊钉的，这样不同耐磨防护方案可用于各种现场。辊的表面外形是为了改善啮合特性和增加辊的处理能力，与光滑辊面相比，辊表面的凸起降低了滑动，从而降低了磨损速率。以上这些形状的表面主要用于炉渣和石灰石的辊磨，也可用于金刚石矿石，对耐磨矿石需要经常更新。

表 5-4　常见的耐磨表面防护

基础材料	表面材料	表面形状
锻件	硬面	光滑，焊接外形
	硬金属辊钉	自垫层
	硬金属瓦	刻槽
硬铸件（贝氏体钢、硬镍Ⅳ）	不需要	光滑，焊接外形，刻槽

在水泥行业，通常硬面辊的使用寿命超过 1 年，但在金伯利岩应用中只有 6~12 周。分段硬镍衬用于闪长岩的辊磨，根据分段衬的厚度可以使用 8~16 周。

复合铸造辊胎用于石灰石的辊磨已经超过 40000 h[2]。

对硬岩矿石最好选择辊钉辊面，辊钉采用碳化钨材料，极其耐磨。较软的基础材料通过在辊钉之间形成的自垫层保护，因此两者以大约相同的速率磨损，这种表面磨损防护形式具有最高的处理能力和最长的使用寿命。

辊钉的性质取决于它的化学成分、晶粒大小、硬度、粗糙度等，辊钉需要足够的耐磨性，从而使得辊钉的破损最小化。一般来说，耐磨性是辊钉硬度的函数。然而，增加硬度可能导致辊钉破损程度增大。

辊钉的使用寿命随着所处理的物料变化。对金刚石矿，采用辊钉衬已经超过了 6000 h，预期可以超过 10000 h。对铁矿石，使用寿命已经超过了 10000 h，铁精矿已经超过了 30000 h。对非常硬和耐磨铜矿石的运行结果表明，选择合适的辊钉，其使用寿命可以达 4000~5000 h。

5.4.3　高压辊磨机处理矿石的特性

由于高压辊磨机的工作原理和机械结构的特点，并非所有的矿石都适于高压辊磨机，因而所处理矿石的性质直接影响其是否能够正常运行。

5.4.3.1　最大粒度和粒度分布

高压辊磨机的最大给矿粒度是一个非常严格的运行参数。到目前为止，研究和生产实践都表明，高压辊磨机的给矿必须来自上游作业检查筛分的筛下产品，即意味着前一段破碎作业必须闭路运行。

一般地，传统的三段破碎作业在粗碎和中碎采用开路破碎，在磨矿之前的第三段采用闭路破碎。然而，当第三段采用高压辊磨机之后，中碎必须闭路以保证绝对可控的最大给矿粒度给到高压辊磨机。这是因为过大的颗粒可能会在挤压带之前啮合区域的辊面之间造成单颗粒破碎。虽然在挤压带之内的力几乎与辊面是完全垂直的，但在啮合区域的单颗粒破碎中则会产生重要的切向分力，这个切向分力可能造成辊面的硬质合金辊钉断裂。

为保证辊胎的正常使用寿命，高压辊磨矿机的最大给矿粒度应严格控制，最大给矿粒度由预期的运行间隙和矿石的硬度确定。对单轴抗压强度 UCS>180 MPa 的硬岩矿石，最大给矿粒度不应大于运行间隙；对 UCS<80 MPa 的软矿石，最大给矿粒度可以达到 1.5 倍的运行间隙；对中等硬度的物料，最大给矿粒度应不大于 1.25 倍的运行间隙。

根据目前使用的高压辊磨机的运行实践，认为给矿中必须含有一定量的细粒，有助于形成自垫层。在对坚硬、耐研磨矿石的研究中[3]，发现采用截取粒级（非全粒级，如筛上产品）给矿的磨损速率比采用全细粒给矿或无截取粒级给矿的磨损速率高得多，截取粒级的给矿会加大辊面磨损和辊钉断裂的风险。因此，高压辊磨机给矿的粒度最好是全粒级的分布。

5.4.3.2 硬度

高压辊磨机的比处理能力只与运行间隙的面积和辊子的转速有关，与矿石的硬度无关。由于高压辊磨机的适用范围是越硬的矿石运行性能越好，因此能效指标也越高。根据当前的生产实践，一般认为，随着矿石冲击碎裂指数 $A \times b$ 值降低，半自磨机的比能耗呈指数增加，当 $A \times b$ 值降到低于 35~40 时，高压辊磨机逐渐变得更具有吸引力。在更高的 $A \times b$ 值下，半自磨机磨矿可能更合适[4-6]。如果矿石是坚硬的，即 SABC 所需比能耗大于 8~9 kW · h/t，邦德球磨功指数大于 16 kW · h/t，采用高压辊磨工艺可能在投资和运行成本上具有巨大的优势。

5.4.3.3 含泥量

由于高压辊磨机是在极高的压力下运行，所给矿石中不能含有过量的黏土或黏性矿物，这些黏土或黏性矿物在高的挤压力作用下会形成结实的饼或片状，给后续的作业带来打散的问题。另外，少量的黏土矿物（如绢云母等）可能是有益的，其有助于形成和保持在辊面辊钉之间的自垫层，从而保护辊面和辊钉。

5.4.3.4 含水率

不同于圆锥破碎机的工作原理，高压辊磨机的挤压过程和产品与矿石中所含的水分有很大关系。高压辊磨机正常运行时，其给矿为挤满给矿状态。由于给入的矿石中含有水分，可以视为固液两相状态；当水分含量低时，水分主要呈吸附状态附着于矿石颗粒表面，存在于矿石颗粒之间的空隙中，彼此互相之间不连续，故对其存在周围的环境没有显著的影响。在高压辊磨机运行过程中，由于高挤压力的作用，矿石中所含的水分会随着矿石中空隙的缩小而逐渐凝聚形成连续相，同时固液两相的表观密度也开始增大。此时，如果给入矿石中所含水分高，在高挤压力下就会使表观密度增大并且达到水饱和状态；达到水饱和状态之后，由于多余水的存在，使含水矿石呈现浆体状态，会给高压辊磨机的挤压破碎过程带来严重的影响。

一般情况下，高压辊磨机的给矿中含有少量水分有利于促进在辊钉衬表面自垫层的形成；另外，过量的水分也会导致由表面的矿粒-金属腐蚀造成的辊面（光面和辊钉辊面）的严重磨损。生产实践表明，高压辊磨机的给矿最好含有一定的水分（≤5%）[2]，当采用辊钉衬时，这有利于形成结实的自生耐磨表面。当给矿中含有的水分高时，在高的挤压力下运行时，可能在辊钉之间产生物料流动和喷出现象，这种流动和喷出现象可能是放射状的，或是对角线状的和轴向的。由于在高压辊磨机轴向上由中间向两端存在着很大的压力差，当给矿中水分含量高时，导致矿石与辊面之间的摩擦力减弱，极易产生轴向流动现象，会沿着辊钉布置方向产生轴向磨损通道，造成辊胎的边缘磨损。

根据现有的生产实践，与高压辊磨机构成闭路的湿筛筛上产品的含水量一般不会超过 4%，在此条件下，循环负荷中的水分含量不会对高压辊磨机的给矿产生不利影响。

5.4.4　比处理能力

比处理能力 q 是指高压辊磨机单位容积单位时间内所通过物料的量，以 $t/(m^3 \cdot h)$ 表示。此处理能力与高压辊磨机的辊直径 D、辊长度 L、辊线速度 v 直接相关，见式（5-1）。

$$q = \frac{Q}{D \times L \times v} \tag{5-1}$$

q 的值用于预测在不同辊几何形状下高压辊磨机的处理能力。

q 值的计算有两种方法，一种是利用式（5-1）中高压辊磨机的几何形状和速度；另一种是根据高压辊磨机的运行间隙 x_g 和在此间隙下物料的密度 ρ_g，或挤压成饼的厚度 d_c 和饼的密度 ρ_c，计算公式如下：

$$q = 3600 \times \frac{x_g}{D} \times \rho_g = 3600 \times \frac{d_c}{D} \times \rho_c \tag{5-2}$$

值得注意的是，在间隙中物料的密度通常是未知的，因此，计算 q 值的必需数据是饼的厚度和饼的密度。

在挤压区中，给矿物料从松散密度 ρ_b 压实到块密度 ρ_c，块密度通常是实际密度的 70%（对细粒高水分物料）到 85%（对粗粒物料）的范围。

对高压辊磨机的用户来说，比处理能力由试验确定，或参照类似矿石性质的生产实践数据给出。

5.4.5　比能耗和比挤压力

比能耗是指处理单位质量的矿石所需的输入功率（kW · h/t），比能耗直接与施加的挤压力相关，与比处理能力成反比。辊钉辊的比处理能力最高，对给定的比挤压力，其给出的比能耗最低。同样地，比处理能力高的矿石消耗的比能量低。对所处理的矿石，比能耗通过试验确定，或参照类似矿石性质的生产实践数据给出。

生产实践中，所需比挤压力或者根据产品细度，或者根据产品细度与输入的有效能量利用之间折中选取。对不同的矿石类型需要通过试验建立挤压力与产品细度之间的相互关系，通常对精矿和更软矿石的最佳比挤压力是在 1～2.5 N/mm^2 的范围，对硬矿石是在 3～4.5 N/mm^2 的范围[2]。

在硬岩应用中，一般设计最大安装比挤压力为 4.0～4.5 N/mm^2，运行中最大的比挤压力可达 4 N/mm^2，这些挤压力通常足以达到或至少接近细粒产生的平台期。更高的挤压力能稍微降低闭路运行的循环系数，但会增加比能耗和磨损成本。

实际上，最大可用的比挤压力还受所用的辊面耐磨防护类型（分段衬、辊胎、光滑辊面、硬面或辊钉衬）的制约。对分段衬，根据分段衬辊面的规格和固定方法，比挤压力通常为 1~2 N/mm^2；辊胎衬辊面可达到 7~8 N/mm^2，主要用在水泥行业；硬面辊面对高的比挤压力（>5 N/mm^2）也相当不敏感；辊钉辊面最大比挤压力限制在 4~4.5 N/mm^2。

比挤压力对比功率输入 w_{sp} 有直接的影响，比功率输入可能在 1~3 kW · h/t 之间变化，取决于物料性质和辊面。软和潮湿的物料由于低的比处理能力可能达到 3 kW · h/t，硬的物料在相关的辊磨力水平下通常达到 1.5~2.0 kW · h/t[2]。

5.4.6 运行间隙

运行间隙是指高压辊磨机两个破碎辊（固定辊和浮动辊）工作面之间的平行距离，这是高压辊磨机的一个关键运行参数，它的大小决定着对特定矿石的处理能力。一般所说的运行间隙是指静态运行间隙，但真正有意义的是高压辊磨机工作时动态的运行间隙。

如图 5-2 所示[7]，两个直径为 D、长度为 L 的辊以相同的角速度 ω 旋转，给矿的湿式质量为 M 的物料通过两个辊时开始被压缩，上部的开始位置由临界压力角 α_c 标注，下降到两个辊子最小的分离位置即为运行间隙 x_g。施加挤压力 F 后，矿物颗粒的表观密度（包括内在的孔隙）从松散状态 ρ_b 增大到最大挤压条件下的密度 ρ_g。

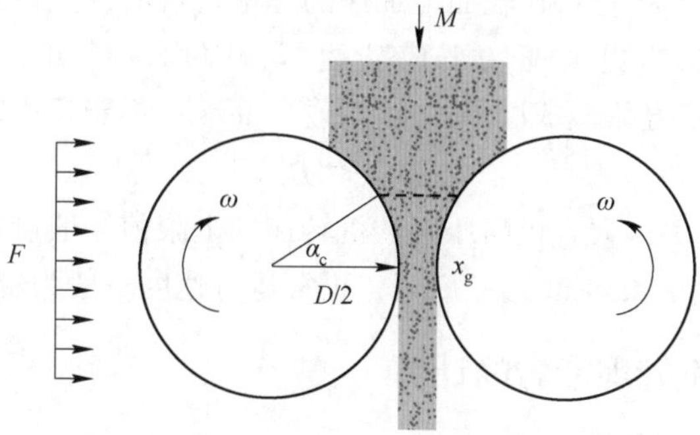

图 5-2 高压辊磨机运行示意图[3]

根据图 5-2，运行间隙 x_g 是高压辊磨机运行的结果，与临界挤压角 α_c 和饼的挤压比（ρ_c/ρ_b）的关系如下：

$$x_g = \frac{1000D \cdot \cos\alpha_c(1 - \cos\alpha_c)}{\dfrac{\rho_c}{\rho_b} - \cos\alpha_c} \tag{5-3}$$

临界挤压角 α_c 受比挤压力的影响，通常变化范围为 6°~8°。

试验和现有的生产实践证明，高压辊磨机的运行间隙与其辊径之比为 2%~3%，平均为 2.5%。

5.4.7　转速

对于特定的矿石及选定规格的高压辊磨机，其处理能力只与辊的转速（线速度）有关，即辊的转速是唯一的可调节变量。因此，高压辊磨机的辊速是决定其性能的一个关键参数，也是决定该投资的一个重要因素。选择的辊速越高，高压辊磨机的规格越小，因为较小的辊子在更高的辊速下能够满足给定的处理能力需求。同样在高的转速下，由于转矩更低，更小的减速机能够适配传递所需的功率。但是，高压辊磨机辊面的磨损与转速有直接的关系：辊的磨损寿命由磨损速率、辊的转数和可用的磨损厚度或采用的辊钉长度确定，因此辊速并非越高越好，而是有一个最大推荐转速的制约；超过该最大推荐辊速，会增加物料在辊面上的滑移，降低比处理能力和增加磨损。

耐磨辊面的使用寿命与通过挤压区的绝对循环数量成正比。一般情况下，对粗粒矿石应用的最大圆周速度（u_{max}，m/s）不应超过辊径平方根（$\sqrt{D}$）的 1.35 倍[2]：

$$u_{max} \leqslant 1.35\sqrt{D} \tag{5-4}$$

这个规则最初源于物料在辊面上加速的理论。目前，直径超过 2 m 的辊子已经在比该规则建议的更高速度下成功运行，因而，对更大直径的辊子（约 1.7 m）运行速度已经修改成圆周速度（u_{max}，m/s）不能超过辊径 D(m)：

$$u_{max} \leqslant D \tag{5-5}$$

目前生产实践中，大直径高压辊磨机转速的上限值一般设定在辊径的 110%，如 Cerro Verde 铜矿、Metcalf 选矿厂等，正常运行速度一般为辊径的 85%~100%。

5.5　高压辊磨机处理能力的计算

高压辊磨机的破碎能力 Q(t/h) 计算如下：

$$Q = 3.6sWu\rho = qDWu \tag{5-6}$$

式中　q——比处理能力，t/(m³ · h)；

D——辊直径，m；

W——辊宽度，m；

u——辊圆周速度，m/s；

ρ——压实物料密度，t/m³；

s——压实物料宽度，mm。

参 考 文 献

[1] 杨松荣 . 高压辊磨工艺及应用 [M]. 北京：冶金工业出版社，2021.

[2] KLYMOWSKY I B，PATZELT N，BURCHARDT E，et al. Selection and sizing of high pressure grinding rolls [C]//MULAR A L，HALBE D，BARRATT D. Mineral Processing Design，Practice，and Control. Littleton：SME，2002：636-668.

[3] KLYMOWSKY I B，LOGAN T. HPGR Demonstration at Newmont's Lone Tree Mine [C] //in Proceedings of the Canadian Mineral Processors，CIMM，Ottawa，2005：325-334.

[4] MORLEY C T. HPGR trade-off studies and how to avoid them [C]//Department of Mining Engineering University of British Columbia. SAG 2011. Vancouver，2011：170.

[5] DANILKEWICH H，HUNTER I. HPGR challenges and growth opportunities [C]//Department of Mining Engineering University of British Columbia. SAG 2006. Vancouver，2006，Ⅳ：27-44.

[6] MORRELL S. Mapping orebody hardness variability for AG/SAG/crushing and HPGR circuits [C]//Department of Mining Engineering University of British Columbia. SAG 2011. Vancouver，2011：154.

[7] DUNDAR H，BENZER H，AYDOGAN N A，el at. Importance of the feed size distribution and recycle on the HPGR performance [C]//Department of Mining Engineering University of British Columbia. SAG 2011. Vancouver，2011：119.

6　常规磨矿机的选择计算

6.1　概述

在选矿厂，磨矿作业是工艺过程中的一个关键环节，矿石在经过破碎（筛分）之后，根据矿石中有用矿物的嵌布特性，在没有达到选别作业所需的解理粒度时，则需要磨矿，对矿石继续加工使其达到下一步选别作业所需的粒度。

磨矿在大多数情况下是在滚筒中进行，通过滚筒的转动，利用松散的磨矿介质，通过冲击、磨剥和研磨的共同作用破碎矿石生产出特定的产品。磨矿介质可以是矿石自身（自磨和半自磨）、自然或人造的非金属介质（砾磨），或人造的金属介质（钢棒、钢球或铁球）。

因此，磨矿机的选择要兼顾前后作业，并按需要加工的矿物量、矿物性质、磨矿产品的质量要求及其各种不同磨矿机的技术性能和特点，经多种方案的技术经济比较，择优选用。

磨矿机常用的计算方法如下：

（1）磨矿机单位容积处理量计算法（容积法）。按原矿或按新生成计算级别（一般用小于0.074 mm粒级）的含量百分数计算磨矿机单位容积的处理量，然后算出磨矿机的处理量。

（2）磨矿效率计算法（功耗法）。按加工1 t矿石消耗的功耗 W_i 计算磨矿总功耗，由此确定磨矿机型号、规格和台数。

（3）试验法。按半工业试验或工业试验所得到的单位处理量 q 或单位功耗 W_i，以合理的比例放大求出磨矿机的处理量。

上述（1）和（2）的方法适用于棒磨机和球磨机的计算，（3）的方法适用于自磨机的计算。

上述三种磨矿机的计算方法都必须依据特定的试验和生产实践资料才能使用。我国先前的磨矿机计算方法是容积法，自20世纪80年代以后，逐渐演变到目前的以功耗法为主。自磨机和半自磨机的计算以试验法及经验方法为主。

本章是常规磨矿机（棒磨机、球磨机、砾磨机）的选择计算，自磨机和半自磨机的选择计算见第7章，细磨和超细磨设备的选择和规格确定（立磨机和搅拌介质磨机）见第8章。

6.2 磨矿机的单位容积处理量计算法（容积法）

下面介绍容积法的计算程序[1]。

6.2.1 q 值的计算

设计中采用的 q 值，一般选取工业性试验指标或同类选矿厂的磨矿机实际生产指标 q_0，此时，$q \approx q_0$。如果没有上述条件，只有选取情况近似选矿厂的磨矿生产指标 q_0，再考虑磨矿机的类型、矿石性质、给矿及产品粒度等因素的差异进行如下的计算：

$$q = K_1 K_2 K_3 K_4 q_0 \tag{6-1}$$

式中 q——设计中拟选用的磨矿机按新生成矿石的粒度级别（小于 0.074 mm 粒级）计算的单位处理量，t/(m³·h)；

q_0——生产中使用的磨矿机按新生成矿石的粒度级别（小于 0.074 mm 粒级）计算的单位处理量，t/(m³·h)，$q_0 = \dfrac{Q_0(\beta_2 - \beta_1)}{V}$；

Q_0——生产中使用的磨矿机处理量，t/(台·h)；

β_1——生产中使用的磨矿机给矿中小于 0.074 mm 级别的比例，%；

β_2——生产中使用的磨矿机产品中小于 0.074 mm 级别的比例，%；

V——生产中使用的磨矿机的有效容积，m³；

K_1——被磨矿石的磨矿难易度系数，根据实验资料或参照表 6-1 确定；

K_2——磨矿机的直径校正系数，$K_2 = \left(\dfrac{D_1 - 2b_1}{D_2 - 2b_2}\right)^n$；

n——可变指数，n 值与磨矿机直径、类型的关系见表 6-2，$n=0.5$ 时的 K_2 值见表 6-3；

D_1——设计中拟选用的磨矿机直径，m；

D_2——生产中使用的磨矿机直径，m；

b_1——设计中拟选用的磨矿机衬板厚度，m；

b_2——生产中使用的磨矿机衬板厚度，m；

K_3——设计中拟选用的磨矿机的校正系数，见表 6-4；

K_4——磨矿机的不同给矿粒度和不同产品粒度差别系数，$K_4 = \dfrac{m_1}{m_2}$；

m_1——设计中拟选用的磨矿机按新生成矿石的粒度级别（小于 0.074 mm 粒级）计算在不同给、排矿粒度条件下相对处理量，见表 6-5；

m_2——生产中使用的磨矿机按新生成矿石的粒度级别（小于 0.074 mm 粒级）计算在不同给、排矿粒度条件下相对处理量，见表 6-5。

表 6-1　矿石的磨矿难易度系数 K_1

矿石性质	普氏硬度	K_1 值
易碎性矿石	<5	1.25~1.4
中等可碎性矿石	5~10	1.0
难碎性矿石	>10	0.85~0.7

注：当设计与生产的矿石性质相同时，$K_1=1$。

表 6-2　n 值与磨矿机直径及类型的关系

磨矿机直径/m	n 值	
	球磨机	棒磨机
2.7	0.5	0.53
3.3	0.5	0.53
3.6	0.5	0.53
4.0	0.5	0.53
4.5	0.46	0.49
5.5	0.41	0.49

表 6-3　磨矿机的直径校正系数 K_2（$n=0.5$ 时）

磨矿机直径 D_2/mm	D_1/mm							
	900	1200	1500	2100	2700	3200	3600	4000
900	1.0	1.19	1.34	1.66	1.85	2.07	2.10	2.26
1200	0.84	1.0	1.14	1.40	1.63	1.74	1.76	1.91
1500	0.74	0.87	1.0	1.22	1.46	1.52	1.55	1.69
2100	0.60	0.71	0.81	1.0	1.17	1.25	1.30	1.41
2700	0.51	0.61	0.70	0.85	1.0	1.09	1.17	1.25
3200	0.47	0.57	0.64	0.80	0.92	1.0	1.07	1.12
3600	0.46	0.55	0.62	0.76	0.86	0.94	1.0	1.06
4000	0.44	0.52	0.59	0.71	0.81	0.89	0.95	1.0

表 6-4　磨矿机的型式校正系数 K_3

磨矿机类型	格子型球磨矿机	溢流型球磨矿机	棒磨机
K_3	1.0	0.9~0.85	1.0~0.85

注：当设计与生产的磨矿机型式相同时，$K_3=1$。

表 6-5　不同给矿和排矿粒度条件下的相对处理量

给矿粒度 d_{95}/mm	产品粒度/mm						
	0.5	0.4	0.3	0.2	0.15	0.10	0.074
	产品粒度中小于 0.074 mm 粒级的含率/%						
	30	40	48	60	72	85	95
40~0	0.68	0.77	0.81	0.83	0.81	0.80	0.78
30~0	0.74	0.83	0.86	0.87	0.85	0.83	0.80
20~0	0.81	0.89	0.92	0.92	0.88	0.86	0.82
10~0	0.95	1.02	1.03	1.00	0.93	0.90	0.85
5~0	1.11	1.15	1.13	1.05	0.95	0.91	0.85
3~0	1.17	1.19	1.16	1.06	0.95	0.91	0.85

6.2.2　拟选用磨矿机处理量的计算

设计中拟选用磨矿机的处理量 Q_d（t/(台·h)，不包括闭路磨矿的返回矿量）计算如下：

$$Q_{\mathrm{d}}=\frac{V_{\mathrm{d}}q}{\beta_{d_2}-\beta_{d_1}} \tag{6-2}$$

式中　V_d——设计中拟选用的磨矿机有效容积，m^3；

β_{d_1}——设计中拟选用的磨矿机给矿中小于 0.074 mm 级别的比例,%；

β_{d_2}——设计中拟选用的磨矿机产品中小于 0.074 mm 级别的比例,%。

若无实际生产资料，β_{d_1} 和 β_{d_2} 可参照表 6-6 和表 6-7 选取。

表 6-6　破碎产品中小于 0.074 mm 的比例

破碎产品粒度/mm		40~0	20~0	10~0	5~0	3~0
<0.074 mm 级别的比例 β_{d_1}/%	难碎性矿石	2	5	8	10	15
	中等可碎性矿石	3	6	10	15	23
	易碎性矿石	5	8	15	20	25

表 6-7　斑岩铜矿破碎、磨矿产品中小于 0.074 mm 的比例

破碎	产品粒度/mm			40~0	20~0	10~0	5~0	3~0
	<0.074 mm 比例 β_{d_1}/%			3	6	10	20	23
磨矿	产品粒度/mm	1~0	0.4~0	0.3~0	0.2~0	0.15~0	0.1~0	0.074~0
	<0.074 mm 比例 β_{d_2}/%	30	40	48	60	72	85	95

6.2.3 拟选用磨矿机台数的计算

设计中拟选用磨矿机的台数根据设计流程中原始给矿量 Q_a(t/h) 计算如下：

$$n_d = \frac{Q_a}{Q_d} \tag{6-3}$$

式中 Q_d——设计中拟选用磨矿机的处理量，由式（6-2）计算，t/(台·h)；

n_d——设计中拟选用磨矿机所需的台数，台。

6.3 磨矿机的功率计算法（功耗法）[2]

本节所述的磨矿机的设计和计算方法用于确定下面的滚筒型磨矿机的型号和规格：

（1）棒磨机，包括溢流型、端部周边排矿型、中心周边排矿型；

（2）分隔式磨矿机，包括棒/球磨机、球/球磨机；

（3）砾磨机；

（4）球磨机，包括溢流型、格子型。

6.3.1 通用磨矿机设计

6.3.1.1 衬板

磨矿机的内表面由于暴露给磨矿介质和所磨的物料，因此需要采用耐磨和耐腐蚀的合金、橡胶或二者结合的，或非金属的耐磨材料制成的衬板防护。

6.3.1.2 驱动系统

磨矿机最简单的驱动方式是低速同步电动机，其速度范围为 150~250 r/min，通过空气离合器或柔性链接与磨矿机的小齿轮轴连接。

磨矿机基本上稳定输出功率，因此很适合作为驱动电动机的带有功率因素校准能力的同步电动机，为了倾泻磨矿机中的充填体需要 120%~130% 的运行转矩。为了保持电动机在超出 150% 的情况下基本上同步（同相），牵入转矩约为牵出转矩的 130%~140%。

当磨矿机超过限度启动时，启动和牵入转矩会产生超过 600% 的瞬时电流，导致高的电压降。为了传递 130% 的启动转矩给磨矿机，电动机的设计必须考虑预期的最大电压降。电动机转矩以可用电压平方的十进制小数降低，例如，一台额定 160% 启动转矩带有 10% 电压制式的电动机能传递 $160\% \times (100-10)^2/100 = 129.6\%$ 的转矩到其输出轴。

当不可能或不实际超过限度启动全负荷的同步电动机时，可以利用电动机的牵出转矩启动磨矿机，利用在电动机和磨矿机小齿轮轴之间的空气离合器，在离合器接入之前使电动机达到同步转速。如果电动机有足够的牵出转矩（175% 或更大）启动磨矿机，就不会对电力系统造成重大的干扰。

由于磨矿机内充填体开始倾泻时的能量释放是加速时间的反函数，建议加速时间最小为6~10 s或更多，以防止损坏磨矿机或磨矿机基础。在电动机和小齿轮轴之间采用减速机使得可以采用速度范围为600~1000 r/min的电动机，在这个速度范围内，如果不需要功率因数校准，则可以采用感应电动机；对瞬时电流没有限制时，可以采用鼠笼式电动机；当需要慢启动和低的瞬时电流时可以采用滑环电动机。为了消除鼠笼式电动机启动问题也可以采用空气离合器。在世界上的一些地区采用感应电动机和启动器比同步电动机便宜，代价是牺牲电动机的效率和功率因数校准。

对输出功率大于8500~9000 kW的球磨机或自磨机，可以采用双驱“两台电动机和两个小齿轮”驱动一个安装在磨矿机上的大齿轮，对单电动机和小齿轮轴驱动的实际功率限制目前是10000 kW。对所需功率大于18000 kW或更大的电动机，可以采用转子安装在磨矿机筒体上或延伸后的磨矿机耳轴上的低频率低速同步电动机，即包绕式驱动装置，磨矿机筒体成为电动机的轴，这种设计去掉了磨矿机驱动中的大齿轮和小齿轮。

30多年前，公认最大的小齿轮功率能力是4476 kW。1994年，当第一台6714 kW驱动系统安装后，这种认识改变了。该项目包括一台驱动功率为13428 kW的半自磨机，由两台6714 kW的小齿轮驱动和两台6714 kW的球磨机组成，每台由一个小齿轮驱动。

当前，每个小齿轮最大的功率约10000 kW，并且通过增加定义齿轮组设计的一些变量，即环形齿轮硬度、面宽、中心距等，还能够增加。

6.3.1.3 临界转速

滚动磨矿机的临界转速N_C(r/min)是指在该速度下磨矿机产生的离心力足以大到使紧邻筒体衬板的小颗粒附着到筒体衬板上与磨矿机一起转动。临界转速的百分数（转速率）是确定磨矿机输出功率的一个重要参数。

$$N_C = 42.305/D^{0.5} \tag{6-4}$$

式中 D——磨矿机的衬板内径，m。

圆周速度N_p(m/min)是指磨矿机筒体的表面1 min运行的距离，是影响衬板磨损和介质磨损的因素，在磨矿机设计中必须考虑：

$$N_p = \pi DN \tag{6-5}$$

式中 D——衬板内径，m；

N——磨矿机转速，r/min。

随着磨矿机直径增大，其运行的临界转速和圆周速度会变化，对此建议的平均临界转速率见表6-8。新的选矿厂设计可以此为参考，对于特定的矿石及其应用的经济条件，实际转速会有所不同。

表 6-8　平均临界转速率

磨矿机直径（衬板内径）/m	临界转速率/%			
	棒磨机	球磨机	棒/球分隔磨机	球/球分隔磨机
0. 91~1. 83	76~73	80~78	75-72	78~75
1. 83~2. 74	73~70	78~75	72~70	75~72
2. 74~3. 66	70~67	76~74	70~68	73~70
3. 66~4. 57	67~64	<75	68~64	70~68
>4. 57	—	<75	—	—

6. 3. 1. 4　小齿轮和环形齿轮

目前，环形齿轮组的寿命设计至少 25 年，许多环形齿轮组已经成功运行的时间更长。渗碳和研磨的小齿轮一般寿命超过 12 年，可以接近 18 年。环形齿轮和小齿轮实际的寿命取决于材料和整体部件的质量。

6. 3. 2　棒磨机

当磨矿的产品粒度 P_{80} 为 2. 0~0. 5 mm（有时会更细）范围时，可以采用棒磨机。给矿粒度可以粗到 F_{80} 为 20 mm 和细到 F_{80} 为 4 mm。棒磨机是滚筒型磨矿机，磨矿介质是钢棒。

棒磨机一般用于湿式磨矿，对作为球磨机给矿的更细的棒磨机产品，采用湿式溢流型棒磨机，如图 6-1 所示。对于较粗的产品（极细粒越少越好），采用中心周边排矿棒磨机。棒磨机一般不建议干磨，干的物料流动性差，会造成钢棒的充填体膨胀，导致钢棒破损和缠结。干磨棒磨机在特定的场合采用，如铁矿石烧结厂磨焦屑和磨水泥熟料（节省能耗，但投资高）。干磨棒磨机通常设计成端部周边排料（见图 6-2），也可以中心周边排料（见图 6-3）。除了在磨水泥熟料的场合，干磨棒磨机对功率的使用效率低，有机械问题，特别是钢棒缠结。

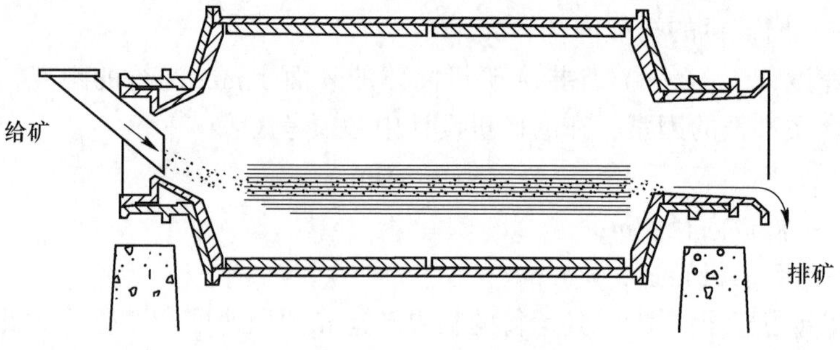

图 6-1　溢流型棒磨机[3]

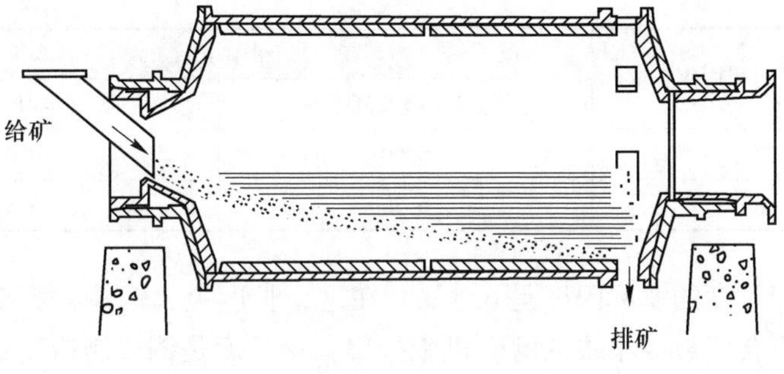

图 6-2 端部周边排矿棒磨机[3]

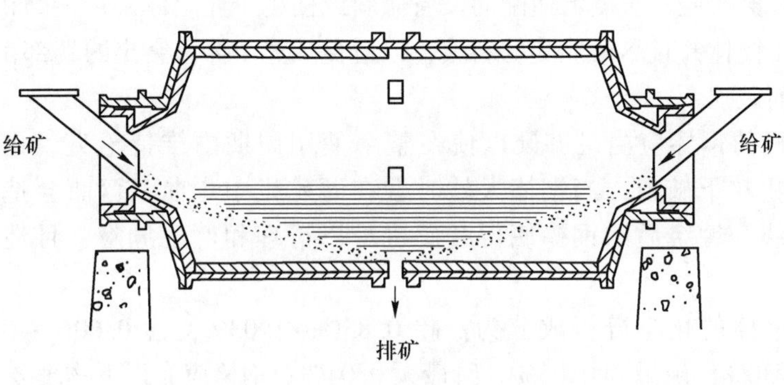

图 6-3 中心周边排矿棒磨机[3]

为了防止导致钢棒充填体缠结，建议的钢棒长度与磨矿机衬板内径的相互关系为 1.4~1.6。当这个比率小于 1.25 时，缠结的风险增加。当考虑采用棒磨机时，必须确定优质钢棒的可用性。表 6-9 给出了较大直径棒磨机的钢棒长度与磨矿机直径的关系。

表 6-9 棒磨机直径与钢棒长度

磨矿机直径（衬板内侧）/m	钢棒长度/m	
	$L = 1.25D$	$L = 1.40D$
3.81	4.76	5.33
3.96	4.79	5.54
4.11	5.14	5.75
4.27	5.34	5.98
4.42	5.53	6.19
4.57	5.71	6.40

续表 6-9

磨矿机直径（衬板内侧）/m	钢棒长度/m	
	$L = 1.25D$	$L = 1.40D$
4.72	5.90	6.61
4.88	6.20	6.83

优质钢棒长度的实际限度是 6.8 m，在这个长度上，钢棒在磨矿机中是笔直的，当磨损后会碎裂成小块从磨矿机中排出，该长度是钢棒制造商建立的钢棒质量和生产限度的函数。

沿着筒体衬板表面测得的磨矿机端衬内侧长度应当比钢棒长 0.10~0.15 m，以使钢棒在磨矿腔室长度上适配而没有倾斜或横越于充填体。在棒磨机头部端衬采用垂直于筒体并且尽可能陡的斜坡，以避免从充填体里突出的端部由于其他钢棒的冲击而破损。

磨矿机的钢棒应当足够硬以使在整个使用周期内维持笔直，也不能太脆以至于在粗粒下破损。当钢棒太软时会在磨矿机中弯曲，弯曲会造成钢棒的破损和缠绕，缠绕后的钢棒使得磨矿机难以清理和产生危险，且造成不必要的停车。

建议钢棒的化学分析成分为：碳 0.85%~1.03%，锰 0.60%~0.90%，硅 0.15%~0.30%，硫最大 0.05%，磷最大 0.04%。钢棒应有以下物理要求：

（1）钢棒要进行专用矫直。

（2）当轧钢设施允许时，钢棒要用热锯达到所需长度；否则，应采用切割砂轮或机器从两端切割到合适的长度。

（3）所有的磨矿机钢棒应当比棒磨机的工作长度短 152 mm。

以上的钢棒要求是最低的钢棒质量要求，这种钢棒降低了破损，允许钢棒磨损到一个更小的规格，可降低钢棒的运行成本。在更大直径的棒磨机或采用 100 mm 的钢棒时，建议采用更高质量的钢棒。

给矿端的钢棒磨成长的锥形“矛形”轮廓，排矿端更多的要磨成圆锥形。钢棒长度的大约中间 2/3 处最终磨成一个椭圆形断面。小块的破碎钢棒排出之前会累积在磨矿机中，锥形磨损和破损钢棒的累积降低了磨矿机充填体的松散密度及磨矿机的驱动功率。

钢棒充填体的松散密度见表 6-10，可以用于确定棒磨机充填体磨损状态下的功率输出。松散密度是变化的，需要注意挑选钢棒充填体，去除破损和细的钢棒。实践经验表明，磨矿机直径对磨损充填体的松散密度也有影响，棒磨机的直径越大，充填体的挑选难度也越大，充填体中更多的破损和磨损钢棒降低了充填体的松散密度。

表 6-10 磨损后钢棒充填体的松散密度

磨矿机直径/m	磨损后的充填体松散密度/$kg \cdot m^{-3}$
0.91～1.83	5847
1.83～2.74	5766
2.74～3.66	5606
3.66～4.57	5446

注：新钢棒的松散密度 6247 kg/m^3。

棒磨机通常的钢棒充填率为35%～40%的磨矿机容积，如要达到45%的充填率则需要保持给矿端中空轴开孔面积使给矿进入磨矿机，保持钢棒充填体足够低使钢棒不会进入排矿端中空轴，在这里钢棒会倾斜并且造成钢棒缠结。

为了使合适的给矿流给入棒磨机，在磨矿机中心线到给矿嘴附着的给矿漏斗的底部至少需要 1.5 m 的高度。

棒磨机中最常见的重型单波筒体衬板由合金钢（不建议用锰钢）或者由耐磨合金铸铁铸造，整圈中提升棒的排数通常约等于直径的 6.6 倍。这些衬板有 65～90 mm 高的波峰，波峰下新衬板的厚度为 65～75 mm。在衬板和筒体之间采用橡胶垫，以使筒体和端盖免于冲刷和腐蚀。当然，采用橡胶垫后，必须注意筒体上衬板的螺栓、密封垫和螺母的装配要紧密配合，不能移动，否则会造成衬板螺栓渗漏，且导致筒体螺栓孔磨损变形。

有些改进的衬板如两件式衬板和提升棒设计用来替代单波衬板，在一些低速运行的较小直径棒磨机中已经成功地应用了橡胶筒体衬板。当采用橡胶衬板时，必须注意采用高质量的钢棒，且从充填体中挑选出破损和细的钢棒，橡胶衬板能够有助于降低棒磨机产生的噪声水平。

端部衬板一般由厚的、光滑的合金钢铸造，磨矿机在钢棒充填体的冲击下，有一个横向的移动，可能会损坏耐磨的铸铁端衬。棒磨机可以采用橡胶端衬，但需注意橡胶端衬可能被磨损钢棒的尖端损坏。除了采用橡胶端衬之外，棒磨机的端衬和头部端盖之间还有橡胶背垫。棒磨机采用的端部衬板应当是光滑的，没有波形或提升棒，因为波形或提升棒能够扰乱钢棒的动作而造成钢棒缠结。

对端衬的基本设计趋势是有一个最小的坡度，直径小于 3.35 m 的一些磨矿机采用垂直的端衬有助于保持钢棒笔直；在较大的磨矿机中，这个坡度为 3°～7°，以保持衬板的重量在磨矿机能够支撑的范围内，也有的磨矿机供货商采用端衬的坡度为 20°。

溢流型棒磨机可以装上圆筒筛以除去从棒磨机排出的钢棒碎块和大块，溢流型棒磨机的排矿端可以封闭在罩上，有助于控制噪声和从磨矿机出来的飞溅。封闭罩的端部应留有一个大的门，该门可以打开以供进入棒磨机和将新的钢棒送入棒磨机。棒磨机的排矿端应留有足够的空间以便更换钢棒。

以下公式由 Fred Bond 提出，用于确定棒磨机能输出的功率：

$$N_{wr} = 1.752D^{0.34}(6.3 - 5.4V_p)C_s \tag{6-6}$$

式中　N_{wr}——钢棒所需的功率，kW/t；

D——磨矿机衬板内径，m；

V_p——磨矿机内钢棒充填所占百分数；

C_s——磨矿机转速率。

表 6-11 列出了一些常用规格的棒磨机，给出了转速、负荷和功率数据。其中，功率是指磨矿机小齿轮轴上的功率。对直径相同而长度不同的棒磨机，其功率直接随着钢棒的长度变化。对新的和磨损的衬板之间的差异，功率输出增加 6%，对磨损的钢棒充填体，按照表 6-10 中的松散密度变化进行调整。

表 6-11　棒磨机在小齿轮轴的功率

棒磨机直径/m	棒磨机长度/m	钢棒长度 L/m	L/D	磨矿机转速/r·min⁻¹	磨矿机转速率/%	棒充填体松散密度/kg·m⁻³	不同容积负荷的钢棒充填体质量/t			不同容积负荷的磨矿机功率/kW			新衬板内侧直径 D/m
							35%	40%	45%	35%	40%	45%	
0.91	1.22	1.07	1.4	36.1	74.5	5847	1.0	1.13	1.27	5	6	6	0.76
1.22	1.83	1.68	1.57	30.6	74.7	5847	2.25	2.58	2.9	17	19	19	1.07
1.52	2.44	2.29	1.67	25.7	74.2	5847	6.91	7.95	8.89	42	45	48	1.37
1.83	3.05	2.90	1.73	23.1	70.7	5847	13.1	15.0	16.8	85	91	95	1.68
2.13	3.35	3.20	1.62	21.0	69.9	5766	20.2	22.8	25.6	135	145	152	1.98
2.44	3.66	3.51	1.53	19.4	69.3	5766	29.0	33.2	37.4	205	220	231	2.29
2.59	3.66	3.51	1.44	18.7	69.0	5766	33.0	37.7	42.5	237	254	268	2.44
2.74	3.66	3.51	1.38	17.9	67.5	5766	36.0	41.1	45.5	257	275	289	2.55
2.89	3.96	3.81	1.41	17.4	67.6	5606	42.7	48.8	54.9	310	333	350	2.70
3.05	4.27	4.11	1.44	16.8	67.0	5606	51.5	59.0	63.8	378	406	427	2.85
3.20	4.57	4.42	1.47	16.2	66.4	5606	61.4	70.1	78.9	454	487	512	3.00
3.35	4.88	4.72	1.50	15.9	66.8	5606	72.5	82.8	93.5	548	588	618	3.15
3.51	4.88	4.72	1.43	15.5	66.6	5606	79.7	90.7	103	611	655	689	3.31
3.66	4.88	4.72	1.37	15.1	66.4	5606	82.7	99.8	112	676	725	763	3.46
3.81	5.49	5.34	1.48	14.7	66.0	5446	104	119	134	815	875	920	3.61
3.96	5.79	5.64	1.50	14.3	65.6	5446	120	137	154	943	1011	1063	3.76
4.12	5.79	5.64	1.44	14.0	65.5	5446	130	148	166	1033	1108	1165	3.92
4.27	6.10	5.94	1.46	13.6	64.9	5446	147	169	190	1178	1264	1330	4.07
4.42	6.10	5.94	1.41	13.3	64.6	5446	159	181	204	1279	1372	1443	4.22
4.57	6.10	5.94	1.36	13.0	64.3	5446	171	194	219	1382	1482	1559	4.37

当湿式棒磨低研磨性物料作为湿式球磨机开路磨矿的给矿，并且棒磨机和球磨机的直径相同时，可以把两台磨矿机制成一台两个分隔室的磨矿机。两隔室棒/球磨机的钢棒隔室（见图 6-4），如同一台溢流型棒磨机，这样的磨矿机已经用于湿磨水泥原料和在碱性（苛性）溶液中磨铝土矿。

图 6-4 棒/球分隔磨矿机

有隔室棒磨机的计算与单独的棒磨机相同，两个隔室的棒/球磨机必须通过钢棒隔室的给矿端充填替换的钢棒，这就使得钢棒隔室的钢棒充填比单独的棒磨机更困难，停车到添加新的钢棒的时间间隔大于单独棒磨机的时间间隔。因此，钢棒隔室必须增加附加功率以补偿由于钢棒充填磨损的功率损失。

6.3.3 球磨机

球磨机是滚动型磨矿机，采用球形、圆锥形或圆柱形金属作为磨矿介质，采用最多的磨矿介质是由铸钢、锻钢或铸铁制成的球。

球磨机主要用于磨出的产品 $P_{80}<0.5$ mm，可以用于干式磨矿或湿式磨矿，通常根据选矿厂或矿石自身性质确定是否采用干磨或湿磨。

干磨球磨机的给矿必须干燥，水分含量小于 1%，当给矿含有过高的水分时会导致磨矿效率降低、减缓流速或导致磨矿介质和磨矿机衬板被覆盖。磨矿机给矿的干燥可以采用下列方法之一完成：

（1）单独的干燥机。

（2）在磨矿机中部分或全部通入热空气干燥。

（3）干燥机和球磨机相结合，干燥机是第一个隔室、球磨机是第二个隔室。球磨机隔室内空气掠过，来自干燥机的热空气通过球磨机隔室抽走。

(4) 在空气分离器中干燥。给矿到空气分离器，热空气通入空气分离器干燥新的给矿。在输送磨矿机排矿的斗式提升机中也会发生干燥，这里是热的，新的给矿到空气分离器干燥。

除了全气送式磨矿机之外，干式磨矿球磨机装有低的排矿格子板。采用空气吹送和部分空气吹送的磨矿机，空气的容积和速度需要满足把球磨机产品中期望的最粗颗粒从磨矿机中带出。在闭路磨矿中，从磨矿机中携带的最大颗粒将比期望的产品最大粒度更大。格子排矿的磨矿机需要有足够的空气量通过磨矿机，以维持磨矿机处于负压状态下，防止粉尘从磨矿机的给矿嘴和排矿密封罩漏出。干式磨矿球磨机采用给矿嘴，带有空气密封，确定粉尘控制需要的空气量的经验法则是：闭路：磨矿机功率是 7.5 $m^3/(kW \cdot h)$；开路：磨矿机功率是 6.8 $m^3/(kW \cdot h)$。

由于没有钢棒给棒磨机带来的限制，球磨机在长径比上有了更多的变化，从稍微小于 1 到大于 2，在合适的长径比上没有固定的规则，长径比可以随着采用的回路、矿石类型、给矿粒度、破碎比和预期产品的特定细度变化。表 6-12 为球磨机的长径比对应关系。

表 6-12　球磨机的长径比对应关系

球磨机类型	给矿 F_{80}/μm	最大球径/mm	长径比 L/D
湿式	5000～10000	60～90	1～1.25
湿式	900～4000	40～50	1.25～1.75
湿式或干式	细粒给矿–再磨	20～30	1.5～2.5
湿式或干式	细粒给矿–开路	20～50	2.0～3.0
干式	5000～10000	60～90	1.3～2.0
干式	900～4000	40～50	1.5～2.0

随着磨矿机长径比的逐渐变大，充填体中的钢球会产生离析，大的钢球在磨矿机的排矿端积累，小的球在给矿端累积。钢球充填体中最大球径大于 65 mm 时，这种现象开始发生。

磨矿钢球可以用锻钢、铸钢或铸铁制造，一般来说，锻钢球更好。钢球的松散密度为 4.49～4.81 t/m^3，铸铁球的松散密度是 2.72 t/m^3。一般钢球是球形的，但也可以是圆柱形、圆锥形的，或常常模拟磨损钢球的不规则形状。钢球的硬度变化非常大，软的钢球布氏硬度为 350～450，硬的钢球布氏硬度超过 700。

钢球应当在其整个横剖面上有稳定一致的硬度，以相对一致的形态磨损。高质量钢球磨损的标志是，当磨损的钢球从磨矿机排出时粒度约为 16 mm 或更小，并且有一个 8～12 个面的多边形形状，且每个面有轻微的凹形。从球磨机排出的磨损钢球能够有一些碎球，从这些碎球中能够看到圆盘形的、半圆形的和月牙形的。碎球中有孔的，表明质量很差，并且含有砂粒，或者气孔，或者空心。

确定球磨机驱动所需的功率，采用锻钢球的密度为4806 kg/m³、铸钢球的密度为4646 kg/m³、铸铁球的密度为4615 kg/m³。

球磨机通常的充球率为磨矿机容积的40%～45%，也能够充到50%或稍高一点。图6-5所示为磨矿机功率与容积负荷的相互关系。出于选矿厂处理能力和设计的目的，球磨机常常根据40%的充球率进行选择，设计的驱动功率如果需要可以支撑更高的充球率。

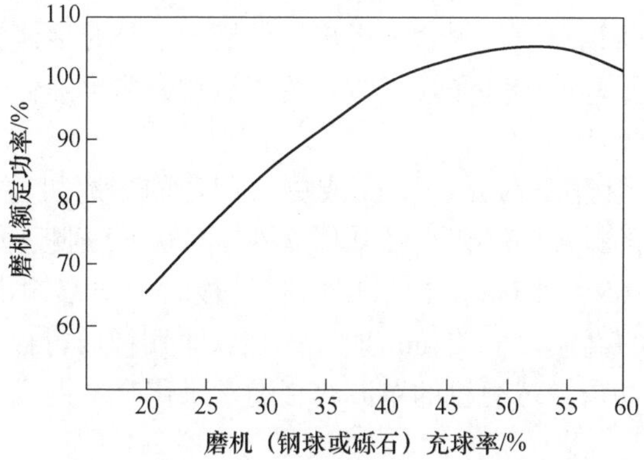

图6-5 磨矿机功率与充球率的关系

干磨球磨机通常采用35%～40%的充球率，采用风力运送磨矿物料的球磨机充球率更低，接近于30%，这是因为磨矿机的容积需要空气清扫和粉尘控制。

根据需要补加钢球，物料通过给矿器加入磨矿机。单隔室磨矿机加钢球不需要停车，所加的钢球通过给矿嘴给到球磨机。钢球不能给进勺式给料器外罩，因为在勺式给料器外罩和勺式给料器之间钢球的挤塞会对给料器和外罩造成重大的损坏。勺式给料器通常用一根管子把钢球直接给到球磨机的中空轴，或用一个加球筒把钢球给到勺式给料器的排矿处。随着球磨机规格的不断增大，勺式给料器已不再使用。

球磨机的衬板有许多不同的设计和类型，由运行成本和磨矿机的性能决定，开始使用的衬板经过多次试验才能确定最后采用的设计和材料。下面是初始衬板选择的要求：

（1）直径65 mm或更小规格的钢球和铸钢筒体衬板采用双波衬板，每圈提升棒的排数为磨矿机直径乘以13。波峰的高度超过衬板厚度40～65 mm，衬板厚度为40～50 mm。

做成如双波铸造金属衬板相同的整体成型设计的橡胶衬板，非常适合于在采用小球的球磨机中使用，它们可以降低运行成本和选矿厂的噪声水平。橡胶衬板不能用于干式球磨机，其中磨矿产生的热量超过了橡胶的使用温度。

球磨机也可采用单波衬板，或者是整体成型设计，或者是可替换的提升棒设计，材质可以是金属或橡胶。提升棒的排数应当是磨机直径乘以 6.6，再加 2。当最大的球径小于 65 mm、磨矿机转速率小于 72%时，可以采用合金耐磨铸铁的铸造衬板。

采用双波衬板，特别是采用直径 50mm 或更大的钢球时，会显示出有约 5% 的磨矿机功率损失，直到波峰磨损，钢球可以藏匿于提升棒之间。有时，球磨机筒体钢衬，特别是铸钢双波衬板会磨损出周向槽，这是充填体滑动和加速磨损的警告。当衬板接近于其使用寿命终点时，磨矿机功率输出降低，表明钢球充填体发生滑动。

(2) 对所有采用直径大于 65 mm 或更大钢球的球磨机建议使用单波衬板。每圈波峰或提升棒的排数为磨机直径乘以 6. 6，再加 2。衬板厚 50~65 mm，波峰或提升棒高于衬板 65 ~ 70 mm。当采用橡胶衬板时，功率输出的损失可能达到 10%，当最大钢球的直径大于 75 mm 时，不建议采用橡胶衬板。

由于大钢球的冲击，球磨机的单波衬板通常采用合金钢或特制耐磨和耐冲击的铸铁。

也有大钢球的球磨机中采用双波衬板替代单波衬板，这需要对磨损形式、磨矿机输出功率、磨矿机处理能力和运行成本进行研究。

(3) 球磨机采用分类衬板，在给矿端用更大的钢球，在排矿端采用更小的钢球。球磨机采用推进螺旋的螺旋状筒体衬板（见图 6-6），是为了得到球磨机里合适的钢球分离。

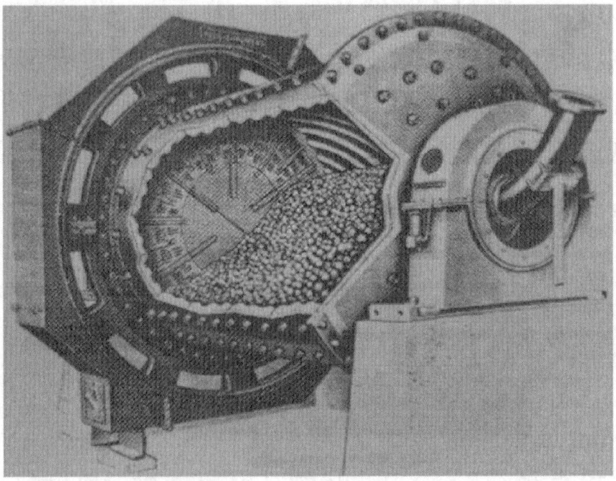

图 6-6 格子型球磨机（干磨）

方形磨矿机衬板也是一种类型，在磨矿机中用方形布置，有一系列相互配合的周向排，可以延迟钢球的移动，使物料的流动和钢球充填体填充得更好。这类钢球分类衬板有成功的，也有失败的，它降低了磨矿机的容积，使得磨矿机的功率输出降低，在一些场合使磨矿机的单位功率消耗降低，改善了磨矿效率；在另一些场合，磨矿机的输出功率降低，在处理能力上也相应降低。

（4）球磨机的端衬与磨矿机端盖的坡度相一致，可以采用橡胶、合金铸钢或耐磨铸铁制成。为了防止急速流和过度磨损，球磨机的端部衬板装配有整体辐射状肋板，或可以替换的提升棒，或二者同时采用。

（5）当采用格子板排矿时，格子板和耐磨板通常垂直于磨矿机轴线，排矿盘与磨矿机端盖的坡度相一致。格子板和耐磨板一般是用合金耐磨铸钢或橡胶制成，装配有肋板以避免急速流和过度磨损。排料臂和排料盘一般由耐磨铸铁、橡胶或耐磨结构钢制成。

在格子型磨矿机中，可能会发生条缝堵塞，采用金属或橡胶的格子板，条缝朝向排出边应当有一个锥形，锥形的角度通常是 7°~10°，条缝的每一边是 3.5°~5°。金属格子板常常有一个小的凹处可以让撞击后的金属延展，而不是让撞击后的金属直接把条缝部分盖住。

（6）除了采用橡胶衬板，在湿式球磨机筒体与衬板之间的内表面覆盖有保护橡胶或塑料，防止这些表面被矿浆快速磨损或腐蚀。干式球磨机中，在衬板下面没有背垫材料，采用了类似于在粗碎和圆锥破碎机配置凹面的塑料材料，或者熔化的锌充填单个的衬板之间的空隙。

以下方程由 Fred Bond 提出，可以用来确定湿式磨矿过程中溢流型球磨机能够输出的功率：

$$N_{wb} = 4.879D^{0.3}(3.2 - 3V_p)C_s\left(1 - \frac{0.1}{2^{9-10C_s}}\right) + S_s \tag{6-7}$$

式中 N_{wb}——钢球所需的功率，kW/t；

D——磨矿机衬板内侧直径，m；

V_p——充球率；

C_s——转速率；

S_s——所添加钢球的最大规格而导致每吨钢球增加的所需功率，kW。

对衬板内侧直径大于 3.3 m 的球磨机，所添加钢球的最大规格会影响磨矿机的功率输出，由于所添加钢球的最大规格而导致每吨钢球增加的功率，见式（6-8）。

$$S_s = 1.102\left(\frac{B - 12.5D}{50.8}\right) \tag{6-8}$$

式中 B——最大钢球直径，mm；

D——磨矿机衬板内侧直径，m。

确定湿磨情况下低水平格子板排矿钢球能够消耗的功率，则将 N_{Wb} 乘以 1.16；对干式磨矿全格子板磨矿机，则乘以 1.08。

式（6-7）用来计算多隔室球磨机的每个隔室能够输出的功率，总功率是每个隔室计算的功率总和。

对特定用途如湿磨水泥原料、苛性溶液中的铝土矿和其他类似黏土的物料要咨询磨矿机制造商，因为这些物料影响球磨机的输出功率。

对于方形球磨机，磨矿机的有效磨矿长度与磨矿机衬板内侧的直径相同。球磨机功率与磨矿腔的长度成正比，表 6-13 给出的功率是用新衬板后磨矿机小齿轮轴的功率。对于磨损后的衬板，当采用与新衬板相同的容积负荷时，磨矿机输出功率增加 6%。一些应用表明，采用橡胶衬板时球磨机的输出功率会损失 5%～10%。

直径 5.03 m 和更大的湿式溢流型球磨机的运行数据表明，一些磨矿机输出功率的使用是低效率的，低于计算的功率或者磨矿粒度比要求的更粗。这可能是磨矿机容积不足而导致矿石在磨矿机中的停留时间不够，或者说通过磨矿机的矿浆流速足够高，干扰了钢球充填体中钢球的活动。作为磨矿机处理能力的度量，球磨机的功率输出随着磨矿机直径的 2.3 次方的比率变化，球磨机的容积随着磨矿机直径平方的比率变化。随着球磨机直径增加，潜在的处理能力随着磨矿机直径的 2.3 次方的比率增加，而磨矿机的有效容积只是随着直径平方的比率增加，因而，实际的磨矿机容积小于处理能力所需的容积。此外，随着磨矿机直径增加，单位容积内可用钢球的数量更少。球磨机的临界转速是磨矿机直径平方的函数，在同样的转速率下，随着磨矿机直径增加，磨矿机的转速降低。单位容积内钢球的数量更少和由于更低的转数降低了钢球的活动，钢球与矿石接触的量降低。这些因素导致了通过磨矿机的流速更高，矿石在磨矿机内的停留时间更少。

当发生这些问题时，有必要使球磨机在 40% 充球率下的排矿水平，而在 30%～35%的低充球率下运行会增加球磨机可用的容积。降低充球率会导致球磨机功率输出更低，因而处理能力降低。磨矿机中矿石有效容积的增加和处理能力的降低，使得矿浆通过磨矿机的流速减慢，矿石在磨矿机中停留时间增加，这就增加了传递给磨矿机的能量的利用效率。

6.3.4 隔室磨矿机

隔室磨矿机有两个或多个隔室，利用金属球、砾石或钢棒作为磨矿介质，把两个或更多的磨矿阶段合并在一台磨矿机中。这些磨矿机主要用于水泥行业，也可用于任何需要阶段磨矿而没有中间分离或分级作业的场所。在隔室磨矿机各作业之间需要作业分级时，它的各磨矿部分之间采用周边排矿。

表 6-13 球磨机小齿轮轴的功率

球磨机直径 /m	球磨机长度 /m	钢球直径 /mm	磨矿机转速 /r·min^{-1}	磨矿机转速率 /%	不同容积负荷钢球充填重量/t			不同容积负荷溢流型磨矿机功率/kW			不同容积负荷格子型磨矿机功率（湿式）/kW			不同容积负荷格子型磨矿机功率（干式）/kW		新衬板内侧直径 D/m
					35%	40%	45%	35%	40%	45%	35%	40%	45%	35%	40%	
0.91	0.91	50	38.7	79.9	0.68	0.77	0.87	5	5	5	6	6	7	6	6	0.76
1.22	1.22	50	32.4	79.1	1.77	2.02	2.28	14	15	16	22	24	25	15	16	1.07
1.52	1.52	50	28.2	78.1	3.66	4.19	4.71	31	34	35	36	39	40	34	36	1.37
1.83	1.83	50	25.5	78.0	6.56	7.50	8.44	60	63	66	69	74	77	64	69	1.68
2.13	2.13	50	23.2	77.2	10.7	12.3	13.8	102	108	113	118	125	130	110	117	1.98
2.44	2.44	50	21.3	76.1	16.2	18.6	21.0	160	170	177	186	198	205	173	183	2.29
2.59	2.59	50	20.4	75.3	18.5	21.1	23.8	186	198	207	216	230	239	201	214	2.44
2.74	2.74	50	19.7	75.0	23.5	26.9	30.2	240	255	265	278	296	308	259	275	2.55
2.89	2.89	50	19.15	75.0	26.4	30.1	33.9	274	291	303	317	338	351	295	314	2.74
3.05	3.05	50	18.65	75.0	32.7	37.3	42.0	344	366	382	399	425	442	372	395	2.89
3.20	3.20	50	18.15	75.0	36.1	41.4	46.5	387	412	429	449	477	497	418	444	3.05
3.35	3.35	50	17.3	72.8	43.0	49.2	55.4	455	484	504	528	561	585	491	523	3.17
3.51	3.51	50	16.75	72.2	49.1	54.0	60.8	503	535	557	583	620	646	543	578	3.32
3.66	3.66	50	16.00	71.8	56.4	64.4	72.5	605	644	671	702	748	778	654	696	3.47
3.81	3.66	50	15.95	71.8	61.4	70.2	79.0	668	711	740	775	825	859	722	768	3.63
3.96	3.96	50	15.60	71.7	72.3	82.7	92.6	793	843	878	919	978	1018	856	910	3.78
4.12	3.96	64	15.30	71.7	78.2	89.4	99.8	887	944	985	1028	1095	1142	957	1019	3.93
4.27	4.27	64	14.8	70.7	90.7	104	117	1025	1092	1139	1189	1267	1321	1107	1179	4.08
4.42	4.42	64	14.55	70.8	98.0	112	126	1113	1184	1235	1290	1374	1432	1201	1279	4.24
4.57	4.57	64	14.1	69.8	113	129	144	1273	1355	1412	1476	1571	1638	1375	1463	4.39
4.72	4.72	64	13.85	69.8	121	138	155	1371	1459	1519	1590	1688	1762	1480	1575	4.54
4.88	4.88	64	13.45	68.9	137	157	179	1554	1653	1722	1802	1917	1997	1679	1785	4.69
5.03	4.88	64	13.2	68.7	146	167	188	1662	1767	1840	1928	2051	2135	1795	1909	4.85
5.18	5.18	75	13.0	68.7	165	189	212	1935	2061	2150	2245	2391	2494	2090	2226	5.00
5.33	5.18	75	12.7	68.1	176	201	226	2051	2184	2277	2379	2533	2641	2215	2359	5.15
5.49	5.49	75	12.4	67.5	197	225	253	2294	2443	2546	2661	2834	2954	2478	2638	5.30

图 6-4 所示的棒/球磨机是一种湿式磨矿隔室磨矿机，在第一个隔室中采用钢棒，在第二个隔室中采用钢球或砾石。在设计这种磨矿机时，磨矿机的直径与两个隔室是相同的，磨矿机的转速按照转速率对棒磨机偏高，而对球磨机偏低。棒/球磨机最常用的是开路运行，通常用途是磨低研磨指数的物料，如水泥原料和铝土矿。要注意的是，从棒磨隔室添加替换钢棒，或者清除碎裂的钢棒比从单独的棒磨机更费时间。

多隔室干燥机和磨矿机（见图 6-7），有三个隔室，在两个磨矿隔室之间有分级作业。第一个隔室位于大直径的耳轴轴承之内，在磨矿机内物料通过大量鼓入的热气闪速干燥。在干燥隔室内有用于干燥设计的提升棒，中间的周边排料器把干燥器和粗磨隔室与细磨隔室分开。这个排料器有足够大的能力输送大量含有相对高细粒负荷的排出气体，以及从两个磨矿隔室排出的固体物料。

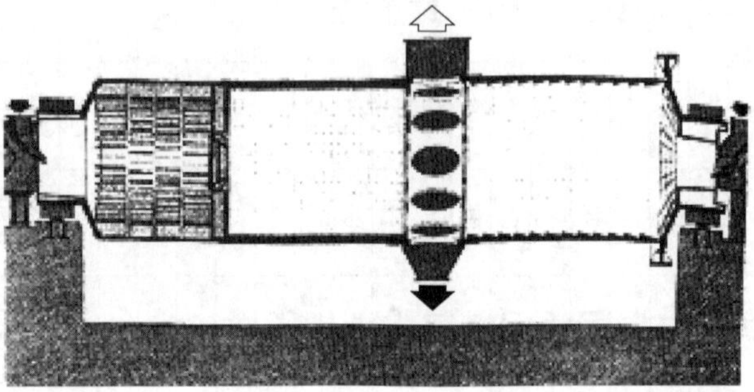

图 6-7　双隔室磨矿机

双隔室磨矿机采用预热器废气处理的水分可达 7%，采用高温气体处理的水分可达 14%～15%。空气分离器在进入旋流富集器之前除去粗粒物料，旋流富集器之后采用布袋或静电富集器。空气分离器的粗颗粒物料返回到细粒磨矿隔室，或者部分可能返回磨矿机的粗粒磨矿隔室。

湿式隔室球磨机的主要用途是在湿法工艺水泥厂中湿式水泥原料的开路磨矿，由于高的燃油消耗和成本，因此几乎很少再建设湿法工艺水泥厂。多隔室球磨机采用分隔端盖，从而获得和维持钢球的分离、帮助物料流通过磨矿机，这就消除了在长的单隔室球磨机中钢球的反向偏析。

湿式和干式的多隔室球磨机都已经用于高品位铁矿石或者球团厂给矿的粗粒铁精矿的开路磨矿。

干式多隔室球磨机能够运行钢球充填率达到磨矿机容积的 50%，经常采用的是在 30%～35%的钢球充填率下运行。根据磨矿性能和驱动限制，在每个隔室中的钢球充填容积负荷是不同的，以平衡磨矿机每个隔室中的磨矿工作。

为了确定多隔室磨矿机中每个隔室的输出功率，采用棒磨机和球磨机输出功率的方程进行计算。当干燥器和磨矿机相结合时，要添加一个多隔室磨矿机同样转速和同样规格的独立旋转干燥器所需的功率。

6.3.5 砾磨机

砾磨机是利用天然砾石或者人造陶瓷砾石、炉渣和圆柱体作为磨矿介质，一般内衬有天然燧石块或陶瓷，其内衬可以是光滑的，也可以安装提升棒，或者可以采用波形提升衬板。

在玻璃、陶瓷、清洁剂和化工行业中，由于采用衬板和金属磨矿介质会造成产品的铁污染，因此需要砾磨机，并且这些砾磨机为干式磨矿机。

砾磨机有排矿格子板，通常采用耐磨合金铸铁或铸钢制成，这些磨矿机的输出功率是磨矿介质质量和形状的函数。表 6-14 给出了一些常用规格砾磨机在采用燧石砾石时的输出功率，这些磨矿机的充填负荷为磨矿机容积的 40%～45%，功率与磨矿腔室的长度成正比，且随着磨矿机内径的 2.3 次方的比率变化。

表 6-14 砾磨机的输出功率

磨矿机规格/m×m	32 mm 厚内衬		76 mm 厚内衬		102 mm 厚内衬	
	功率/kW	磨矿机转速/$r \cdot min^{-1}$	功率/kW	磨矿机转速/$r \cdot min^{-1}$	功率/kW	磨矿机转速/$r \cdot min^{-1}$
2.13×3.05	59.7	22.0	57.4	22.6	52.9	23.0
2.13×3.66	74.0	22.0	68.6	22.6	62.6	23.0
2.13×4.27	87.2	22.0	79.0	22.6	72.3	23.0
2.13×4.88	99.9	22.0	89.5	22.6	82.8	23.0
2.13×5.49	112.6	22.0	100.7	22.6	92.5	23.0
2.13×6.10	125.3	22.0	111.1	22.6	102.2	23.0
2.13×6.71	138.0	22.0	123.0	22.6	112.6	23.0
2.44×3.66	103.7	20.0	95.4	20.6	89.5	21.0
2.44×4.27	121.5	20.0	111.1	20.6	104.4	21.0
2.44×4.88	138.7	20.0	126.8	20.6	118.6	21.0
2.44×5.49	156.6	20.0	142.4	20.6	132.7	21.0
2.44×6.10	174.5	20.0	158.8	20.6	146.9	21.0
2.44×6.71	192.4	20.0	174.5	20.6	161.8	21.0
2.44×7.32	210.3	20.0	190.2	20.6	175.2	21.0
2.74×4.27	160.3	19.0	147.6	19.3	140.2	19.6
2.74×4.88	183.4	190	169.3	19.3	158.8	19.6
2.74×5.49	206.6	19.0	190.2	19.3	178.2	19.6
2.74×6.10	230.4	19.0	211.8	19.3	196.9	19.6

续表 6-14

磨矿机规格/m×m	32 mm 厚内衬		76 mm 厚内衬		102 mm 厚内衬	
	功率/kW	磨矿机转速/r · min^{-1}	功率/kW	磨矿机转速/r · min^{-1}	功率/kW	磨矿机转速/r · min^{-1}
2.74×6.71	254.3	19.0	232.7	19.3	217.0	19.6
2.74×7.32	277.4	19.0	253.5	19.3	234.9	19.6
2.74×7.92	300.5	19.0	273.7	19.3	255.0	19.6
3.05×4.88	234.9	18.0	218.5	18.3	206.6	18.6
3.05×5.49	264.7	18.0	245.3	18.3	231.2	18.6
3.05×6.10	295.4	18.0	273.7	18.3	255.8	18.6
3.05×6.71	325.1	18.0	300.5	18.3	281.9	18.6
3.05×7.32	355.7	18.0	327.4	18.3	305.0	18.6
3.05×7.92	386.3	18.0	353.5	18.3	331.1	18.6
3.35×5.49	331.1	17.0	308.7	17.3	292.3	17.6
3.35×6.10	369.1	17.0	344.5	17.3	323.6	17.6
3.35×6.71	407.2	17.0	378.1	17.3	356.4	17.6
3.35×7.32	445.2	17.0	412.4	17.3	385.5	17.6
3.35×7.92	482.5	17.0	444.4	17.3	418.3	17.6
3.35×8.53	519.0	17.0	478.7	17.3	449.7	17.6

砾磨机能够用于开路或者闭路磨矿，通常这些应用要求干式磨矿。当干磨到非常细的粒度范围（所有的通过 10 μm 或更细）时，一些物料呈现流体流动特性。在这种情况下，磨矿机应当与湿式磨矿机一样有溢流排矿。当磨矿是为浮选或其他湿式选矿方法准备给矿时，则采用湿式磨矿。

砾磨机是采用矿石中的砾石作为磨矿介质，这种规格的矿石从破碎车间的矿石中筛出，或者从一段自磨机中提取。当这些矿石中的砾石可以成为很好的磨矿介质，且其磨损速率小于砾石获得的速率时，就用其代替钢球。砾石以可控的方式给入磨矿机并且维持恒定的输出功率，它基本上是一种开关频率足够大、需要砾石给入系统自动化的间断给矿，平均砾石粒度范围为 40~75 mm。

砾磨机通常用于湿式闭路磨矿，为了使物料通过磨矿机有一个流动梯度，其格子板排矿料位较低，避免小的砾石和砾石碎屑在磨矿机中的矿浆里浮起，从而降低磨矿效率。

磨矿机功率是砾石松散密度和砾石粒度的函数。

磨矿机转速通常为临界转速的 70%~75%，磨矿机容积充填负荷设计为 45%~50%，通常运行时约 40%。

砾磨机多采用橡胶衬板和耐磨铸铁衬板，橡胶衬板通常有单独的提升棒，耐磨铸铁和铸钢衬板是整体单波设计。采用橡胶衬板，磨矿机的输出功率可能损失10%，相应的处理能力也会损失。

砾磨机的给矿是棒磨机的产品，或者是一段自磨机的产品，有少量的是球磨机的产品，个别的是中间自磨机的产品。中间自磨机是一种辅助型磨矿机，给矿为粗粒给矿（同棒磨机的给矿粒度或稍大），采用100~175 mm的砾石磨矿。

6.3.6 再磨机

用于磨粗选精矿、中矿、最终精矿或尾矿的球磨机称为再磨机。它们给入的物料是已经磨过的，然后经一段或多段工艺作业后再处理。再磨机采用的钢球规格相对小，可以用于开路或闭路磨矿。上述对球磨机的讨论适用于再磨机。

6.3.7 磨矿机选择需做的矿石试验

在确定需要磨矿之后，则需要开始碎磨回路和磨矿机规格选择的矿石试验。根据需求，包括下列所有或者部分试验：

（1）一段自磨介质耐磨试验；

（2）一段自磨和半自磨半工业试验厂试验；

（3）第二段自磨（砾磨）试验；

（4）冲击破碎的邦德功指数试验；

（5）冲击破碎的高能圆锥破碎试验；

（6）棒磨机可磨性的邦德功指数试验；

（7）球磨机可磨性的邦德功指数试验；

（8）研磨指数试验；

（9）破碎、磨矿和选别半工业试验。

这里讨论仅限于棒磨机和球磨机选择的试验。棒磨机和球磨机磨矿采用已知质量的磨矿介质（钢棒或钢球）容易确定，且需要的磨矿试验程序比自磨机和自磨回路的选择简单得多。

可磨性试验的样品应当被破碎到约25 mm，样品可以通过坑道、露天坑等从矿体中采取或者从岩芯样中采取。了解矿床中各种矿石类型的可磨性有助于预期给矿量的变化，可磨性试验应当对混合后的磨矿机给矿的代表性综合矿样进行试验。很少有综合矿样或混合矿样的可磨性，与根据对每种成分进行的可磨性试验按比例计算的混合样品得到的可磨性结果是相同的，与综合矿样被磨到所需的粒度不同，不同磨矿方式使每种组分可能被磨到不同的粒度组成。

根据矿床的规模、选矿厂的处理能力，以及运行周期、矿床的复杂程度、选别的复杂性或后续工艺等，试验范围可以是一系列的可磨性试验到大量的可磨性试验，甚至可能是半工业试验厂试验，通常做半工业试验厂试验主要是为选矿试验做给矿准备。

如果考虑棒磨机—砾磨机回路，应当进行砾磨介质耐磨试验以确定矿石作为磨矿介质的适应性。如果进行半工业试验厂试验，砾磨应当是试验程序的一部分。

半工业试验厂常常安装一个超大的磨矿回路用于后续的选矿部分，这样磨矿回路和选别（如浮选）回路运行是不平衡的。因此，在选择试验数据时，要注意用于选择磨矿机的试验数据和建厂用磨矿回路的试验数据，要专门运行试验以得到磨矿数据，这些数据包括：

（1）磨矿机规格；

（2）磨矿机中介质所占的容积负荷；

（3）回路类型（开路或闭路）和流程图；

（4）在磨矿回路中的任何选别作业；

（5）分级机的规格和类型；

（6）如果是旋流器分级，要给出旋流器给矿泵的规格、额定能力、输出功率和转速；

（7）回路给矿的粒度分析；

（8）给矿的水分；

（9）回路的给矿量（干矿）；

（10）粒度分析和矿浆密度：回路产品、每个磨矿机的排矿、每个分级作业的给矿、每个分级作业的筛上粒级、每个分级作业的筛下粒级；

（11）每台磨矿机的输出功率（电动机输入）；

（12）每台磨矿机的电动机和驱动效率；

（13）每台磨矿机采用的磨矿介质规格和类型；

（14）每台磨矿机的转速；

（15）每台磨矿机的衬板设计和条件；

（16）介质磨损速率；

（17）衬板磨损速率（如果试验运行时间长，足以获得衬板磨损速率）；

（18）闭路条件下每个阶段的循环负荷（%）。

在磨矿试验期间，要取出用于可磨性试验的磨矿给矿样品，以便将半工业试验厂数据计算的功指数与可磨性试验结果进行比较。采用半工业试验厂数据的运行功指数 W_{io} 计算如下：

$$W_{io} = \frac{W}{\frac{10}{P^{0.5}} - \frac{10}{F^{0.5}}} \tag{6-9}$$

式中　W——单位功耗，kW · h/t；

P——产品中80%通过的粒度，μm；

F——给矿中80%通过的粒度，μm。

本章后面要讨论的磨矿回路和相关设备系数的应用同样适用于运行功指数 W_{io}，使其和可磨性试验结果有同样的基础，这就使半工业试验数据和可磨性试验结果直接进行比较。除此之外，要应用电动机和驱动效率系数，半工业试验厂磨矿机功率数据是指磨矿机小齿轮轴或磨矿机筒体（测得的功率数据一般是输入电动机的）功率。半工业试验厂磨矿机的净功率是通过从测得的总功率减去试验周期开始和结束时磨矿机的空负荷功率得到的。它可以用来得到每吨矿石的净功率，然后再转换成小齿轮轴的功率，则在每吨净功率基础上增加2.5%。

要得到准确的半工业试验厂数据特别是功率数据有一定难度，邦德闭路可磨性试验结果通常可以给出更准确的数据用于选择棒磨机和球磨机。可磨性试验包括磨矿回路的给矿产品粒度。一般一段磨矿回路的可磨性试验包括：

（1）10目（1.651 mm）或14目（1.168 mm）的邦德棒磨功指数；

（2）对每个球磨机的磨矿阶段，在比产生所需 P_{80} 的最大粒度更粗的网目规格下，和刚好比产生所需 P_{80} 的通过粒度更细的网目规格下的邦德球磨可磨性试验；

（3）如果有50 mm×75 mm的矿块，则进行冲击破碎功指数试验；

（4）如果有30 mm×20 mm的矿块，则进行研磨指数试验。

对磨矿回路的再磨球磨磨矿或粗精矿球磨磨矿按照上述（2）列出的要求进行球磨机可磨性试验。由于邦德可磨性试验需要约为6∶1的破碎比才能得到准确的结果，有必要在比要求的磨矿粒度更细的粒度下进行试验，或者必须进行专门的再磨可磨性试验。

邦德可磨性试验的给矿是：

（1）棒磨机磨矿的矿石破碎到小于13200 μm或更细；

（2）球磨机磨矿的矿石破碎到小于3350 μm（6目）或更细，用于建立最佳的棒磨机和球磨机给矿粒度。

邦德设计的邦德闭路可磨性试验的结果，通过限定试验矿石的变量是可以进行比较的，设备和试验程序是标准化的；试验是干式进行的，消除了作为变量的矿浆黏度；分级采用美国泰勒Ro-Tap标准的试验筛，这就给出几乎完美的粒度分离，消除了作为变量的循环负荷；试验结果为磨矿机产生的产品粒级物料量，因而，所有邦德可磨性试验的结果都是可比的。新矿石的试验结果可以与可用的可磨性试验结果及可用的运行数据进行比较。

6.3.8 确定磨矿功率的计算公式

选择磨矿机首先是确定磨矿所需的功率，邦德方程如下：

$$W = 10W_{\mathrm{i}}\left(\frac{1}{\sqrt{P}} - \frac{1}{\sqrt{F}}\right) \tag{6-10}$$

式中　W——将单位质量的粒度为 F 的矿石破碎到产品粒度为 P 时所耗的功，kW · h/t；

W_{i}——邦德磨矿功指数，kW · h/t；

P——产品中80%通过的粒度，μm；

F——给矿中80%通过的粒度，μm。

式（6-10）是基本邦德方程，该方程发表于20世纪50年代，在不同应用条件下的修正系数发表于60年代。后来，随着磨矿机规格的快速增大，对新的运行数据的研究导致了对邦德发表的修正系数又做了修改。新的修正系数（重新命名为“效率系数”）发表于1973年，效率系数共有8个，该组效率系数中直径效率系数为1的基本要求是：

（1）棒磨：在1台衬板内侧直径2.44 m的棒磨机中湿式开路磨矿；

（2）球磨：在1台衬板内侧直径2.44 m的球磨机中湿式闭路磨矿；

（3）计算的功率是磨矿机小齿轮轴所需的功率，包括磨矿机轴承和大小齿轮的功率损失，但不包括电动机损失或任何其他驱动部件的损失，如减速机和离合器。

8个效率系数分别是：EF_1 为干式磨矿系数，EF_2 为开路球磨磨矿系数，EF_3 为直径效率系数，EF_4 为过大颗粒给矿系数，EF_5 为磨矿细度系数（用于球磨机产品粒度80%小于75 μm时），EF_6 为棒磨破碎比系数，EF_7 为球磨低破碎比系数，EF_8 为棒磨磨矿系数。

效率系数的倍数确定如下：

（1）EF_1（干式磨矿系数）。对同样范围的工作，干磨需要的功率是湿磨的1.3倍。

（2）EF_2（开路球磨磨矿系数）。当开路球磨机磨矿时，与闭路球磨机磨矿相比需要超量的功率，该功率是对生产的产品所需控制程度的函数。开路球磨磨矿系数见表6-15。基本计算是对预期的 P_{80}，按照邦德方程在应用开路球磨磨矿系数 EF_2 时采用。当球磨机闭路磨矿时，EF_2 系数为1.0。

表6-15　开路球磨磨矿系数 EF_2

产品粒度控制（参照通过）/%	开路球磨磨矿系数 EF_2
50	1.035
60	1.05
70	1.10
80	1.20
90	1.40

续表 6-15

产品粒度控制（参照通过）/%	开路球磨磨矿系数 EF_2
92	1.46
95	1.57
98	1.70

（3）EF_3（直径效率系数）。利用衬板内侧直径 2.44 m 的基本磨矿机直径，直径效率系数可以计算如下：当 D 的单位为米（m）时，有

$$EF_3 = \left(\frac{2.44}{D}\right)^{0.2} \tag{6-11}$$

表 6-16 给出了一些最常用的磨矿机在公制条件下 EF_3 的数据。

表 6-16　直径效率系数 EF_3

磨矿机直径（筒体内侧）/m	磨矿机直径（衬板内侧）/m	直径效率系数 EF_3
0.914	0.79	1.25
1.0	0.88	1.23
1.22	1.10	1.17
1.52	1.40	1.12
1.83	1.71	1.075
2.0	1.82	1.06
2.13	1.98	1.042
2.44	2.29	1.014
2.59	2.44	1.000（基础）
2.74	2.59	0.992
2.90	2.74	0.977
3.0	2.85	0.970
3.05	2.90	0.966
3.20	3.05	0.956
3.35	3.20	0.948
3.51	3.35	0.939
3.66	3.51	0.931
3.81	3.66	0.923
3.96	3.81	0.914
4.00	3.85	0.914

注：1. 磨矿机衬板内径大于 3.81 m 后，直径效率系数没有变化，仍为 0.914。

2. 对新项目选择磨矿机，这个系数小于 1，有时忽略作为安全系数。

（4）EF_4（过大颗粒给矿系数）。当给矿比最佳给矿粒度粗时，这个系数可以应用到棒磨机和球磨机。然而，最经常采用的是单段球磨机磨矿，这是一个与功指数相关的效率系数，计算公式如下：

$$EF_4 = \frac{R_r + (W_i \times 0.907 - 7)\dfrac{F - F_0}{F_0}}{R_r} \tag{6-12}$$

式中 R_r——破碎比，$R_r = F/P$； (6-13)

F_0——最佳给矿粒度。

对棒磨机磨矿：
$$F_0 = 16000\left(\frac{13}{W_i \times 0.907}\right)^{0.5} \tag{6-14}$$

对球磨机磨矿：
$$F_0 = 4000\left(\frac{13}{W_i \times 0.907}\right)^{0.5} \tag{6-15}$$

在预期的磨矿粒度下，式（6-12）中的 W_i 采用可磨性试验得到的功指数。式（6-14）中，采用邦德冲击试验，或者棒磨机可磨性试验得到的功指数，两者之中按高者计算。对式（6-15），采用从棒磨机可磨性试验得到的功指数，它代表给矿中的粗粒部分，如果不可行，则采用球磨机可磨性的试验结果。

（5）EF_5（磨矿细度系数）。它应用于细粒磨矿，当 80%通过的产品粒度小于 75 μm（200 目）时，采用该系数。当 80%通过的产品粒度不小于 75 μm（200 目）时，该系数为 1.0。确定这个系数的公式是：

$$EF_5 = \frac{P + 10.3}{1.145P} \tag{6-16}$$

（6）EF_6（棒磨破碎比系数）。它的计算公式（除非 R_r 是在 $R_{ro} = -2 \sim +2$ 之间）是：

$$EF_6 = 1 + \frac{(R_r - R_{ro})^2}{150} \tag{6-17}$$

其中
$$R_{ro} = 8 + \frac{5L}{D} \tag{6-18}$$

式中 R_{ro}——最佳破碎比；

L——钢棒长度。

这个系数总是用于低的破碎比。高的破碎比很少采用该系数，但当棒磨机和球磨机可磨性试验的功指数 W_i 超过 7.0 时，要采用该系数。

（7）EF_7（球磨机低破碎比系数）。这个系数不经常需要，因为它只是当破碎比小于 6 时应用于球磨机磨矿。但是，在再磨精矿和尾矿时会需要该系数，计算公式为：

$$EF_7 = \frac{2(R_r - 1.35) + 0.26}{2(R_r - 1.35)} \tag{6-19}$$

（8）EF_8（棒磨磨矿系数）。棒磨机运行的研究表明，棒磨机的性能受磨矿机的给矿准备，以及最大给矿粒度均匀程度和对钢棒充填率的影响，目前这个效率系数还没有明确确定。在选择棒磨机中，根据可磨性试验计算的功率，建议采用下面的程序：

1）当只计算棒磨机的磨矿功率时，给矿是采用开路破碎准备的，则采用1.4的系数；当给矿是采用闭路破碎准备的，则采用1.2的系数。此时，磨矿机直径效率系数、棒磨破碎比系数、过大给矿粒度系数也必须用于计算磨矿功率。

2）当计算棒磨机—球磨机回路的棒磨机功率时，不考虑球磨机性能的改善，因为它接受来自棒磨机的给矿。如果棒磨机的给矿是开路破碎产生的，只对棒磨机磨矿作业，采用1.2的系数。如果棒磨机的给矿是均匀一致的，如闭路破碎产生的，则不采用棒磨磨矿系数。此时，磨矿机直径效率系数、棒磨破碎比系数、过大给矿粒度系数应当用于计算磨矿功率。

6.3.9 磨矿机功率计算和选择实例

一段磨矿回路的给矿量是500 t/h，再磨矿机的给矿量是40 t/h。棒磨机给矿和单段球磨机给矿将由闭路破碎准备。各种磨矿机的给矿粒度是：

（1）棒磨机磨矿：<25 mm，F_{80}为18 mm；

（2）单段球磨机：<12 mm，F_{80}为9.4 mm；

（3）球磨机、棒磨机—砾磨机、自磨（半自磨）机—球磨机：<2 mm，F_{80}为1.2 mm；

（4）再磨球磨机：F_{80}为210 μm。

所有回路是湿式磨矿，所有的球磨机或砾磨机是闭路，再磨机例外，在本例中再磨球磨机是开路的。

砾磨机磨矿的砾石规格为30~70 mm，砾石消耗量为30 t/h，为回路产率的6%。

要求的磨矿产品粒度是：一段磨矿回路为80%通过175 μm，再磨回路80%通过45 μm。

实验室可磨性试验结果将用于磨矿功率计算，本例中采用的试验结果是：

（1）实验室冲击破碎功指数：12.7 kW·h/t；

（2）棒磨机可磨性试验W_i（10目）：14.5 kW·h/t；

（3）球磨机可磨性试验W_i：65目为12.9 kW·h/t；100目为13.3 kW·h/t；325目（再磨给矿）为15.4 kW·h/t；研磨指数A_i为97.52 g/(kW·h)。

根据上述回路需求选择棒磨机、球磨机和砾磨机：

（1）棒磨机—球磨机；

（2）单段球磨机；

（3）棒磨机—砾磨机；

（4）球磨机磨一段半自磨机的产品；

（5）再磨球磨机。

6.3.9.1　棒磨机

A　功率计算和棒磨机选择

已知 $F=18000\ \mu m$，$P=1200\ \mu m$，$W_i=14.5\ kW \cdot h/t$，因此，处理每吨矿石所需的功耗为：

$$W = 10 \times 14.5\left(\frac{1}{\sqrt{1200}} - \frac{1}{\sqrt{18000}}\right) = 3.11\ kW \cdot h/t$$

效率系数：

（1）EF_1，不用。

（2）EF_2，不用。

（3）EF_3，在功率计算完成后确定。

（4）EF_4：

$$R_r = \frac{18000}{1200} = 15.0$$

$$F_o = 16000\sqrt{\frac{13}{14.5 \times 0.907}} = 15878$$

F_o 小于 F，因此应用 EF_4。

$$EF_4 = \frac{15 + (14.5 \times 0.907 - 7) \times \dfrac{18000 - 15878}{15878}}{15} = 1.06$$

（5）EF_5，不用。

（6）EF_6，不用。假定破碎比是在 $R_{ro}\pm2$ 之内，R_{ro} 将在磨矿机规格选择之后确定。

（7）EF_7，不用。

（8）EF_8，棒磨机给矿通过闭路破碎准备，棒磨机在一个棒磨机—球磨机（或砾磨机）回路中且没有中间选别作业，因此不需要采用 EF_8 系数。如果只是一个棒磨机磨矿回路或如果在棒磨机和球磨机之间有中间选别作业，则需要采用 1.2 的系数。

因此，考虑各种系数修正后的处理每吨矿石所需的功耗为：

$$3.11 \times 1.06 = 3.30\ kW/t$$

按照要求的处理能力，所需棒磨机的总功率为：

$$3.30 \times 500 = 1650\ kW$$

需要两台棒磨机，参照表 6-11，初步选择的棒磨机筒体内径 3.66 m，新衬板内侧直径 3.46 m。参照表 6-16，EF_3（直径效率系数）是 0.931。因此，有：

$$1650\times0.931=1536\ \mathrm{kW}$$

根据表6-11，ϕ3.66 m×4.88 m 的棒磨机，采用长度4.72 m 钢棒。当充填率为40%、磨损后的松散密度为5606 kg/m^3 时，计算输出功率为725 kW，每台棒磨机需要的输出功率为768 kW。因此，把磨矿机长度增加0.3 m，则有：

$$\frac{725}{4.72}\times5.02=771\ \mathrm{kW}$$

注意：棒磨机的功率与钢棒的长度成正比。

因此，采用两台筒体内径3.66 m、新筒体衬板内侧直径3.46 m、长度5.18 m 的溢流型棒磨机，磨矿机钢棒充填负荷40%，钢棒长度5.02 m。

$$R_{ro}=8+\frac{5\times5.02}{3.46}=15.25$$

$R_r=15.0$，因此，EF_6 的假设被证实，需要两台磨矿机准备球磨机的给矿。

对于砾磨机磨矿，产品的砾石部分不通过棒磨机，这样棒磨机的给矿量减少30 t/h（500 t/h 的6%）。则所需棒磨机的总功率为：

$$\frac{1536}{500}\times470=1444\ \mathrm{kW}$$

每台棒磨机所需的功率：

$$1444\div2=722\ \mathrm{kW}$$

因而，采用两台筒体内径3.66 m、新衬板内径3.46 m、长度为4.88 m 的溢流型棒磨机，充填负荷为40%，钢棒长度为4.72 m。

$$R_{ro}=8+\frac{5\times4.72}{3.46}=14.8$$

$R_r=15.0$，因而这里也证实了 EF_6 的假定。

B 根据邦德磨矿介质所需功率的公式计算棒磨机规格

若取棒磨机的直径为3.66 m，则有效内径 $D=3.46$ m（筒体内径减去2倍衬板厚），拟充填率为40%，临界转速率为67%，则由式（6-6），磨矿介质所需功率为：

$$\begin{aligned}N_{wr}&=1.752D^{0.34}(6.3-5.4V_p)C_s\\&=1.752\times3.46^{0.34}\times(6.3-5.4\times0.4)\times0.67=7.41\ \mathrm{kW/t}\end{aligned}$$

棒磨机装棒量为：

$$722\div7.41=97.44\ \mathrm{t}$$

棒磨机的容积为：

$$97.44\div(5.446\times0.4)=44.73\ \mathrm{m^3}$$

棒磨机的长度为：

$$44.73\div[3.14\times(3.46\div2)^2]=4.76\ \mathrm{m}$$

所以，选用 2 台 ϕ3. 66 m×4. 76 m 棒磨机。

6. 3. 9. 2　球磨机（棒磨机—球磨机回路）

已知：$F=1200$ μm，$P=175$ μm，$W_i=12.9$ kW · h/t（在 100 目（0. 147 mm）时的可磨功指数没有任何需要考虑的特性），所以处理每吨矿石所需的功耗为：

$$W=\frac{10\times 12.9}{\sqrt{175}}-\frac{10\times 12.9}{\sqrt{1200}}=6.03\ \text{kW}\cdot\text{h/t}$$

采用的唯一效率系数是直径效率系数 EF_3，根据要求的处理能力，球磨机所需的总功率为：

$$6.03\times 500=3015\ \text{kW}$$

通过参照表 6-13，磨矿机筒体衬板内径大于 3. 81 m。按照表 6-16，EF_3 的值是 0. 914。所以修正后的球磨机总功率为：

$$3015\times 0.914=2756\ \text{kW}$$

由于需要两台棒磨机，故采用两台球磨机（即 1 台棒磨机+1 台球磨机），这是操作和控制或自动控制最简单的回路，意味着比一台棒磨机两台球磨机均为相同直径的磨矿机回路投资更低。因此，每台球磨机所需功率为：

$$2756\div 2=1378\ \text{kW}$$

根据表 6-12，球磨机的长径比在 1. 5 范围内。参照表 6-13，一台直径 4. 12 m、长度为 3. 96 m 的溢流型球磨机，充球率为 40%，新筒体衬板和直径 64 mm 钢球，磨矿机输出功率为 944 kW。因此，有：

$$\frac{1378}{944}=1.46$$

则所选球磨机的筒体长度为：

$$3.96\times 1.46=5.78\ \text{m}$$

因此，采用两台筒体内径 4. 12 m、新衬板内径 3. 93 m、长度 5. 79 m 的溢流型球磨机，充球率为 40%。

由于运行成本低，磨矿效率高，以及更好的磨矿机运转率，目前的实践中多采用溢流型球磨机。当然，也可以采用格子型球磨机，参照表 6-13，选择直径 3. 96 m、长度 3. 96 m 的格子型排矿球磨机，40%的充球率，新筒体衬板和 50 mm 钢球，输出功率为 978 kW，则有

$$\frac{1378}{978}=1.41$$

$$3.96\times 1.41=5.58\ \text{m}$$

因而，采用两台筒体内径 3. 96 m、新衬板内径 3. 78 m、长度 5. 79 m 的格子型球磨机，充球率为 40%。

6.3.9.3 球磨机（单段作业）

A 功率计算和球磨机选择

标准邦德球磨机可磨性试验的给矿是小于6目（3.36 mm），因此，单段球磨机给矿中小于12.7 mm粗粒部分没有包括在可磨性试验磨矿机的给矿中。然而，对标准邦德棒磨机可磨性试验的小于12.7 mm给矿，确实包括了单段球磨机给矿的粗粒部分。当选择单段作业的球磨机时，为了获得矿石的完整的可磨性曲线（功指数 W_i 与粒度），建议进行棒磨机和球磨机的可磨性试验。

如果从棒磨机和球磨机可磨性试验得到的功指数有差异，这是正常的。然后，如果棒磨机试验的功指数更高，则应当采用二段计算确定所需的磨矿功率。棒磨机功指数用来计算从选矿厂球磨机给矿粒度到80%通过2100 μm时所需的功率，从2100 μm到预期的产品粒度所需磨矿功率的计算，要利用球磨机可磨性试验的功指数，这二者之和给出了总的磨矿没有修正的每吨功耗。

已知：$F=9400$ μm，$P=175$ μm，棒磨机 $W_{ir}=14.5$ kW·h/t，球磨机 $W_{ib}=12.9$ kW·h/t。

第一步：

$$W=\frac{145}{\sqrt{2100}}-\frac{145}{\sqrt{9400}}=1.68\ \text{kW·h/t}$$

第二步：

$$W=\frac{129}{\sqrt{175}}-\frac{129}{\sqrt{2100}}=6.93\ \text{kW·h/t}$$

处理每吨矿石所需的功耗为：

$$1.68+6.93=8.61\ \text{kW·h/t}$$

按照要求的处理能力，所需的球磨机总功率为：

$$8.61\times 500=4305\ \text{kW}$$

效率系数：

（1）EF_1，不用。

（2）EF_2，不用。

（3）EF_3，磨矿机直径应当大于3.81 m，因此采用0.914。

（4）EF_4：

$$R_r=\frac{9400}{175}=53.7$$

$$F_o=4000\sqrt{\frac{13}{14.5\times 0.907}}=3970$$

F_o 小于 F，因此采用 EF_4。

$$EF_4 = \frac{53.7 + (12.9 \times 0.907 - 7) \times \dfrac{9400 - 3970}{3970}}{53.7} = 1.12$$

（5）EF_5、EF_6、EF_7 和 EF_8 都不用。则修正后的球磨机总功率为：

$$4305 \times 1.12 \times 0.914 = 4407 \text{ kW}$$

采用两台磨矿机，则每台球磨机所需功率为：

$$\frac{4407}{2} = 2203.5 \text{ kW}$$

按照表 6-12，长径比约为 1.25；参照表 6-13，选择直径 5.03 m、长度 4.88 m 的溢流型球磨机，充球率 40%，新筒体衬板和钢球直径 64 mm，输出功率为 1767 kW，则有

$$\frac{2204}{1767} = 1.25$$

$$4.88 \times 1.25 = 6.1 \text{ m}$$

因此，采用两台筒体内径 5.03 m、新衬板内径 4.85 m、长度 6.1 m 的溢流型球磨机，充球率为 40%。

替换为格子型球磨机如下：参照表 6-13 选择一台格子型球磨机，直径 4.72 m、长度 4.57 m、充球率为 40%，新筒体衬板和钢球直径 65 mm，输出功率为 1688 kW，根据计算所需功率，则有

$$\frac{2204}{1688} = 1.3$$

因此，实际所需球磨机筒体长度为：

$$4.57 \times 1.3 = 5.93 \text{ m}$$

因此，采用两台筒体内径 4.72 m、新衬板内径 4.54 m、长度 5.93 m 的格子型球磨机，充球率为 40%。

B　根据邦德磨矿介质所需功率公式计算球磨机规格

若球磨机直径为 5.03 m，有效内径 D=4.85 m（筒体内径减去 2 倍衬板厚），充填率为 40%，临界转速率为 72%，最大球径为 64 mm，则磨矿介质所需功率为：

$$N_{wb} = 4.879D^{0.3}(3.2 - 3V_P)C_s\left(1 - \frac{0.1}{2^{9-10C_s}}\right) + S_s$$

$$= 4.879 \times 4.85^{0.3}(3.2 - 3 \times 0.4) \times 0.72 \times \left(1 - \frac{0.1}{2^{9-10 \times 0.72}}\right) + 1.102 \times \frac{64 - 12.5 \times 4.85}{50.8}$$

$$= 10.96 + 0.07 = 11.03 \text{ kW/t}$$

球磨机装球量为：

$$2204 \div 11.03 = 199.82 \text{ t}$$

球磨机容积为：

$$199.82 \div (4.6 \times 0.4) = 108.6\ \text{m}^3$$

球磨机长度为：

$$108.6 \div [3.14 \times (4.85 \div 2)^2] = 5.88\ \text{m}$$

所以，选择两台 ϕ5.03 m×5.88 m 溢流型球磨机。

6.3.9.4　球磨机（自磨机或半自磨机—球磨机回路）

如果来自一段自磨机或半自磨机的产品粒度与来自棒磨机的相同，球磨机的计算和规格选择与6.3.9.2小节的内容相同。如果球磨机给矿粒度与上述不同，应当采用与6.3.9.2小节或6.3.9.3小节所述的同样程序确定磨矿功率和选择磨矿机规格。

从一段自磨机或半自磨机出来的产品可能不同于棒磨机或细碎圆锥破碎机或高压辊磨机产出的相同 P_{80} 的粒度分布，因此可能有不同的功指数。在选择球磨机来磨一段自磨机或半自磨机的产品时，如果一段磨矿机的产品可用，则利用这个样品进行可磨性试验以确定所需的功率。

如果有可用的半工业试验数据，可以得到净功率的运行功指数（见式(6-9)），则可用来确定球磨机功率。

一段自磨机或半自磨机的产品可能含有大量的粒度小于预期的球磨机产品粒度的物料，通过把这部分物料给到分级作业，这个粒级的物料被除去，分级作业的粗粒物料（砂或底流）给到球磨机。这只有当球磨机与分级作业闭路运行时才能做到。在这种情况下，球磨机磨矿所需的可磨性试验可以采用从一段分级作业得到的粗粒物料样品进行。既然这样，球磨机给矿量是依据来自一段分级作业的粗粒物料的量，不再是回路的给矿量。

最常见的回路有一段磨矿机产品给到与球磨机回路闭路的分级作业，在这种情况下，采用一段磨矿机回路产品做可磨性试验，一段磨矿机给矿作为球磨机回路的给矿量。

如果来自半工业试验的样品不可用，则需要采用矿石样品进行可磨性试验，这就不一定与一段自磨机或半自磨机的产品相同。因此，球磨机的给矿量与一段磨矿机的给矿量是相同的。

6.3.9.5　砾磨机（棒磨机—砾磨机回路）

砾磨机磨矿功率的计算与来自棒磨机产品磨到预期要求粒度的球磨机磨矿功率计算相同，如果直径效率系数小于1.0，则忽略。因此，根据要求的处理能力，砾磨机所需的总功率为：

$$6.03 \times 500 = 3015\ \text{kW}$$

对这个功率，需要加上把砾石磨到棒磨机产品粒度（砾磨机给矿粒度）所需的功率。

已知：$F=70000\ \mu m$，$P=1200\ \mu m$，$W_i=14.5\ kW\cdot h/t$，则有：

$$W=\frac{10\times 14.5}{\sqrt{1200}}-\frac{10\times 14.5}{\sqrt{70000}}=3.64\ kW\cdot h/t$$

允许功率低效使用，把砾石粒度磨到棒磨机产品粒度的低效系数是 2.0，砾石的给矿量是 30 t/h。所以，把砾石粒度磨到棒磨机产品粒度所需增加的总功率为：

$$3.64\times 2.0\times 30=219\ kW$$

则所需砾磨机的总功率为：

$$3015+219=3234\ kW$$

选择两台 1617 kW 的砾磨机，对具体的规格选择，可参照磨矿机制造商的建议，有计算公式计算磨矿机的输出功率，要考虑各种矿石介质和矿浆的系数，该系数由制造商提供。

6.3.9.6　再磨球磨机

再磨球磨机实例计算：（1）湿式磨矿；（2）干式磨矿。

（1）已知：$F=210\ \mu m$，$P=45\ \mu m$，$W_i=15.4\ kW\cdot h/t$，则按照要求，处理每吨矿石所需的功耗为：

$$W=\frac{10\times 15.4}{\sqrt{45}}-\frac{10\times 15.4}{\sqrt{210}}=12.34\ kW\cdot h/t$$

效率系数：

1）EF_1，不用。

2）EF_2，许多再磨是闭路运行，假定这个是开路运行，且 80%通过的磨矿细度是控制点，参照表 6-15，EF_2 效率系数是 1.2。

3）EF_3，由于钢球直径小于 40 mm 和其他次要因素，因此忽略 EF_3，除非磨矿机衬板内径小于 2.44 m。

4）EF_4，不用。

5）EF_5，磨矿细度是 80%通过 45 μm。

$$\frac{45+10.3}{1.145\times 45}=1.07$$

6）EF_6，不用。

7）EF_7：

$$R_r=210\div 45=4.67<6$$

$$\frac{2.0(4.67-1.35)+0.26}{2.0(4.67-1.35)}=1.04$$

8）EF_8，不用。

再磨机的给矿量为 40 t/h，则再磨机所需总功率为：

$$40 \times 12.34 \times 1.2 \times 1.07 \times 1.04 = 659 \text{ kW}$$

参照表 6-12，长径比在 1.75～2.10 之间或更大；参照表 6-13，选择直径 3.05 m、长度 3.05 m 的溢流型球磨机，充球率为 40%，新衬板和直径 50 mm 钢球，输出功率 366 kW。

这台磨矿机含有 37.3 t 钢球，由于采用直径 30 mm 的钢球代替直径 50 mm 的钢球，再计算球磨机的功率，因此磨矿机输出功率会有所降低，则有：

$$S_s = 1.102 \times \frac{B - 12.5D}{50.8} = 1.102 \times \frac{30 - 12.5 \times 2.89}{50.8}$$
$$= -0.13 \text{ kW/t}$$

由于采用小直径钢球导致再磨机所需的功率降低值为：

$$37.3 \times (-0.13) = -4.8 \text{ kW}$$
$$366 - 4.8 = 361 \text{ kW}$$

而计算所需的再磨机总功率为 659 kW，则

$$\frac{659}{361} = 1.82$$

所需再磨机长度为：

$$3.05 \times 1.82 = 5.55 \text{ m}$$

因此，采用一台筒体内径 3.05 m、新衬板内径 2.89 m、长度 5.48 m 的溢流型球磨机，充球率为 40%。对橡胶衬板，则磨矿机长度增加 10%或 0.55 m。

（2）选择球团给矿的干式磨矿球磨机。

已知：给矿量为 400 t/h 干矿，给矿粒度 80%通过 400 μm，产品粒度 80%通过 26 μm，功指数为 28.7 kW · h/t。磨矿之前给矿在旋转干燥器中干燥，需要闭路磨矿，则处理每吨球团给矿的单位功耗为：

$$W = \frac{10 \times 28.7}{\sqrt{26}} - \frac{10 \times 28.7}{\sqrt{400}} = 41.94 \text{ kW} \cdot \text{h/t}$$

效率系数：

1）EF_1，采用 1.3。

2）EF_2，不用。

3）EF_3，大直径球磨机，采用 0.914 的系数。

4）EF_4，不用。

5）由于球磨机产品粒度 80%小于 26 μm，故采用 EF_5：$EF_5 = \frac{26+10.3}{1.145 \times 26} = 1.22$。

6）EF_6，不用。

7）EF_7：$R_r = \frac{400}{26} = 15.4$，因此不采用。

8）EF_8，不用。

修正后的处理每吨球团给矿的功耗为：

$$41.94 \times 1.3 \times 0.914 \times 1.22 = 60.75 \text{ kW} \cdot \text{h/t}$$

按要求的处理能力所需的干式球磨机总功率为：

$$60.75 \times 400 = 24300 \text{ kW}$$

因此，选择 6 台磨矿机：24300÷6＝4050 kW/台。

参照表 6-13，选择 5.49 m×5.49 m 磨矿机，充球率 40%，干磨格子型磨机，输出功率 2638 kW。由于每台球磨机所需输出功率为 4050 kW，则干式球磨机筒体加长系数为：

$$\frac{4050}{2638} = 1.54$$

所需干式球磨机的实际长度为：

$$5.49 \times 1.54 = 8.45 \text{ m}$$

因此，选择衬板内径 5.49 m、长度 8.53 m 干式磨矿格子型球磨机。

6.3.9.7　电动机选择

上述功耗法计算得到的功率均为磨矿机小齿轮轴的功率，当选择电动机功率时，要根据电动机到小齿轮轴的连接方式考虑相应的效率系数。

在所有的情况下，磨矿机应当由足够大的电动机驱动，以允许磨矿机在新衬板、充球率为 45%和磨损衬板至少为 36%的充球率下运行。随着衬板磨损，磨矿机的可用容积增大，因此对磨损衬板可以要求更高的充球率。这种要求也可以用于额定驱动系统和电动机以允许微调传动比（采用少一齿、多两齿）的小齿轮，有必要时可以改变磨矿机转速以平衡回路，增加处理能力，适应于改变的矿石性质等。

6.3.10　磨矿介质规格的选择和钢耗估算

用于初次充填和补加充填的钢棒最大直径的选择计算公式是：

$$R = 0.16F^{0.75}\left[\frac{W_i S_g}{100C_s(3.281D)^{0.5}}\right]^{0.5} \tag{6-20}$$

式中　R——钢棒直径，mm；

F——给矿中 80%通过的粒度，μm；

W_i——功指数，kW · h/t；

S_g——密度，t/m³；

C_s——转速率；

D——筒体衬板内径，m。

表 6-17 给出了最大钢棒直径 125~65 mm 的启动钢棒充填率。

表 6-17　启动时平衡磨矿钢棒充填率　（%）

补加钢棒直径/mm	125	115	100	90	75	65
125	18					
115	22	20				
100	10	23	20			
90	14	20	27	20		
75	11	15	21	33	31	
65	7	10	15	21	39	34
50	9	12	17	26	30	66
充填率总计	100	100	100	100	100	100

用于初次充填和补加充填的钢球最大直径的计算公式是：

$$B = 25.4\left(\frac{F}{K}\right)^{0.5}\left(\frac{W_{\mathrm{i}} S_{\mathrm{g}}}{100C_{\mathrm{s}}(3.281D)^{0.5}}\right)^{0.34} \tag{6-21}$$

式中　B——钢球直径，mm；

K——球磨机系数，见表 6-18。

表 6-18　球磨机系数 K

磨矿机类型和磨矿回路	钢或铸铁的钢球 K
湿式磨矿机-溢流型-开路	350
湿式磨矿机-溢流型-闭路	350
湿式磨矿机-格子型-开路	330
湿式磨矿机-格子型-闭路	330
干式磨矿机-格子型-开路	335
干式磨矿机-格子型-闭路	335

表 6-19 给出了钢球最大直径 115~25 mm 的启动钢球充填率。

表 6-19　启动时平衡磨矿钢球充填率　（%）

补加钢球直径/mm	115	100	90	75	65	50	40
115	23.0						
100	31.0	23.0					
90	18.0	34.0	24.0				
75	15.0	21.0	38.0	31			

续表 6-19

补加钢球直径/mm	115	100	90	75	65	50	40
65	7.0	12.0	20.5	39	34		
50	3.8	6.5	11.5	19	43	40	
40	1.7	2.5	4.5	8	17	45	51
25	0.5	1.0	1.5	3	6	15	49
充填率总计	100	100	100	100	100	100	100

式（6-20）和式（6-21）给出了所需磨矿介质的最大直径。由于计算的规格与现实的标准规格有差异，因此应选择最接近可用的较大规格，实际操作经验可能对计算的规格有所修改。理论上讲，采用分级充填是可行的，但采用分级充填常常是不现实的。不采用分类补加充填在效率上的损失一般不能测定，在一些场合只是需要补加计算的最大规格的介质，运行结果会表明在补加充填中采用不同规格介质的必要性。

对介质和衬板消耗的数据来自实际的运行经验，产生的运行数据应当用来建立磨损速率。估算钢棒、钢球、磨矿机衬板和破碎机衬板的磨损速率的经验公式见 2.3.18 节。

6.3.11　磨矿回路的邦德效率确定

邦德效率确定适用于粒度破碎回路中的自然（未分级）粒度分布被处理到产品中 80%通过粒度约为 70 μm 的大多数脆性物料，形状异常的物料（如云母）则应谨慎考虑。采用的邦德功指数 W_i 是与标准粒度粉碎相关的比能耗：从接近于无穷大的 F_{80}（80%通过的回路给矿）到 100 μm 的 P_{80}。

6.3.11.1　计算磨矿回路的实际运行邦德功指数

（1）估算 F_{80} 和 P_{80}。

（2）根据磨矿设备功率和回路矿量计算单位能耗（不包括辅助设备功率）：

$$W = \frac{P}{T} \tag{6-22}$$

式中　W——单位能耗，kW · h/t；

P——设备功率，kW；

T——回路处理矿量，t/h。

（3）计算实际运行的邦德功指数：

$$W_{\mathrm{ioACT}} = \frac{W}{\dfrac{10}{\sqrt{P_{80}}} - \dfrac{10}{\sqrt{F_{80}}}} \tag{6-23}$$

式中 W_{ioACT}——实际运行的邦德功指数，kW·h/t；

W——单位能耗，kW·h/t；

P_{80}——产品 80%通过的粒度，μm；

F_{80}——回路给矿 80%通过的粒度，μm。

（4）计算正在处理物料的标准回路邦德功指数 W_{iSTD}：

$$W_{iSTD} = \frac{W_{total}}{\frac{10}{\sqrt{P_{80}}} - \frac{10}{\sqrt{F_{80}}}} \tag{6-24}$$

邦德标准回路是 1950—1980 年流行的“传统”破碎—棒磨—球磨回路，W_{iSTD} 设计不采用任何校正系数，如图 2-1 所示。这也是基于实验室 W_i 试验结果为该回路“设计”的 W_i。为了避免在参考邦德标准回路中引入设计低效因素，假设直径为 2.44 m 的溢流型球磨机，并使棒磨机的 F_{80} 为 16000 μm、棒磨机的产品 P_{80} 为 1000 μm。注意：为了不应用球磨机产品细度的校正系数，球磨机回路 P_{80} 应不小于约 70 μm（Bond，1962 年）。没有限定条件时，这种邦德效率确定不应适用于 P_{80} 小于 70 μm 的回路。

（5）计算回路 $W_{i效率比}$：

$$W_{i效率比} = \frac{W_{iSTD}}{W_{ioACT}} \tag{6-25}$$

式中 W_{iSTD}——标准回路的邦德功指数，kW·h/t；

W_{ioACT}——实际运行的邦德功指数。

1）如果 W_i 效率比为 1.0，则根据邦德（1962 年）在选矿厂运行数据和实验室的试验数据之间建立的相关性，回路以与邦德标准回路相同的效率运行（矿石的 W_i 等于回路运行 W_i）。也就是说，该回路比能耗与标准回路的邦德设计/放大方法预测的设计比能耗相同，没有修正系数。

2）如果 W_i 的效率比大于 1.0，则回路的能效超过了邦德标准回路。

3）如果 W_i 的效率比小于 1.0，则回路的能效低于邦德标准回路。

Rowland 发表了类似的回路效率参数，即邦德标准回路能效系数，计算公式如下：

$$邦德标准回路能效系数 = \frac{W_{ioACT}}{W_{iSTD}} \tag{6-26}$$

该能效系数等于 $W_{i效率比}$ 的倒数，它也可以通过与实验室推导的 W_{iSTD} 相乘给出回路的实际运行功指数 W_{ioACT}。

6.3.11.2 计算实例

A 通用回路计算

通用回路计算采用的参数见表 6-20。

表 6-20　通用回路计算采用的参数

参数	数值
输出功率（磨机小齿轮处）/kW	3150
回路干矿量/t · h^{-1}	450
回路 P_{80}/μm	212
回路 F_{80}/μm	2500
试验回路的给矿球磨功指数/kW · h · t^{-1}	16. 1
试验回路的给矿棒磨功指数/kW · h · t^{-1}	16. 1

$$w = \frac{3150}{450} = 7.0 \text{ kW} \cdot \text{h/t}$$

$$W_{\text{ioACT}} = \frac{7}{\dfrac{10}{\sqrt{212}} - \dfrac{10}{\sqrt{2500}}} = 14.4 \text{ kW} \cdot \text{h/t}$$

$$W_{\text{i效率比}} = \frac{16.1}{14.4} = 1.12$$

$$\text{邦德标准回路能效系数} = \frac{14.4}{16.1} = 0.89$$

根据与实验室邦德功指数试验相关的选矿厂回路的平均能效，该回路的能效比邦德预测的要好约 12%，该回路消耗了邦德比能耗（设计）的 89%。

B　棒磨—球磨回路计算

棒磨—球磨回路计算采用的参数见表 6-21。

表 6-21　棒磨—球磨回路计算采用的参数

参数	数值
比能耗/kW · h · t^{-1}	8. 56
回路 P_{80}/μm	155
回路 F_{80}/μm	19300
试验的破碎功指数/kW · h · t^{-1}	9. 8
试验的棒磨功指数/kW · h · t^{-1}	9. 5
试验的球磨功指数/kW · h · t^{-1}	9. 8

a　棒磨机—球磨机回路（单段球磨机、多段球磨机或高压辊磨机—球磨机）

$$W_{\text{ioACT}} = \frac{8.56}{\dfrac{10}{\sqrt{155}} - \dfrac{10}{\sqrt{16000}}} = 11.8 \text{ kW} \cdot \text{h/t}$$

b 邦德标准回路

假设棒磨机（9.5 kW · h/t）的试验 W_i 采用 19300 μm 的实际棒磨机给矿粒度（尽管理想情况下，有些工作可能由破碎机完成，以实现棒磨机 F_{80} 为 16000 μm）到 1000 μm 的棒磨机（回路）产品粒度，则有：

$$W_1 = 9.8 \times \frac{10}{\sqrt{16000}} - \frac{10}{\sqrt{19300}} = 0.07\ \mathrm{kW \cdot h/t}$$

$$W_2 = 9.5 \times \frac{10}{\sqrt{1000}} - \frac{10}{\sqrt{16000}} = 2.25\ \mathrm{kW \cdot h/t}$$

$$W_3 = 9.8 \times \frac{10}{\sqrt{155}} - \frac{10}{\sqrt{1000}} = 4.77\ \mathrm{kW \cdot h/t}$$

$$W_{total} = 0.07 + 2.25 + 4.77 = 7.09\ \mathrm{kW \cdot h/t}$$

$$W_{i\,STD} = \frac{7.09}{\dfrac{10}{\sqrt{155}} - \dfrac{10}{\sqrt{193000}}} = 9.08\ \mathrm{kW \cdot h/t}$$

$$W_{i效率比} = \frac{9.08}{11.8} = 0.77$$

$$邦德标准回路能效系数 = \frac{11.8}{9.08} = 1.30$$

C 半自磨（SAG）—球磨回路计算

半自磨—球磨回路计算采用的参数见表 6-22。

表 6-22 半自磨—球磨回路计算采用的参数

参数	数值
比功率/$\mathrm{kW \cdot h \cdot t^{-1}}$	14.6
回路 P_{80}/μm	125
回路 F_{80}/μm	165000
棒磨机 F_{80}/μm	16000
试验的破碎功指数/$\mathrm{kW \cdot h \cdot t^{-1}}$	16.0
试验的棒磨功指数/$\mathrm{kW \cdot h \cdot t^{-1}}$	14.5
试验的球磨功指数/$\mathrm{kW \cdot h \cdot t^{-1}}$	13.8

$$W_{i\,oACT} = \frac{14.6}{\dfrac{10}{\sqrt{125}} - \dfrac{10}{\sqrt{165000}}} = 16.8\ \mathrm{kW \cdot h/t}$$

邦德标准回路：

$$W_1 = 16.0 \times \left(\frac{10}{\sqrt{16000}} - \frac{10}{\sqrt{165000}}\right) = 0.9\ \text{kW·h/t}$$

$$W_2 = 14.5 \times \left(\frac{10}{\sqrt{1000}} - \frac{10}{\sqrt{16000}}\right) = 3.4\ \text{kW·h/t}$$

$$W_3 = 13.8 \times \left(\frac{10}{\sqrt{125}} - \frac{10}{\sqrt{1000}}\right) = 8.0\ \text{kW·h/t}$$

$$W_{total} = 0.9 + 3.4 + 8.0 = 12.3\ \text{kW·h/t}$$

$$W_{i\,STD} = \frac{12.3}{\dfrac{10}{\sqrt{125}} - \dfrac{10}{\sqrt{165000}}} = 14.1\ \text{kW·h/t}$$

$$W_{i效率比} = \frac{14.1}{16.8} = 0.84$$

$$邦德标准回路能效系数 = \frac{16.8}{14.1} = 1.19$$

注意：14.1 kW·h/t 也是标准破碎机、棒磨机和球磨机回路（见图 2-1）的综合比能耗，还可以使用该比能耗与回路测量的比能耗的比率计算 $W_{i效率比}$。

该半自磨—球磨回路的总的单位能耗与总的比能耗之比：

$$\frac{W_{total}}{W} = \frac{12.3}{14.6} = 0.84$$

6.4　磨机充填率计算

磨机充填率是影响它的设计和性能的关键因素，选择合适的充填率才能使磨机的磨矿效率和性能最佳化。图 6-8 为滚筒型磨机的断面简图，充填率的计算如下：

$$S_T = \pi \frac{D^2}{4}$$

$$H_1 = H - \frac{D}{2}$$

$$A = 2 \times \arccos\left(\frac{2 \times H_1}{D}\right)$$

$$S_1 = \frac{D^2}{8} \times \left(\frac{\pi \times A}{180^\circ} - \sin A\right)$$

$$R = \frac{S_1}{S_T} \times 100\%$$

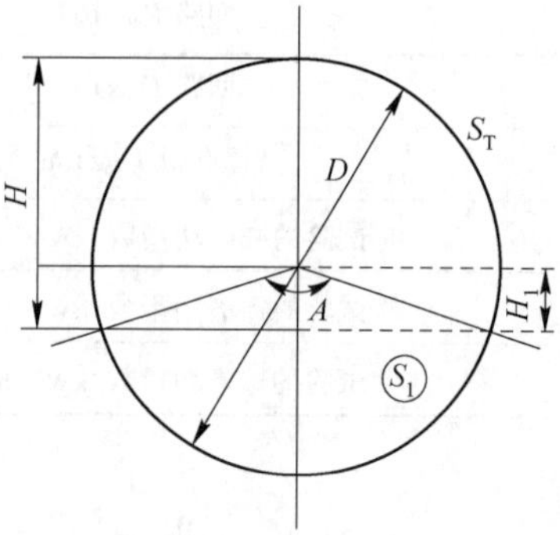

图 6-8　滚筒型磨机的断面简图

式中　H——球上方荷载的自由高度（与衬板内径相关），m；

D——衬板内径，m；

S_T——衬板内径的总面积，m^2；

S_1——磨矿介质的面积，m^2；

R——体积充填率，%；

A——磨机内充填角，(°)，A 及 H/D 比值与充填率(%)的关系见表 6-23。

表 6-23 磨机内充填角 A 及 H/D 比值与充填率的关系

充填率/%	H/D	充填角 A/(°)	充填率/%	H/D	充填角 A/(°)	充填率/%	H/D	充填角 A/(°)
20.0	0.7459	121.1	22.4	0.7246	126.6	24.8	0.7037	131.9
20.1	0.745	121.3	22.5	0.7237	126.8	24.9	0.7028	132.1
20.2	0.7441	121.5	22.6	0.7228	127.1	25.0	0.7020	132.3
20.3	0.7432	121.8	22.7	0.7219	127.3	25.1	0.7011	132.6
20.4	0.7423	122.0	22.8	0.7211	127.5	25.2	0.7003	132.8
20.5	0.7414	122.3	22.9	0.7202	127.7	25.3	0.6994	133.0
20.6	0.7405	122.5	23.0	0.7193	128.0	25.4	0.6986	133.2
20.7	0.7396	122.7	23.1	0.7184	128.2	25.5	0.6977	133.4
20.8	0.7387	123.0	23.2	0.7176	128.4	25.6	0.6968	133.6
20.9	0.7379	123.2	23.3	0.7167	128.6	25.7	0.6960	133.8
21.0	0.7370	123.4	23.4	0.7158	128.9	25.8	0.6951	134.1
21.1	0.7361	123.7	23.5	0.7149	129.1	25.9	0.6943	134.3
21.2	0.7352	123.9	23.6	0.7141	129.3	26.0	0.6934	134.5
21.3	0.7343	124.1	23.7	0.7132	129.5	26.1	0.6926	134.7
21.4	0.7334	124.3	23.8	0.7123	129.7	26.2	0.6917	134.9
21.5	0.7325	124.6	23.9	0.7115	130.0	26.3	0.6909	135.1
21.6	0.7316	124.8	24.0	0.7106	130.2	26.4	0.6900	135.3
21.7	0.7307	125.0	24.1	0.7097	130.6	26.5	0.6892	135.5
21.8	0.7299	125.3	24.2	0.7089	130.4	26.6	0.6883	135.7
21.9	0.7290	125.5	24.3	0.708	130.8	26.7	0.6875	136.0
22.0	0.7281	125.7	24.4	0.7072	131.0	26.8	0.6866	136.2
22.1	0.7272	125.9	24.5	0.7063	131.3	26.9	0.6858	136.4
22.2	0.7263	126.2	24.6	0.7054	131.5	27.0	0.6850	136.6
22.3	0.7254	126.4	24.7	0.7046	131.7	27.1	0.6841	136.8

续表 6-23

充填率/%	H/D	充填角 A/(°)	充填率/%	H/D	充填角 A/(°)	充填率/%	H/D	充填角 A/(°)
27.2	0.6833	137.0	30.1	0.6590	142.9	33.0	0.6352	148.6
27.3	0.6824	137.2	30.2	0.6582	143.1	33.1	0.6344	148.8
27.4	0.6816	137.4	30.3	0.6574	143.3	33.2	0.6336	149.0
27.5	0.6807	137.6	30.4	0.6565	143.5	33.3	0.6327	149.2
27.6	0.6799	137.8	30.5	0.6557	143.7	33.4	0.6319	149.4
27.7	0.6790	138.0	30.6	0.6549	143.9	33.5	0.6311	149.6
27.8	0.6782	138.2	30.7	0.6541	144.1	33.6	0.6303	149.8
27.9	0.6774	138.4	30.8	0.6532	144.3	33.7	0.6295	150.0
28.0	0.6765	138.7	30.9	0.6524	144.5	33.8	0.6287	150.2
28.1	0.6757	138.9	31.0	0.6516	144.7	33.9	0.6279	150.4
28.2	0.6748	139.1	31.1	0.6508	144.9	34.0	0.6270	150.6
28.3	0.6740	139.3	31.2	0.6499	145.1	34.1	0.6262	150.8
28.4	0.6732	139.5	31.3	0.6491	145.3	34.2	0.6254	150.9
28.5	0.6723	139.7	31.4	0.6483	145.5	34.3	0.6246	151.1
28.6	0.6715	139.9	31.5	0.6475	145.7	34.4	0.6238	151.3
28.7	0.6707	140.1	31.6	0.6466	145.9	34.5	0.6230	151.5
28.8	0.6698	140.3	31.7	0.6458	146.1	34.6	0.6222	151.7
28.9	0.6690	140.5	31.8	0.6450	146.3	34.7	0.6214	151.9
29.0	0.6682	140.7	31.9	0.6442	146.5	34.8	0.6206	152.1
29.1	0.6673	140.9	32.0	0.6434	146.7	34.9	0.6197	152.3
29.2	0.6665	141.1	32.1	0.6425	146.9	35.0	0.6189	152.5
29.3	0.6657	141.3	32.2	0.6417	147.1	35.1	0.6181	152.7
29.4	0.6648	141.5	32.3	0.6409	147.3	35.2	0.6173	152.9
29.5	0.6640	141.7	32.4	0.6401	147.5	35.3	0.6165	153.0
29.6	0.6632	141.9	32.5	0.6393	147.7	35.4	0.6157	153.2
29.7	0.6623	142.1	32.6	0.6384	147.8	35.5	0.6149	153.4
29.8	0.6615	142.3	32.7	0.6376	148.0	35.6	0.6141	153.6
29.9	0.6607	142.5	32.8	0.6368	148.2	35.7	0.6133	153.8
30.0	0.6598	142.7	32.9	0.6360	148.4	35.8	0.6125	154.0

续表 6-23

充填率/%	H/D	充填角 A/(°)	充填率/%	H/D	充填角 A/(°)	充填率/%	H/D	充填角 A/(°)
35. 9	0. 6117	154. 2	38. 8	0. 5884	159. 6	41. 7	0. 5654	165. 0
36. 0	0. 6109	154. 4	38. 9	0. 5876	159. 8	41. 8	0. 5646	165. 2
36. 1	0. 6101	154. 6	39. 0	0. 5868	160. 0	41. 9	0. 5638	165. 3
36. 2	0. 6093	154. 8	39. 1	0. 5860	160. 2	42. 0	0. 5630	165. 5
36. 3	0. 6085	154. 9	39. 2	0. 5852	160. 4	42. 1	0. 5622	165. 7
36. 4	0. 6077	155. 1	39. 3	0. 5844	160. 6	42. 2	0. 5614	165. 9
36. 5	0. 6068	155. 3	39. 4	0. 5836	160. 7	42. 3	0. 5606	166. 1
36. 6	0. 6060	155. 5	39. 5	0. 5828	160. 9	42. 4	0. 5598	166. 3
36. 7	0. 6052	155. 7	39. 6	0. 5821	161. 1	42. 5	0. 5590	166. 4
36. 8	0. 6044	155. 9	39. 7	0. 5813	161. 3	42. 6	0. 5583	166. 6
36. 9	0. 6036	156. 1	39. 8	0. 5805	161. 5	42. 7	0. 5575	166. 8
37. 0	0. 6028	156. 3	39. 9	0. 5797	161. 7	42. 8	0. 5567	167. 0
37. 1	0. 6020	156. 5	40. 0	0. 5789	161. 8	42. 9	0. 5559	167. 2
37. 2	0. 6012	156. 6	40. 1	0. 5781	162. 0	43. 0	0. 5551	167. 3
37. 3	0. 6004	156. 8	40. 2	0. 5773	162. 2	43. 1	0. 5543	167. 5
37. 4	0. 5996	157. 0	40. 3	0. 5765	162. 4	43. 2	0. 5535	167. 7
37. 5	0. 5988	157. 2	40. 4	0. 5757	162. 6	43. 3	0. 5527	167. 9
37. 6	0. 5980	157. 4	40. 5	0. 5749	162. 8	43. 4	0. 5519	168. 1
37. 7	0. 5972	157. 6	40. 6	0. 5741	163. 0	43. 5	0. 5511	168. 3
37. 8	0. 5964	157. 8	40. 7	0. 5733	163. 1	43. 6	0. 5504	168. 4
37. 9	0. 5956	157. 9	40. 8	0. 5725	163. 3	43. 7	0. 5496	168. 6
38. 0	0. 5948	158. 1	40. 9	0. 5717	163. 5	43. 8	0. 5488	168. 8
38. 1	0. 5940	158. 3	41. 0	0. 5709	163. 7	43. 9	0. 5480	169. 0
38. 2	0. 5932	158. 5	41. 1	0. 5701	163. 9	44. 0	0. 5472	169. 2
38. 3	0. 5924	158. 7	41. 2	0. 5693	164. 1	44. 1	0. 5464	169. 3
38. 4	0. 5916	158. 9	41. 3	0. 5685	164. 2	44. 2	0. 5456	169. 5
38. 5	0. 5980	159. 1	41. 4	0. 5678	164. 4	44. 3	0. 5448	169. 7
38. 6	0. 5900	159. 3	41. 5	0. 5670	164. 6	44. 4	0. 5440	169. 9
38. 7	0. 5892	159. 4	41. 6	0. 5662	164. 8	44. 5	0. 5433	170. 1

续表 6-23

充填率/%	H/D	充填角 A/(°)	充填率/%	H/D	充填角 A/(°)	充填率/%	H/D	充填角 A/(°)
44.6	0.5425	170.3	44.8	0.5409	170.6	45.0	0.5393	171.0
44.7	0.5417	170.4	44.9	0.5401	170.8	45.1	0.5385	171.2

参 考 文 献

[1] 选矿设计手册编委会. 选矿设计手册［M］. 北京：冶金工业出版社，1988：135-137.

[2] ROWLAND C A. Selection of rod mills，ball mills and regrind mills［C］//MULAR A L，HALBE D，BARRATT D. Mineral Processing Design，Practice，and Control. Littleton：SME，2002：710-754.

[3] WILLS B A. Wills' Mineral Processing Technology［M］. 长沙：中南大学出版社，2008：146-185.

7 自磨机/半自磨机的选择计算

自磨机/半自磨机自问世以来，其功率计算与选型一直是矿物加工设计人员及其用户关注的重点，由于其复杂的碎磨机理使得自磨机与半自磨机的功率计算难以利用传统的邦德理论准确地表述。特别是自20世纪80年代以来，随着半自磨机应用的范围越来越广，设备的规格也越来越大[1]，即使在大型球磨机的选型计算上，采用邦德功指数方程选择的球磨机规格也与实际应用产生了很大的偏差[2]。在半自磨机的选择计算方面出现了多种不同的理论，众多学者根据各自的理论基础和经验提出了各自不同的计算方法，本章仅介绍常用的几种计算方法。

7.1 确定碎磨回路比能耗和评估现有回路能量利用效率的 Morrell 方法

Morrell 方法用于预测常规破碎机、高压辊磨矿机和滚动式磨矿机设备的比能耗，既可应用于碎磨回路的设计中，也可应用于评估已有运行碎磨回路的设备性能[3-12]。

7.1.1 Morrell 方法的应用范围

Morrell 方法可用于预测碎磨回路的比能耗，包括以下任何设备的组合：自磨机和半自磨机、球磨机、棒磨机、破碎机、高压辊磨机。

Morrell 方法可用于新建项目的碎磨回路设计，也可使用该方法评估现有碎磨回路的能量利用效率。

7.1.2 预测需要的数据

评估现有碎磨回路的能量利用效率，必须有以下数据：

（1）回路中相关的碎磨设备，通常包括所有破碎机、高压辊磨机和滚动磨矿机（自磨机/半自磨机、棒磨机和球磨机），涉及将粗碎机产品粒度粉碎到最终产品粒度（通常是浮选/浸出之前最后一段磨矿的旋流器溢流）。

（2）回路给矿量（t/h）。

（3）碎磨设备的功率输出（kW）。对于磨矿机，功率消耗表示为大齿轮和小齿轮驱动的小齿轮的功率，以及包绕式电机驱动的筒体的功率。对于破碎机，应是净功率消耗，即总（电机输入）功率消耗减去空载功率。

（4）总回路比能耗（kW · h/t），为所有碎磨设备的功率消耗之和除以回路给矿量。

（5）粗碎破碎机产品80%通过的粒度 P_{80}（μm）。

（6）处理粗碎破碎机产品的任何中间破碎回路的产品 P_{80}（μm）。

（7）滚动磨矿机前任何中间高压辊磨机回路的产品 P_{80}（μm）。

（8）滚动磨矿机的产品 P_{80}（μm）。

如果是多段磨矿（例如，半自磨—球磨），则只需要最终磨矿产品的 P_{80}。

除上述数据外，还需要粗碎破碎机产品的代表性样品，用于后续实验室硬度试验。

来自实验室的硬度参数是通过SMC试验和邦德球磨机功指数试验获得，从SMC试验所需的参数（为该试验的标准输出参数）有：

（1）M_{ia}。滚动磨矿机回路中粗粒矿石（>750 μm）磨矿功指数，kW · h/t。

（2）M_{ic}。破碎机回路中矿石破碎功指数，kW · h/t。

（3）M_{ih}。高压辊磨机回路中矿石破碎功指数，kW · h/t。

从标准邦德球磨机功指数 W_{iBM} 试验提供的数据中获得另外的所需参数 M_{ib}，W_{iBM} 试验应在给出与工业磨矿回路产品 P_{80} 相似的闭路筛孔的情况下进行。

M_{ib} 为滚动磨矿机回路中细粒矿石（<750 μm）磨矿功指数，kW · h/t，计算如下：

$$M_{ib} = \frac{18.18}{P_{100}^{0.295} \times G_{pb} \times \left[P_{80}^{f(P_{80})} - F_{80}^{f(F_{80})} \right]} \tag{7-1}$$

其中

$$f(P_{80}) = -\left(0.295 + \frac{P_{80}}{1000000}\right)$$

$$f(F_{80}) = -\left(0.295 + \frac{F_{80}}{1000000}\right)$$

式中 P_{100}——闭路筛孔，μm；

G_{pb}——实验室球磨机产生的净筛下粒级质量，g/r；

P_{80}——产品中80%通过的粒度，μm；

F_{80}——回路给矿中80%通过的粒度，μm。

当只进行了一次实验室的邦德功指数试验，且需要应用 M_{ib} 的磨矿粒度与实验室所做试验的磨矿粒度不同时，则需要采用以下公式：

$$M_{ibtarget} = M_{ibref} \times \left(\frac{P_{80,ref}}{P_{80,target}}\right)^{0.24} \tag{7-1a}$$

式中 $M_{ibtarget}$——需要进行计算的 M_{ib}；

M_{ibref}——使用邦德实验室球磨功指数数据得到的 M_{ib}；

$P_{80,target}$——需要进行计算的 P_{80}；

$P_{80,ref}$——邦德实验室球磨功指数试验得到的 P_{80}；

0.24——指数 0.24，来自将邦德功指数和 SMC 试验参数的拟合。

举例：邦德实验室球磨机功指数试验使用 150 μm 的闭路筛网进行，P_{80} 为 108 μm。需要进行以下计算，以估算使用球磨机闭路将特定上游粉碎回路产生的给矿磨到 72 μm 的最终产品所需的比能量。

输入数据：根据邦德试验计算的 $M_{ib}=16.0$ kW · h/t，邦德试验的参考 $P_{80}=$ 108 μm，目标 $P_{80}=72$ μm。

计算：根据式（7-1a）计算：

$$M_{ibtarget} = 16.0 \times \left(\frac{108}{72}\right)^{0.24} = 17.6 \text{ kW} \cdot \text{h/t}$$

如果邦德实验室功指数试验的全部细节无法用于确定 M_{ib}，则可以在已知 W_{iBM} 和闭路筛孔的情况下估计所需数据。这是通过重新排列邦德的 W_{iBM} 方程（式（7-1b））实现的，并且 P_{80} 通常是 P_{100} 的 0.76 倍，F_{80} 平均为 2250 μm。因此，可以使用 式(7-1c) 估计 G_{pb}，并且随后在式（7-1d）中使用 G_{pb} 来估计 M_{ib}。

$$W_{iBM} = \frac{49.05}{P_{100}^{0.23} \times G_{pb}^{0.82} \times 10 \times \left(\frac{1}{\sqrt{P_{80}}} - \frac{1}{\sqrt{F_{80}}}\right)} \tag{7-1b}$$

$$G_{pb(estimated)} = \left[\frac{4.9}{P_{100}^{0.23} \times W_{iBM} \times \left(\frac{1}{\sqrt{0.76 \times P_{100}}} - \frac{1}{\sqrt{2250}}\right)}\right]^{\frac{1}{0.82}} \tag{7-1c}$$

$$M_{ib} = \frac{18.18}{P_{100}^{0.295} \times G_{pb(estimated)} \times \left[(0.76 \times P_{100})^{f(0.76 \times P_{100})} - 2250^{f(2250)}\right]} \tag{7-1d}$$

7.1.3 Morrell 方程

当给出碎磨回路的给矿 F_{80} 和最终产品 P_{80}，以及相关的硬度参数时，Morrell 方程可用于预测大多数碎磨回路配置的总比能耗。Morrell 方程如下：

$$W = M_i \times 4 \times \left[x_2^{f(x_2)} - x_1^{f(x_1)}\right] \tag{7-2}$$

其中
$$f(x_j) = -\left(0.295 + \frac{x_j}{1000000}\right)$$

式中 W——碎磨比能耗，kW · h/t；

M_i——从 SMC 试验和邦德球磨功指数试验得到的硬度参数（即与矿石的

碎裂性质有关的功指数)；

x_2——产品中 80%通过的粒度（P_{80}），μm；

x_1——给矿中 80%通过的粒度（F_{80}），μm。

对于滚动磨矿机，W 与小齿轮的功率有关；对于无齿轮传动，则与电动机输出功率有关；对于高压辊磨机，W 是输入辊的能量；对于传统破碎机，W 是使用电动机输入功率减去空载功率确定的比能量。

式 (7-2) 是根据 98 个完整数据集的数据库开发的，该数据库涵盖了处理 110 多种矿石类型的 74 个运行的选矿厂，涵盖了所有最普遍的回路配置。式 (7-2) 以高精度预测这些选矿厂的总比能量（1 个标准偏差为相对误差的 7.0%)，所有这些回路的测定和预测比能耗如图 7-1 所示。

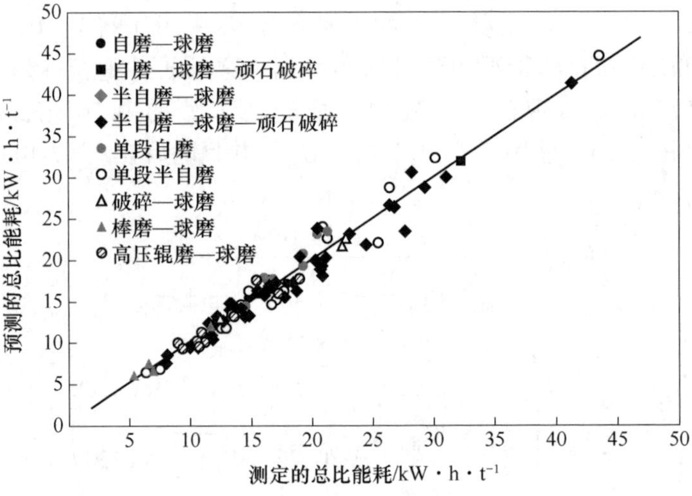

图 7-1　采用 Morrell 方程预测与测定的回路总比能耗

7.1.4　Morrell 方程的应用

Morrell 方法将碎磨设备分为三类[11]：

(1) 滚筒型磨机，如自磨机、半自磨机、棒磨机和球磨机；

(2) 传统往复式破碎机，如颚式破碎机、旋回破碎机和圆锥破碎机；

(3) 高压辊磨机。

滚筒型磨机采用两个功指数（M_{ia} 和 M_{ib}）描述，破碎机和高压辊磨机各采用一个功指数，分别为 M_{ic} 和 M_{ih}。

M_{ia} 描述了在滚筒型磨机回路中粗粒物料（从磨矿前最后阶段破碎或高压辊磨机破碎的产品的 P_{80} 磨到 $P_{80} \geqslant 750$ μm）的磨矿能耗；M_{ib} 描述了在滚筒型磨机

回路中细粒物料（P_{80}<750 μm 磨至通常通过传统球磨达到的 P_{80} 粒度，或约 45 μm）的磨矿能耗；M_{ic} 描述了破碎机回路的粒度破碎能耗；M_{ih} 描述了高压辊磨机回路的粒度破碎能耗。

M_{ia} 是 SMC 试验的标准输出，M_{ib} 值可以使用传统 W_{iBM} 试验生成的数据确定（注意：M_{ib} 不是 W_{iBM}）。M_{ic} 和 M_{ih} 值也作为 SMC 试验标准输出提供。

对于滚筒型磨机，M_{ia} 和 M_{ib} 分别与粗粒和细粒矿石性质相关。在自磨/半自磨机回路中，有一个额外的效率系数表示顽石破碎机的影响。确定 750 μm 作为"粗"和"细"颗粒粒度的划分，是因为在该技术的开发过程中，发现在数据库中的选矿厂中都能获得最佳的总体结果。750 μm 不是过渡粒度，该方法中隐含的是分布在对数-对数空间中是平行和线性的（详见 7.1.4.4 节）。Morrell 方法的基本粒度碎磨能耗方程见式（7-2）。

7.1.4.1 碎磨回路的比能量确定

将粗碎破碎机产品粒度破碎到最终产品的总比能量 W_T(kW · h/t) 计算如下：

$$W_T = W_a + W_b + W_c + W_h + W_s \tag{7-3}$$

式中 W_a——在滚筒型磨机中磨粗颗粒的比能耗；

W_b——在滚筒型磨机中磨细颗粒的比能量；

W_c——常规破碎的比能耗；

W_h——高压辊磨机的比能耗；

W_s——粒度分布的校正比能耗。

式（7-3）中仅包括与正在研究的回路中相关设备关联的 W 值。

为了确定滚筒型磨机中磨粗颗粒（>750 μm）的比能量 W_a，式（7-2）写成：

$$W_a = K_1 \times M_{ia} \times 4 \times \left[x_2^{f(x_2)} - x_1^{f(x_1)} \right] \tag{7-4}$$

其中
$$f(x_j) = -\left(0.295 + \frac{x_j}{1000000}\right)$$

式中 M_{ia}——粗粒矿石的功指数，kW · h/t；

x_2——常数，设置为 750 μm；

x_1——回路给矿的 F_{80}，也是磨矿前最后破碎阶段的产品；

K_1——顽石破碎机效率系数。

K_1 是基于有顽石破碎机的自磨/半自磨机回路的能量效率要高于无顽石破碎机的回路。因为顽石破碎机本身比滚筒型磨机更节能，它完成了滚筒型磨机必须完成的一些碎磨工作，因此节省了滚筒型磨机的能量。根据经验分析，平均节能约为 5%（因此 K_1 的平均值为 0.95），因回路而异，K_1 通常为 0.9~1.0，其大小取决于顽石破碎机所做的碎磨工作量，并与自磨/半自磨给矿中给到顽石破碎机的分数（$P_{eb_{fr}}$）、给到顽石破碎机的顽石粒度（$F_{80,pc}$）及顽石破碎机将其破碎后的产品粒度（$P_{80,pc}$）相关。通常，如果顽石的数量相对较大，顽石的给矿粒度会相对较大，这是 $K_1=0.95$ 的基础。如果破碎回路性能良好，顽石数量相对较大，顽石给矿粒度相对较大，且顽石破碎机产品粒度相对较小，则顽石破碎机的功率将最大化，K_1 将趋于 0.9（在极端情况下甚至更低）。如果没有顽石破碎机回路运行的信息，则合理的假设是 K_1 设置为 0.95。如果顽石破碎机回路很少或不工作，那么半自磨机中的能量将很少节省或没有节省，因此 K_1 将趋于 1，半自磨机将像没有顽石破碎机回路一样。

在有顽石破碎机回路相关信息的情况下，K_1 可计算如下：

$$K_1 = 1 - \frac{P_{eb_{fr}} \times S_c \times 1.19 \times \left[P_{80,pc}^{f(P_{80,pc})} - F_{80,pc}^{f(F_{80,pc})} \right]}{750^{f(750)} - F_{80}^{f(F_{80})}} \tag{7-5}$$

式中　$P_{eb_{fr}}$——自磨/半自磨机新给矿中给到顽石破碎机的分数；

$F_{80,pc}$——给到顽石破碎机的顽石中 80%通过的粒度；

$P_{80,pc}$——顽石破碎机产品中 80%通过的粒度；

S_c——粗粒矿石硬度参数见式（7-12）；

1.19——顽石破碎机处于开路状态的系数；

F_{80}——半自磨机的新给矿中 80%通过的粒度。

根据经验，$P_{eb_{fr}}$ 可以假设为 0.25，$F_{80,pc}$ 估计为标称砾石窗孔径的 0.75，$P_{80,pc}$ 的合理假设值为 12~15 mm。

式（7-5）是考虑顽石破碎机的比能耗 W_{pc} 而得出的，以自磨/半自磨机的新给矿吨数表示公式如下：

$$W_{pc} = P_{eb_{fr}} \times S_c \times 1.19 \times M_{ic} \times 4 \times \left[P_{80,pc}^{f(P_{80,pc})} - F_{80,pc}^{f(F_{80,pc})} \right] \tag{7-6}$$

如果滚筒型磨机必须对顽石破碎机给矿进行相同量的粒度碎磨，它的比能量消耗 $W_{tm,pc}$ 将为：

$$W_{tm,pc} = P_{eb_{fr}} \times S_c \times 1.19 \times M_{ia} \times 4 \times \left[P_{80,pc}^{f(P_{80,pc})} - F_{80,pc}^{f(F_{80,pc})} \right] \tag{7-7}$$

由于顽石破碎机是为磨机减轻负荷，因此 $W_{tm,pc}$ 是顽石破碎机为球磨机节省的能量，从而提高了其能源效率。相对于没有顽石破碎机的半自磨机（$K_1=1$），相对节省能量可以表示为：

$$\text{相对能耗节省} = \frac{W_{tm,pc}}{W_{a,K_1=1}} \tag{7-8}$$

式中　$W_{a,K_1=1}$——在半自磨机没有顽石破碎机的情况下研磨粗颗粒（>750 μm）的比能量。

K_1 则被定义为：

$$K_1 = 1 - \frac{W_{tm,pc}}{W_{a,K_1=1}} \tag{7-9}$$

下面是顽石破碎机效率系数 K_1 的计算示例。输入数据见表 7-1。

表 7-1 输入数据

输入参数	数值
M_{ia}/kW · h · t^{-1}	19.4
半自磨机新给矿 F_{80}/mm	100
半自磨机新给矿量/t · h^{-1}	1000
顽石破碎机给矿量/t · h^{-1}	250
顽石破碎机 F_{80}/mm	52.5
顽石破碎机 P_{80}/mm	12.0

则有：

$$P_{eb_{fr}} = \frac{250}{1000}$$

由式（7-5）计算 K_1：

$$K_1 = 1 - \frac{0.25 \times 0.96 \times 1.19 \times \left[12000^{-\left(0.295+\frac{12000}{1000000}\right)} - 52500^{-\left(0.295+\frac{52500}{1000000}\right)} \right]}{750^{-\left(0.295+\frac{750}{1000000}\right)} - 100000^{-\left(0.295+\frac{100000}{1000000}\right)}} = 0.93$$

由式（7-4）计算 W_a：

$$W_a = 0.93 \times 19.4 \times 4 \times \left[750^{-\left(0.295+\frac{750}{1000000}\right)} - 100000^{-\left(0.295+\frac{100000}{1000000}\right)} \right]$$

$$= 0.93 \times 10.13 = 9.42 \text{ kW} \cdot \text{h/t}$$

如果回路中没有顽石破碎机，则 K_1 为 1，W_a = 10.13 kW · h/t。

为了确定在滚筒型磨机中研磨细颗粒（<750 μm）的比能量 W_b，式（7-2）写成：

$$W_b = M_{ib} \times 4 \times \left[x_3^{f(x_3)} - x_2^{f(x_2)} \right] \tag{7-10}$$

其中 $$f(x_j) = -\left(0.295 + \frac{x_j}{1000000}\right)$$

式中 M_{ib}——细粒物料功指数，kW · h/t；

x_3——最终磨矿的 P_{80}，μm；

x_2——设置为 750 μm。

M_{ib} 是根据标准 W_{iBM} 试验的数据采用式（7-1）计算的。注意：W_{iBM} 试验应当在与工业回路最终产品 P_{80} 相似的闭路筛孔下进行。如果 W_{iBM} 试验没有采用合适的闭路筛孔，式（7-1b）应该用于确定 M_{ib}。

7.1.4.2　常规破碎机

为了确定常规破碎的比能量 W_c，式（7-2）写成：

$$W_c = S_c \times K_2 \times M_{ic} \times 4 \times \left[x_2^{f(x_2)} - x_1^{f(x_1)} \right] \tag{7-11}$$

其中
$$f(x_j) = -\left(0.295 + \frac{x_j}{1000000}\right)$$

式中　S_c——粗粒矿石硬度参数（见式（7-12））；

K_2——系数，闭路筛分运行的破碎机 $K_2 = 1.0$，开路运行的破碎机（如自磨/半自磨回路中的顽石破碎机）$K_2 = 1.19$；

M_{ic}——SMC Test®直接提供的破碎矿石功指数，kW · h/t；

x_2——回路产品的 P_{80}，μm；

x_1——回路给矿的 F_{80}，μm。

参数 S_c 说明矿石硬度的降低在相对粗的破碎应用中变得显著，例如粗碎、中碎和顽石破碎回路。在工业高压辊磨机回路中，给矿粒度往往高于实验室和半工业试验设备中使用的给矿粒度，利用该参数也可以提高预测精度。参数 S 由式（7-12）定义：

$$S = K_s(x_1 \times x_2)^{-0.2} \tag{7-12}$$

式中　K_s——与是不是传统破碎回路还是高压辊磨机回路相关的设备特定常数（详见 7.1.4.3 节）；

x_2——回路产品的 P_{80}，μm；

x_1——回路给矿的 F_{80}，μm。

在传统破碎回路的情况下，K_s 设置为 55，S 参数称为 S_c。S_c 仅适用于 0.5~1.0 的特定破碎回路。如果 S_c 的计算返回为大于 1.0 的值，则应取 1.0。如果返回的值小于 0.5，则应取 0.5。

7.1.4.3　高压辊磨机

为了确定高压辊磨机破碎的比能量 W_h，式（7-2）写成：

$$W_h = S_h \times K_3 \times K_4 \times M_{ih} \times 4 \times \left[x_2^{f(x_2)} - x_1^{f(x_1)} \right] \tag{7-13}$$

其中
$$f(x_j) = -\left(0.295 + \frac{x_j}{1000000}\right)$$

式中　S_h——高压辊磨机中采用粗粒矿石的硬度参数（用式（7-12）中的 S 代

替，K_s 设置为 35）；

K_3——系数，闭路筛分运行的高压辊磨机 $K_3=1.0$，开路运行的高压辊磨机 $K_3=1.19$；

K_4——比挤压力效率系数（见式（7-14））；

M_{ih}——SMC 试验直接提供的矿石参数，kW · h/t；

x_2——回路产品的 P_{80}，μm；

x_1——回路给矿的 F_{80}，μm。

如果 S_h 在 0.5~1.0 范围内，则仅将其应用于给定的高压辊磨机回路中；如果 S_h 的计算值大于 1.0，则应取 1.0；如果返回的值小于 0.5，则应取 0.5。式（7-13）中的 K_4 是必需的，因为高压辊磨机的能量效率取决于施加的比挤压力。K_4 定义如下：

$$K_4 = \frac{0.71 \times e^{0.28 \times S_F}}{M_{ih}^{0.23}} \tag{7-14}$$

式中　S_F——施加的比挤压力，N/mm^2。

K_4 的作用是预测为实现一定的破碎粒度，随着施加的比挤压力增加而所需比能耗的增加，即高压辊磨机破碎效率随着施加的比挤压力的增加而明显降低。尽管这可能是正确的，但对高压辊磨机产品的试验研究表明，在大多数情况下，随着比挤压力的增加，球磨功指数随着其在电子显微镜下观察到的微裂纹程度的增加而呈线性下降。因此，尽管给定粒度破碎的高压辊磨机能量消耗随着施加的比挤压力的增加而增加，但它不一定是浪费的，而是有助于节省球磨机回路中的能量。当然，目前尚不清楚其对整个碎磨回路比能量的影响，总体影响可能很小，通常通过选矿厂性能数据检测这些影响。

7.1.4.4 粒度分布的比能耗校正（W_s）

Morrell 方法假设给矿和产品粒度分布在对数-对数空间中是平行和线性的，否则需要进行校正。在闭路中碎/细碎破碎后进行球磨的回路中，这些校正是必要的，因为与球磨机回路旋流器溢流相比，这种破碎回路往往会产生相对陡峭的产品粒度分布，如图 7-2 所示。图 7-2 所示为测定的开路和闭路破碎机产品及球磨机旋流器溢流的粒度分布。从图 7-2 中可以看出，闭路破碎机的粒度分布比开路破碎机和球磨机旋流器溢流的粒度分布更陡。此外，开路粒度分布更接近于旋流器溢流粒度分布的梯度。

如果球磨机回路给矿是两种粒度分布，且分布具有相同的 P_{80}，但具有图 7-2 的开路和闭路粒度分布梯度，闭路粒度分布将需要更多的能量研磨到最终的 P_{80}。假设球磨的额外比能耗与达到指定球磨机给矿粒度的开路和闭路破碎之间的比能差相同，并且是破碎机提供这种能量，然而实际上是球磨机提供这种能量，且它的功指数比破碎机高（球磨机的能效比破碎机低，并且必须输入更多的能量才能

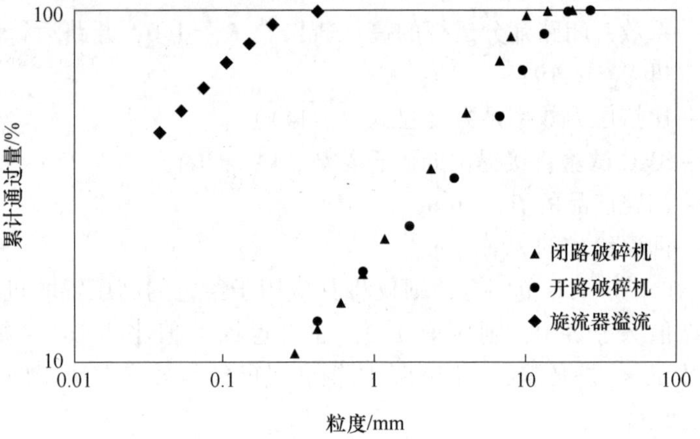

图 7-2　开路和闭路破碎产品粒度分布与典型的球磨机旋流器溢流粒度分布比较

进行相同的粒度碎磨)。因此，根据式（7-11），在开路中破碎至球磨机回路的给矿粒度 x_2 需要相当于以下的比能耗：

$$W_c = 1 \times 1.19 \times M_{ic} \times 4 \times \left[x_2^{f(x_2)} - x_1^{f(x_1)} \right]$$

根据式（7-11），闭路碎磨到球磨机回路的给矿粒度 x_2 需要相当于以下的比能量：

$$W_c = 1 \times 1 \times M_{ic} \times 4 \times \left[x_2^{f(x_2)} - x_1^{f(x_1)} \right]$$

上述两种能量差必须由磨矿回路提供，考虑到具有较低能效的球磨机必须提供能量，而不是破碎机，该能量是 W_s，由以下公式表示：

$$W_s = 0.19 \times M_{ia} \times 4 \times \left[x_2^{f(x_2)} - x_1^{f(x_1)} \right] \qquad (7\text{-}15)$$

注意：式（7-15）中 M_{ia} 取代了 M_{ic}，M_{ia} 是粗颗粒的滚筒型磨机功指数。此外，设置 S_c 为 1，因为通常细碎阶段是向球磨机给矿，在这些情况下，S_c 的值为 1。

在基于 AG/SAG 的回路中，由于粗碎破碎机的产品分布通常具有图 7-3 所示的形状，其梯度与典型的球磨机旋流器溢流非常相似，故不需要 W_s。

类似的情况也适用于高压辊磨机产品的粒度分布，如图 7-4 所示。数据显示，对于高压辊磨机，闭路运行需要更低的比能耗才能达到与开路运行相同的 P_{80}，尽管开路和闭路的粒度分布具有几乎相同的梯度。

对粒度分布的研究表明，在闭路中，最终产品中非常细的物料稍少一些，这可能是两种运行模式之间不同能量需求的原因；也可能是闭路中的返回物料硬度本来就比新给矿弱，因为它已经通过高压辊磨机，并可能持续发生微裂纹。

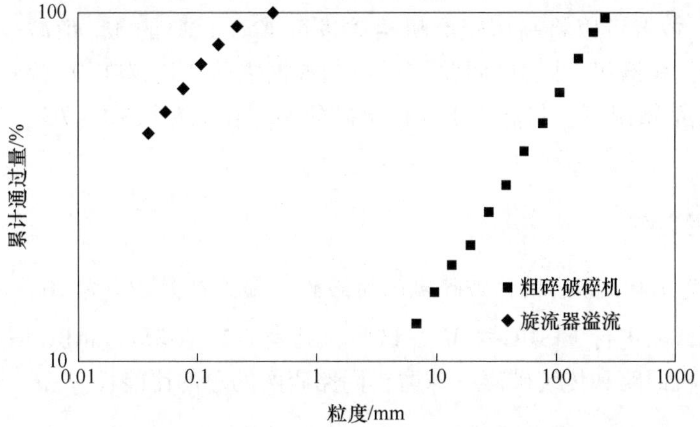

图 7-3 典型的粗碎破碎机（开路）与典型的球磨机旋流器溢流的粒度分布比较

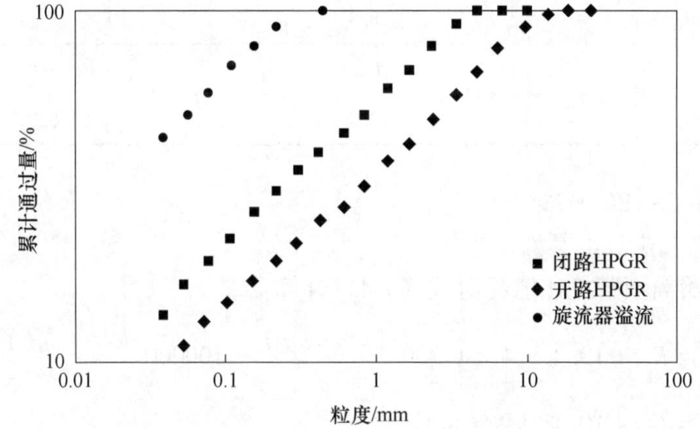

图 7-4 开路和闭路的高压辊磨机与典型的球磨机旋流器溢流的粒度分布比较

在实验室的许多案例中，通过试验高压辊磨机产品测定的 W_{iBM} 降低（与高压辊磨机给矿的 W_{iBM} 相比），在高压辊磨机回路中，通常由闭路中碎破碎机给矿，应采用类似的给矿粒度分布校正。然而，由于中碎回路相对于其余部分使用很少的能量（它破碎成相对较粗的粒度），粒度分布校正的幅度实际上非常小，比与该技术相关的误差小得多，因此在计算中可以省略。

7.1.4.5 高压辊磨机产品的弱化

各类研究人员报道了实验室试验的结果，表明高压辊磨机产品的 W_{iBM} 比其给矿低，这种降低的幅度随物料类型和所用的压力而变化，但通常小于 10%。如果高压辊磨机产品可用于进行 W_{iBM} 试验，则从此类试验中获得的 M_{ib} 值可用于式（7-10），或者可以将高压辊磨机给矿进行 W_{iBM} 试验的 M_{ib} 值减少合适的量。在从工业高压辊磨机/球磨机回路获得更多数据之前，建议在没有高压辊磨机产品 W_{iBM} 数据的情况下，将高压辊磨机给矿的 M_{ib} 结果减少 5%~7%，以考虑微裂纹的影响。

7.1.5　应用实例

将 P_{80} 为 100 mm 的粗碎破碎机产品破碎到最终产品 P_{80} 为 106 μm，对有代表性的矿石样品进行了 SMC 和 W_{iBM} 试验，见表 7-2。估算出 SABC 回路、高压辊磨机—球磨机回路和传统破碎—球磨机回路碎磨的总的比能耗。

表 7-2　SMC 和 W_{iBM} 试验结果

参数	比能耗/kW · h · t^{-1}	试验
M_{ia}	19.4	SMC
M_{ib}	18.8	W_{iBM}
M_{ic}	7.2	SMC
M_{ih}	13.9	SMC

7.1.5.1　SABC 回路

A　粗颗粒滚筒型磨机比能耗

粗颗粒滚筒型磨机比能耗由式（7-4）计算：

$$W_a = K_1 \times 19.4 \times 4 \times \left[750^{-\left(0.295+\frac{750}{1000000}\right)} - 100000^{-\left(0.295+\frac{100000}{1000000}\right)}\right]$$

$$= K_1 \times 10.13\ \text{kW} \cdot \text{h/t}$$

假设 25%的新给矿进入顽石破碎回路，则顽石破碎机给矿 F_{80} 为 52.5 mm，产品 P_{80} 为 12 mm，然后由式（7-5）计算：

$$K_1 = \frac{0.25 \times 0.96 \times 1.19 \times \left[12000^{-\left(0.295+\frac{12000}{1000000}\right)} - 52500^{-\left(0.295+\frac{52500}{1000000}\right)}\right]}{750^{-\left(0.295+\frac{750}{1000000}\right)} - 100000^{-\left(0.295+\frac{100000}{1000000}\right)}} = 0.93$$

$$W_a = 0.93 \times 10.13 = 9.4\ \text{kW} \cdot \text{h/t}$$

B　细颗粒滚筒型磨机比能耗

细颗粒滚筒型磨机比能耗由式（7-10）计算：

$$W_b = 18.8 \times 4 \times \left[106^{-\left(0.295+\frac{106}{1000000}\right)} - 750^{-\left(0.295+\frac{750}{1000000}\right)}\right] = 8.4\ \text{kW} \cdot \text{h/t}$$

C 顽石破碎机比能耗

在该回路中，假定顽石破碎机给矿 F_{80} 为 52.5 mm。根据经验，该值可估计为标称砾石窗的 0.75 倍（在这种情况下，砾石窗孔径为 70 mm）。顽石破碎机的产品 P_{80} 为 12 mm，给矿速率预计为新给矿速率的 25%。

由式（7-11）和式（7-12）计算：

$$W_c = 55 \times (12000 \times 52500)^{-0.2} \times 1.19 \times 7.2 \times 4 \times \left[12000^{-\left(0.295+\frac{12000}{1000000}\right)} - 52500^{-\left(0.295+\frac{52500}{1000000}\right)} \right]$$
$$= 1.08 \text{ kW} \cdot \text{h/t}$$

当以破碎机给矿速率表示比能耗时，该计算的乘积为 1.08 kW · h/t。当用 SABC 回路的新给矿速率表示比能耗时，该值约为 0.3 kW · h/t（1.08×0.25）。

注意：在这种情况下，$S_c = 55 \times (12000 \times 52500) - 0.2 = 0.96$。

D 总净碎磨比能耗

总净碎磨比能耗由式（7-3）计算：

$$W_T = 9.4 + 8.4 + 0.3 = 18.1 \text{ kW} \cdot \text{h/t}$$

7.1.5.2 高压辊磨机—球磨机回路

在高压辊磨机—球磨机回路中，通过闭路中碎将粗碎破碎机产品破碎至 P_{80} 为 35 mm 作为高压辊磨机回路给矿。高压辊磨机也是闭路破碎，将 35 mm 的给矿破碎到 P_{80} 为 4 mm 的回路产品。然后将该产品给到闭路球磨机，将其磨到 P_{80} 为 106 μm。

A 中碎比能耗

中碎比能耗由式（7-11）和式（7-12）计算：

$$W_c = 55 \times (35000 \times 100000)^{-0.2} \times 1 \times 7.2 \times 4 \times \left[35000^{-\left(0.295+\frac{35000}{1000000}\right)} - 100000^{-\left(0.295+\frac{100000}{1000000}\right)} \right]$$
$$= 0.4 \text{ kW} \cdot \text{h/t}$$

B 高压辊磨机比能耗

高压辊磨机比能耗由式（7-12）和式（7-13）计算：

$$W_h = 35 \times (4000 \times 35000)^{-0.2} \times 1 \times K_4 \times 13.9 \times 4 \times \left[4000^{-\left(0.295+\frac{4000}{1000000}\right)} - 35000^{-\left(0.295+\frac{35000}{1000000}\right)} \right]$$
$$= K_4 \times 2.4 \text{ kW} \cdot \text{h/t}$$

假设高压辊磨机在 3.0 N/mm² 的比挤压力下运行，则由式（7-14）计算：

$$K_4 = \frac{0.71 \times e^{0.28 \times 3.0}}{13.9^{0.23}} = 0.9$$

$$W_h = 0.9 \times 2.4 = 2.2\ \text{kW} \cdot \text{h/t}$$

C　粗颗粒滚筒型磨机比能耗

粗颗粒滚筒型磨机比能耗由式（7-4）计算：

$$W_a = 1 \times 19.4 \times 4 \times \left[750^{-\left(0.295+\frac{750}{1000000}\right)} - 4000^{-\left(0.295+\frac{4000}{1000000}\right)} \right] \times 0.95 = 4.2\ \text{kW} \cdot \text{h/t}$$

D　细颗粒滚筒型磨机比能耗

细颗粒滚筒型磨机比能耗由式（7-10）计算：

$$W_b = 18.8 \times 4 \times \left[106^{-\left(0.295+\frac{106}{1000000}\right)} - 750^{-\left(0.295+\frac{750}{1000000}\right)} \right] \times 0.95 = 8.0\ \text{kW} \cdot \text{h/t}$$

值得注意的是，在这种情况下，假设微裂纹的作用使滚动球磨机的粗粒（W_a）和细粒（W_b）部分的矿石都软化 5%。

E　总净碎磨比能耗

总净碎磨比能耗由式（7-3）计算：

$$W_T = 0.4 + 2.2 + 4.2 + 8.0 = 14.8\ \text{kW} \cdot \text{h/t}$$

7.1.5.3　常规破碎—球磨机回路

在常规破碎—球磨机回路中，粗碎破碎机产品经开路中碎破碎到 P_{80} 为 35 mm，通过闭路的第三段破碎将其破碎到 P_{80} 为 6.5 mm。然后，将该产品送入闭路球磨机碎磨至 P_{80} 为 106 μm。

A　中碎比能耗

中碎比能耗由式（7-11）和式（7-12）计算：

$$W_c = 55 \times (35000 \times 100000)^{-0.2} \times 1.19 \times 7.2 \times 4 \times \left[35000^{-\left(0.295+\frac{35000}{1000000}\right)} - 100000^{-\left(0.295+\frac{100000}{1000000}\right)} \right] = 0.5\ \text{kW} \cdot \text{h/t}$$

B　第三段破碎比能耗

第三段破碎比能耗由式（7-11）和式（7-12）计算：

$$W_c = 1 \times 1 \times 7.2 \times 4 \times \left[6500^{-\left(0.295+\frac{6500}{1000000}\right)} - 35000^{-\left(0.295+\frac{35000}{1000000}\right)} \right] = 1.1\ \text{kW} \cdot \text{h/t}$$

注意：在这种情况下，$S_c = 55 \times (6500 \times 35000)^{-0.2} = 1.17$。因为 S_c 大于 1，所以它不适用，并设置为 1。

C　粗颗粒滚筒型磨机比能耗

粗颗粒滚筒型磨机比能耗由式（7-4）计算：

$$W_a = 1 \times 19.4 \times 4 \times \left[750^{-\left(0.295+\frac{750}{1000000}\right)} - 6500^{-\left(0.295+\frac{6500}{1000000}\right)} \right] \times 0.95 = 5.5\ \text{kW} \cdot \text{h/t}$$

D　细颗粒滚筒型磨机比能耗

细颗粒滚筒型磨机比能耗由式（7-10）计算：

$$W_b = 18.8 \times 4 \times \left[106^{-\left(0.295+\frac{106}{1000000}\right)} - 750^{-\left(0.295+\frac{750}{1000000}\right)} \right] = 8.4 \text{ kW} \cdot \text{h/t}$$

E 粒度分布校正

粒度分布校正由式（7-15）计算：

$$W_s = 0.19 \times 19.4 \times 4 \times \left[6500^{-\left(0.295+\frac{6500}{1000000}\right)} - 100000^{-\left(0.295+\frac{100000}{1000000}\right)} \right] = 0.9 \text{ kW} \cdot \text{h/t}$$

F 总净碎磨比能耗

总净碎磨比能耗由式（7-3）计算：

$$W_T = 0.5 + 1.1 + 5.5 + 8.4 + 0.9 = 16.4 \text{ kW} \cdot \text{h/t}$$

7.1.6 根据 W_{iBM} 和闭路筛孔估算 M_{ib}

如果邦德实验室功指数试验的结果无法用于确定 M_{ib}，则可以在已知 W_{iBM} 和闭路筛孔的情况下估计所需数据。这是通过重新安排邦德的 W_{iBM} 方程（式（7-16））实现的，并使用 P_{80} 通常是 P_{100} 的 0.76 倍、F_{80} 平均为 2250 μm 的数据，计算公式如下：

$$W_{iBM} = \frac{49.05}{P_{100}^{0.23} \times G_{pb}^{0.82} \times 10 \times \left(\frac{1}{\sqrt{P_{80}}} - \frac{1}{\sqrt{F_{80}}} \right)} \tag{7-16}$$

$$G_{pb(\text{estimated})} = \left[\frac{4.9}{P_{100}^{0.23} \times W_{iBM} \times \left(\frac{1}{\sqrt{0.76 \times P_{100}}} - \frac{1}{\sqrt{2250}} \right)} \right]^{\frac{1}{0.82}} \tag{7-17}$$

$$M_{ib} = \frac{18.18}{P_{100}^{0.295} \times G_{pb(\text{estimated})} \times \left[(0.76 \times P_{100})^{f(0.76 \times P_{100})} - 2250^{f(2250)} \right]} \tag{7-18}$$

7.2 邦德理论在半自磨回路功耗计算中的应用

7.2.1 邦德理论与半自磨机比能耗的关系

在球磨机的功耗计算中，邦德功指数在全粒级范围内对矿石硬度既能简单测量，又不易出现误解，其应用是最广泛的。实践证明，邦德功指数对于直径 5 m 及以下的球磨机功耗计算是非常吻合的，在实践中得到了证实。但是，随着球磨机规格越来越大，采用原来的邦德功指数已经不能正确评价更大直径磨矿机的功耗状况，因而出现了上述的各种不同磨矿功耗计算方法和差异很大的计算结果。为此，Fluor 公司的工程师提出了基于半自磨机比能耗来改进邦德功指数的计算方法。他们研究得到的关键发现及随后对计算方法的改进，认为邦德功指数仍是一个估算半自磨机磨矿回路所需比能耗的有效工具。

新的半自磨机比能耗计算方法仍然采用所有的三个邦德功指数，即破碎、棒磨和球磨机功指数，从而计算以半自磨机为基础磨矿回路的所需能耗。计算半自磨机所需比能耗的新方法主要以棒磨功指数为主，破碎功指数起辅助作用，球磨功指数仍然是传统作为计算球磨机磨矿所需比能耗的很好的方法。

这种采用邦德功指数计算的新方法适用于范围广泛的以半自磨机为基础的回路，从单段半自磨到部分或全部中碎后给矿的半自磨，以及处理硬矿石的 SABC 回路。

(1) 从给矿粒度上，邦德功指数的应用范围是反映其所处理粒级矿石的硬度指数。例如，在单段球磨机计算中，其棒磨功指数用于计算 2. 1 ~ 13. 2 mm 粒级所需的能耗，球磨功指数用于计算小于 2. 1 mm 至最终产品粒级所需的能耗。邦德功指数的效率系数计算使得所需磨矿能耗的变化，能够反映粗粒给矿、不同的破碎比等对单段球磨机磨矿过程效率的影响。

最初的 Grindpower 方法采用了类似的计算，即采用邦德功指数计算特定粒级矿石范围所需的能耗。例如，破碎功指数用于计算半自磨机 F_{80} 到理论上棒磨机的给矿粒度，随后计算碎磨到球磨机给矿粒度所需的棒磨机能耗，然后计算碎磨到最终产品粒度所需的球磨机能耗。Grindpower 方法与邦德功指数中的效率系数对应的是半自磨机的能耗，此计算应用的总体效率系数为 1. 25。

对于半自磨机的给矿粒度，在粗碎机给矿回路下，一般半自磨机 F_{80} 大于 100 mm，F_{80} 平方根的倒数值趋向于零，因而其对功率计算方程的影响是微不足道的。但是，给矿粒度中顽石的影响则不然，图 7-5 所示为有和没有顽石破碎回路条件下半自磨机给矿的粒度分布[13]。该回路处理的矿石为硬矿石，约 25%的物料从半自磨机中排出给到顽石破碎回路。在两种情况下，半自磨机的 F_{80} 相似，约 100 mm。然而，粒度分布的其他部分如半自磨机的磨矿性能一样，当在有和没有顽石破碎机的条件下运行时差别显著。

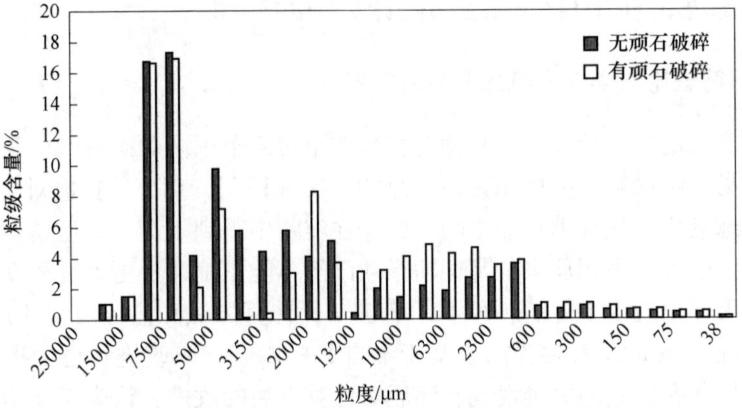

图 7-5　半自磨机给矿的粒度分布

(2) 顽石破碎。由于顽石破碎机排矿口的大小决定了其排出粒度的大小，顽石破碎机的新、旧衬板之间磨损程度的差别会对其排矿产品粒度产生较大的影响，从而影响到半自磨机的给矿粒度。当回路中处理硬的和难磨的矿石时，由于顽石破碎机的衬板磨损而使排矿粒度变粗，使半自磨机所需比能耗增加且处理能力降低。因此，顽石破碎机排矿产品粒度的影响在一个相对窄的粒度范围内是很明显的。

同时，研究人员还观察到[13]，在实验室邦德棒磨机的试验中，当棒荷的充填率为12%时，得到的数据与许多生产中的半自磨机吻合很好。图 7-6 所示为半自磨机排矿粒度分布比较。

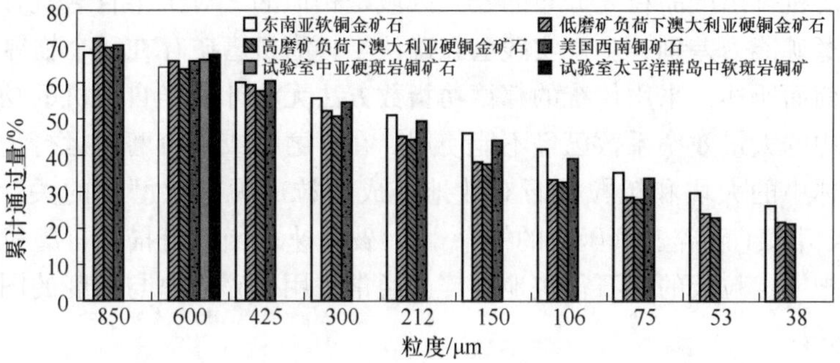

图 7-6　实验室排矿粒度分布与 SABC 回路排矿粒度分布比较

图 7-6 中，实验室棒磨机产品粒度分布不像一般的磨矿试验那样分成同样的粒级。在磨矿试验中，半自磨机排矿样品一般筛分粒度为 20 mm～38 μm，而实验室磨机排矿则一般分成（5 个筛子）6 种粒级，范围为 1 mm～500 μm，或最好是 300 μm。因此，在比较粒度小于 500 μm 的实验室磨机排矿和生产中半自磨机排矿的粒度分布时，就有分辨率的损失。

尽管如此，在全球的一些生产中半自磨机和实验室棒磨机之间的排矿粒度分布的收敛点引起了研究人员的关注，特别是收敛点出现在 600～850 μm 之间。对这个粒度范围的高度关注，是因为其横跨 750 μm 分界线，该分界线是 Morrell 用来划分滚磨机能耗计算中“粗粒”和“细粒”范畴的。尽管 Morrell 标注 750 μm 分界线对其筒型磨机功率计算给出了最吻合的结果，但没有解释为什么 750 μm 能够来划分计算结果。对生产中半自磨机和实验室磨机的排矿粒度分布的调查结果与所用比能耗计算方法的数学结果吻合有很好的概率，考虑到跨越全球的数据扩散是很慢的过程，认为这是必然的结果而非巧合。

半自磨机采用孔径范围很宽的带砾石窗或不带砾石窗的格子板，而邦德实验室棒磨机一般采用 1180 μm 孔径的筛子闭路。最初这似乎是不可理解的：两种磨机生产的产品粒度分布都收敛于 600～850 μm 的范围，而且采用的分级机理有很大不同。

对工业半自磨机中细粒分级机理的可能解释是在紧靠格子板的充填体中，细粒的物料极容易在矿浆流的作用下通过格子板开孔排出，在运动过程中格子板又被充填体中的钢球和比格子板孔径大的矿石覆盖，这些钢球和矿石是交替的，在此情况下，紧靠格子板的充填体形成了动态的具有一定孔隙度的料层，类似于重选跳汰机中重砾铺料层的动作形式，把要通过格子板的物料进行分级。在这种环境下能够通过格子板的唯一物料，除了重砾铺料层中磨损后小于格子板孔径的矿石外，就是设法通过覆盖格子板的钢球和矿石之间空隙的物料。

实验室棒磨机和工业生产半自磨机的磨矿行为相同的根本是磨矿活动是相似的，两种磨机排出产品粒度分布的收敛区域是相似的。对于半自磨机在不同给矿粒度下的磨矿能力差别，生产实践已经确认半自磨机磨矿存在一个临界粒度。

根据前面所述，采用传统的邦德功指数方法无法计算半自磨机的功耗，因此原有计算中的大量效率系数已经不能使用。在自磨机或半自磨机运行过程中，如何把充填体中的大块和粗粒矿石有效地变成细粒成为有效磨矿的关键。Napier-Munn 等人引入了破碎速率函数的概念[13]。破碎速率函数是描述自磨机或半自磨机内如何把一定粒级的矿石很快地破碎，通常采用破碎速率与粒度的图表示，如图 7-7 所示。

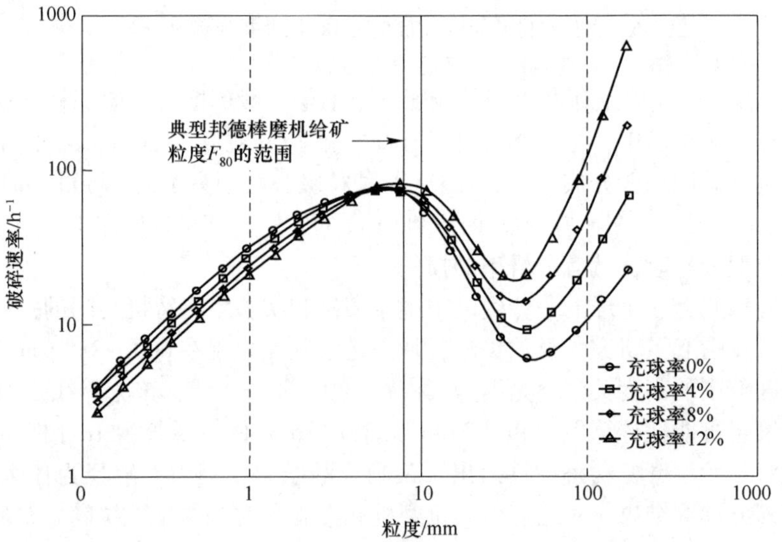

图 7-7　JKMC 的半工业半自磨机中钢球充填率对破碎速率的影响[13]

图 7-7 中给出了两条竖直线所标示典型的邦德棒磨机给矿粒度 F_{80} 和半工业半自磨机的破碎速率的关系，充球率 12%下半自磨曲线的峰值破碎速率与典型的

邦德棒磨机试验的给矿粒度 F_{80} 很吻合。图 7-8 所示为工业自磨/半自磨机和半工业磨机的峰值破碎速率对小于 10 mm 粒级范围的吻合情况[14]。

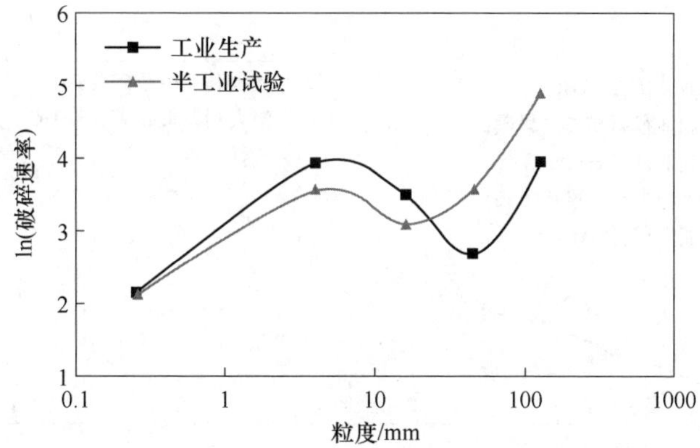

图 7-8　Morrell 对半工业磨机和工业自磨/半自磨机破碎速率的比较

此外，注意到工业自磨/半自磨机破碎速率曲线的形状，特别是曲线的临界粒度，也与 Napier-Munn 等人提出的充球率 12%下的破碎速率相吻合。

从概念上讲，从图 7-7 中的破碎速率图可以确认自磨机或半自磨机效率的高、低区域，低效率区域是临界粒度范围，高效率区域是 5~10 mm 粒度范围和 100 mm 粒度部分。同时，从图 7-7 中可知，采用自磨机则其右边的高效率区域边界粒度还要增大，把位于曲线上的特定粒级的破碎速率转换成峰值破碎速率的倍数，即是人为的效率系数。

综上所述，可以确认在半自磨机磨矿比能耗计算方法中，有以下两个关键因素：

（1）当确定在实验室棒磨机功指数试验中采用 1180 μm 闭路筛时，得到的功指数值等同于与半自磨机的峰值破碎速率的能耗。

（2）半自磨机给矿粒度分布应当分成不同的粒级，根据各粒级的破碎速率和峰值破碎速率之间的关系，每个粒级有一个相应的效率系数。每一个粒级所需的比能耗都可以采用邦德方程按照单段球磨机方式进行计算，从给矿粒度到中间粒度 1，从中间粒度 1 到中间粒度 2，以此类推，直到达到产品粒度。根据每个粒级所占半自磨机总给矿的质量分数计算出相应粒级所需比能耗的绝对值，然后各个粒级所需比能耗的绝对值之和即为半自磨机所需的总比能耗。效率系数则在各粒级计算中考虑。

当然，上述的计算方法是假设半自磨机在正常条件下运行，也就是提升棒之间没有填塞、衬板设计合适、格子板没有塞住、补加球的量和规格合适。

上述的计算方法已经用来计算一些回路中半自磨机所需的比能耗，不同回路配置方式和不同运行条件的（如 SABC 回路），有或没有顽石破碎机、粗碎和部分中碎，以及单段半自磨机磨矿的，都特别跟踪以计算数据比对实际运行数据，如图 7-9 所示[13]。

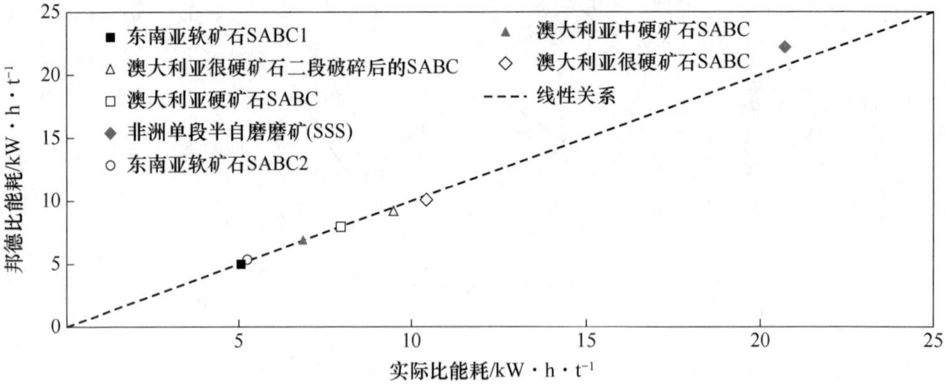

图 7-9　新的邦德功指数法计算的与实际运行的半自磨机功耗

计算半自磨机比能耗新方法的关键指标是棒磨功指数。在邦德的三个功指数（破碎功指数、棒磨功指数和球磨功指数）中，因为破碎功指数值用于计算给矿粒度分布的粗粒端，其粗粒的给矿粒度用于邦德第三破碎理论方程平方根的倒数中，使得破碎功指数对总的半自磨机所需比能耗只有很小的影响。球磨功指数用于传统计算，是计算球磨机比能耗最好的方法，而不能用在 SAB 或 SABC 回路的半自磨机所需比能耗计算中。

对于处理半自磨机排矿的球磨机，Mark Sherman 提出了利用邦德计算方法的程序[15]，将球磨机给矿为圆锥破碎机而不是棒磨机的产品时的单段球磨机功耗计算方法，用于计算自磨/半自磨机排矿的球磨机，即把自磨/半自磨机排矿分为两部分：细粒和粗粒，计算两部分所需的比能耗，确保合适的修正系数用于细粒和粗粒，然后合并得到一个总的能耗。

根据邦德功指数试验的要求，球磨功指数的给矿粒度为小于 3. 36 mm，棒磨功指数的给矿粒度为小于 12. 5 mm，Mark Sherman 选择 3. 36 mm 作为分界点把自磨/半自磨排矿分成粗粒和细粒，即与球磨机功指数计算完全一致的球磨机给矿部分（<3. 36 mm）和与单段球磨机磨矿计算一致的部分（>3. 36 mm）。

将半自磨机排矿分成两种粒级，即可计算出每种粒级的 F_{80}，例如，粗粒的 F_{80} 和细粒的 F_{80}。对于细粒级，采用标准的邦德方程和球磨功指数计算出磨该粒级所需的比能耗。注意：邦德理论对于低的破碎比（小于 6），需要修正系数 EF_7。对于粗粒，采用单段球磨机磨矿计算方法。半自磨机排矿的粗粒，有一个比细粒大得多的 F_{80}。在某些情况下，其棒磨功指数比球磨功指数更大，表明半自磨机排矿的粗粒磨矿需要比细粒磨矿大得多的能耗。

为了完成球磨机的比能耗计算，两种粒级的比能耗与它们各自的质量分数相乘，然后乘积相加就得到球磨机所需的总的比能耗。注意：邦德方程计算的是磨机驱动小齿轮的所需功率。

7.2.2 计算实例

表 7-3 和表 7-4 为计算实例[15]，球磨机给矿来自三个不同的半自磨机：第一台处理硬的细粒嵌布矿石，第二台处理来自矿山生产爆破使细粒级最大化的较粗粒嵌布的软-中硬矿石，第三台处理来自半工业试验厂的半自磨机产品。

表 7-3 半自磨筛上质量分数

筛孔/μm	筛上质量分数		
	SAG1	SAG2	半工业试验 SAG3
12700	1.13	5.5	0
9500	2.27	4.2	2.9
6350	3.6	8.1	11.2
3360	6.0	10.0	2.0
2360	4.0	5.2	2.0
1760	5.0	4.5	3.3
1180	5.2	4.5	3.1
850	2.9	3.3	3.6
600	6.0	3.5	4.4
425	5.8	3.3	5.3
300	7.1	3.3	6.1
212	6.6	3.3	6.9
150	6.6	3.6	5.6
106	5.1	3.3	5.8
75	4.5	3.7	4.8
53	4.4	3.9	4.3
38	2.2	3.5	3.9
<38	21.6	23.3	24.8
P_{80}/μm	1970	5519	2011

表 7-4　计算步骤和计算结果

参　数		SAG1	SAG2	SAG3
细粒级（<3.36 mm），球磨机计算	质量分数	0.87	0.72	0.84
	计算的 F_{80}/μm	845	1160	589
	球磨机产品 P_{80}/μm	224	135	88
	破碎比	3.77	8.59	6.69
	邦德球磨功指数/kW · h · t^{-1}	15.7	12.9	14.9
	没修正的比能耗/kW · h · t^{-1}	4.83	5.17	10.1
	EF_7（破碎比小于 6）	1.05	—	—
	修正后的比能耗/kW · h · t^{-1}	5.09	5.17	10.1
粗粒级（>3.36 mm），单段球磨机计算	质量分数	0.13	0.28	0.16
	计算的 F_{80}/μm	10716	12400	9442
	球磨机产品 P_{80}/μm	224	135	88
	邦德棒磨功指数/kW · h · t^{-1}	21.0	17.0	14.1
	邦德球磨功指数/kW · h · t^{-1}	15.7	12.9	14.9
	没修正的比能耗/kW · h · t^{-1}	10.4	10.5	13.9
	应用 EF_4	1.53	1.16	1.16
	修正后的比能耗/kW · h · t^{-1}	15.9	12.2	16.1
球磨机所需比能耗总计	细粒级质量分数 A	0.87	0.72	0.84
	细粒级比能耗 B/kW · h · t^{-1}	5.09	5.17	10.1
	粗粒级质量分数 C	0.13	0.28	0.16
	粗粒级比能耗 D/kW · h · t^{-1}	15.9	12.2	16.1
	总计比能耗 $[(A \times B) + (C \times D)]$/kW · h · t^{-1}	6.49	7.13	11.07
	磨机直径修正系数 EF_3	0.91	0.91	1.15
	修正后的球磨机比能耗/kW · h · t^{-1}	5.93	6.51	12.73
	磨机驱动电机效率	0.95	0.95	0.95
	磨机驱动电机输入的球磨机比能耗/kW · h · t^{-1}	6.24	6.86	13.4
	测得的磨机驱动电机输入的球磨机比能耗/kW · h · t^{-1}	6.23	6.51	13.6
	偏差/%	+1.6	+5.4	−1.4

可以看出，两台生产半自磨机显示出明显的粗粒成分，半工业半自磨机在整个粒级范围显示出相对一致的质量分布（<38 μm 部分除外）。尽管 SAG1 和半工业 SAG 的 P_{80} 值相似，但其粒度分布显著不同。

7.3 半自磨机选择的经验方法

目前对于自磨机或半自磨机的设备选型计算没有成熟的标准方法，已有的各种方法由于各自的出发点不同，选取的基准点不同，导致同一个矿山采用不同计算方法得到的计算结果相差一倍多[13]。即使这样，目前众多的矿山都采用自磨机或半自磨机磨矿工艺进行生产，因而，这些采用自磨机或半自磨机生产的磨矿回路之间，应该有一些相关或相近的规律[16]。

7.3.1 功率能力、容积能力、功率强度及其相关性分析

正常情况下，给定的磨矿回路，在给矿粒度一定的条件下，磨机规格越大(容积越大)、装机功率越大，其处理能力也就越大，磨机的容积和安装功率决定着磨机处理能力。换言之，在给矿粒度相同的条件下，矿石性质类似的给矿，磨到相同或相似的产品粒度时，所需的单位磨矿容积和单位功耗从理论上应该是相同或相似的。因此，在这里提出“功率能力”和“容积能力”的概念。

对于特定的矿山，由于矿石性质的限制，其磨矿回路有各自的特点，如单段自磨或半自磨，半自磨+球磨（或自磨+砾磨），有顽石破碎、无顽石破碎，一段或二段顽石破碎，半自磨与球磨的台数比，顽石破碎后的返回地点（半自磨机或球磨机）等。

在此，把基本磨矿回路的半（自磨)+球（砾）磨的两段磨矿回路看作一个整体作为分析的基本单元，把每天单位磨机装机功率的处理能力（简称“功率能力”，以 q_N 表示，t/(kW · d))，每天单位磨机容积的处理能力（简称“容积能力”，以 q_v 表示，t/(m^3 · d)）及单位容积的装机功率（简称“功率强度”，kW/m^3）从已经生产或建成的矿山选矿厂数据中提取出来进行统计分析比较，同时考虑了以下因素：

(1) 由于两段磨矿之间的负荷平衡可以通过格子板开孔大小、筛孔规格及循环负荷返回地点等措施进行调节，故在此不考虑前后两段磨矿的功率分配事项，计算中均采用前后两段磨机的总功率和总容积（生产实践中也是如此)。

(2) 磨机容积和功率的计算均采用通用的磨机标定规格，如 ϕ10.97 m×5.33 m（有效长度）半自磨机、安装功率 13235 kW，分别以此数据计算该磨机的容积和功率。

(3) 处理能力以选矿厂的日处理能力为基数进行计算，个别矿山生产能力采用设计数据，但投产后已经超过设计能力的，仍按设计能力处理。

(4) 由于顽石破碎在磨矿回路中所占功耗的比重很小（2%~4%)，且各矿山之间差别大，故将其作为安全系数，没有考虑参与计算。

（5）各种矿石性质差异很大，没有考虑各个磨矿回路之间的给矿和排矿粒度差异。

（6）处理不同矿石的矿山按金属品种分类，如铜钼、金、铁、镍铂、铅锌等。

对所有收集到的240余个矿山的磨矿流程进行了归类，从中采用153个完整的金属矿山选矿厂的自磨（半自磨）+球磨（砾磨）回路进行综合分析，分析结果如图7-10～图7-13所示。除所有选取的矿山参与综合分析外，还将铜钼、金、铁、镍铂、铅锌五类分别进行了比较。

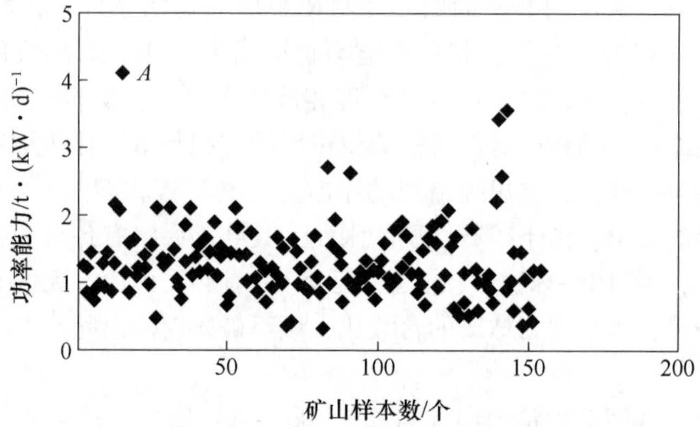

图7-10　部分金属矿山选矿厂自磨（半自磨）—球磨（砾磨）回路功率能力

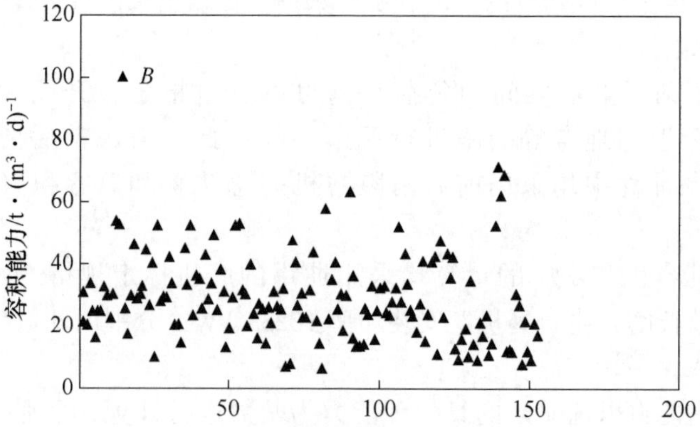

图7-11　部分金属矿山选矿厂自磨（半自磨）—球磨（砾磨）回路容积能力

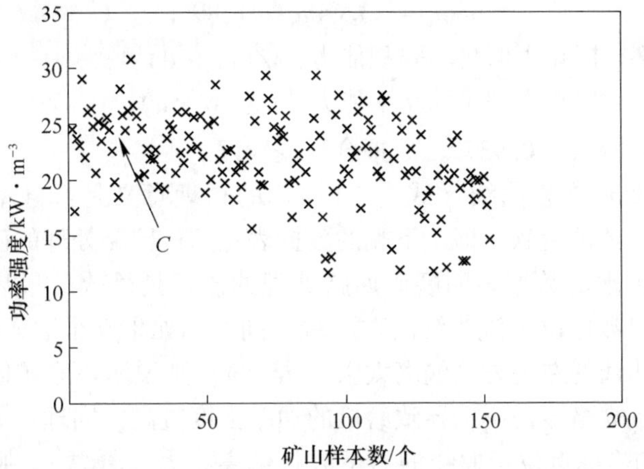

图 7-12 部分金属矿山选矿厂自磨（半自磨）—球磨（砾磨）回路功率强度

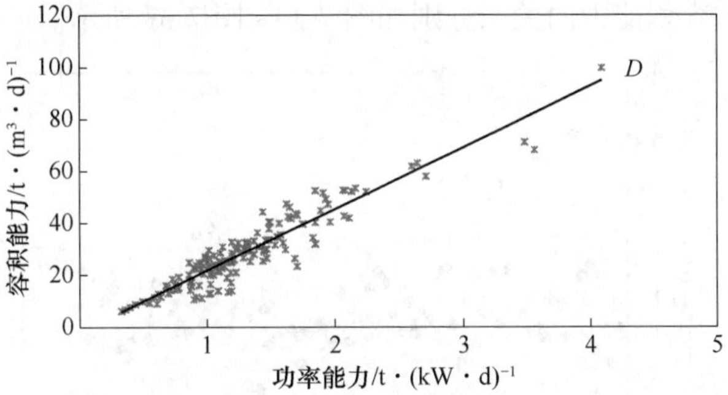

图 7-13 自磨（半自磨）—球磨（砾磨）回路功率能力与容积能力的关系

从图 7-10～图 7-13 中可以看出，绝大多数磨矿回路的功率能力在 0.75～1.75 t/(kW · d) 之间，绝大多数的容积能力在 10～40 t/(m^3 · d) 之间，磨机的功率强度绝大多数在 20～25 kW/m^3 之间。

通过功率能力、容积能力、功率强度及功率能力和容积能力的关系图，对特定矿山的矿石性质，可以很容易地分析半自磨+球磨回路的功率或磨机规格是否合适。例如，分别位于图 7-10～图 7-13 中的 *A*、*B*、*C*、*D* 四个点是同一组数据，是 First Quantum 的 Kansanshi 铜矿处理氧化矿回路的数据，其功率能力为 4.09 t/(kW · d)（*A* 点）、容积能力为 100 t/(m^3 · d)（*B* 点）、功率强度为 24.48 kW/m^3（*C* 点），认为是合适范围，这说明该磨矿回路的功率和磨机规格是匹配的，只是由于矿石太软，故处理能力非常大（图 7-13 中最上端 *D* 点）。

采用金属矿山选矿厂 153 个磨矿回路的数据，包括半自磨+球磨回路、半自磨回路、自磨+球磨回路、自磨+砾磨回路，采用最小二乘法回归后的方程为：

$$q_v = 23.64q_N - 1.89 \tag{7-19}$$

式中　q_v——磨矿回路中磨机的容积能力，t/(m³ · d)；

q_N——磨矿回路中磨机的功率能力，t/(kW · d)。

式（7-19）的 $R^2=0.9379$，故拟合程度较好。

图 7-13 中回归方程曲线（式（7-19））的物理意义是：自左至右沿曲线方向，处理的矿石由硬变软，即左下端的数据表示磨矿回路处理的矿石是最硬（最难磨）的，右上端的数据表明磨矿回路处理的矿石是最软（最易磨）的，故铜炉渣磨矿的几组数据位于该曲线的左下端。同时，如果某个磨矿回路的 q_v 与 q_N 的坐标点位于曲线的左上方且偏离太大（异常），则说明该磨矿回路的磨机装机功率过大，磨机规格显得小，导致磨机的功率强度过高；同理，如果某个磨矿回路的 q_v 与 q_N 的坐标点位于曲线的右下方且偏离太大（异常），则说明该磨矿回路的磨机装机功率过小，磨机规格显大，导致磨机的功率强度过低。

同理，铜钼、金、铁、镍铂、铅锌磨矿回路的功率能力、容积能力、功率强度及功率能力与容积能力的关系分别如图 7-14～图 7-33 所示。

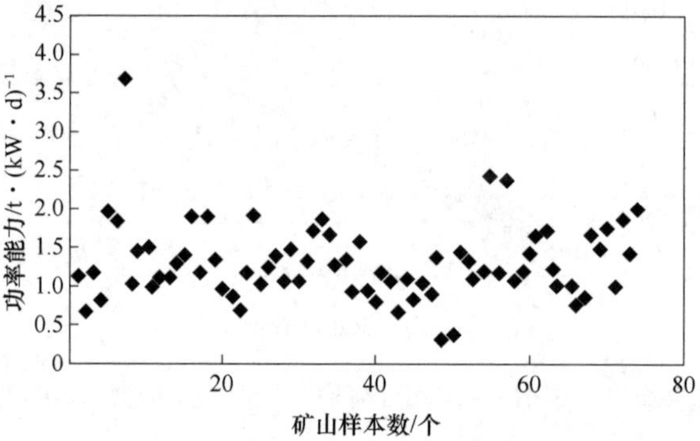

图 7-14　部分铜钼矿山选矿厂自磨（半自磨）—球磨（砾磨）回路功率能力

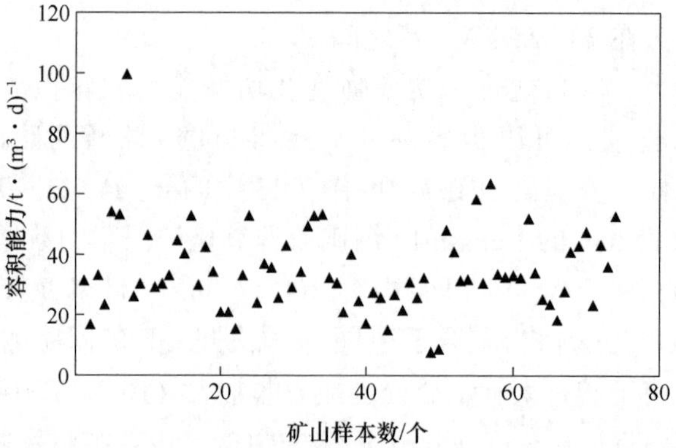

图 7-15　部分铜钼矿山选矿厂自磨（半自磨）—球磨（砾磨）回路容积能力

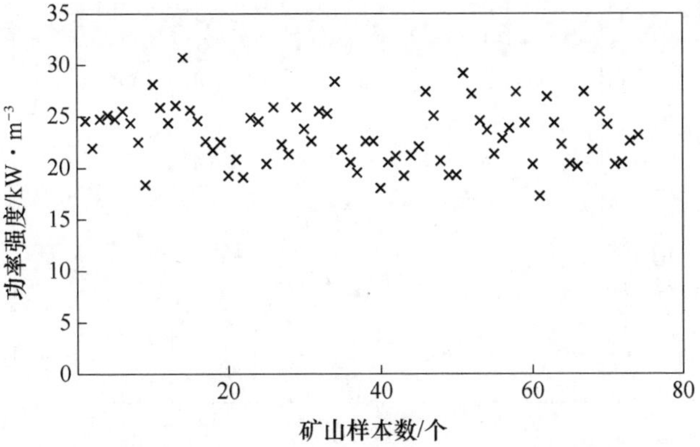

图 7-16　部分铜钼矿山选矿厂自磨（半自磨）—球磨（砾磨）回路功率强度

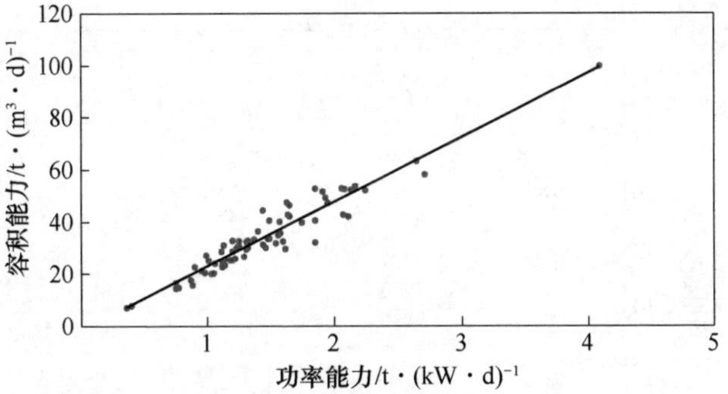

图 7-17　部分铜钼矿山自磨（半自磨）—球磨（砾磨）回路功率能力与容积能力的关系

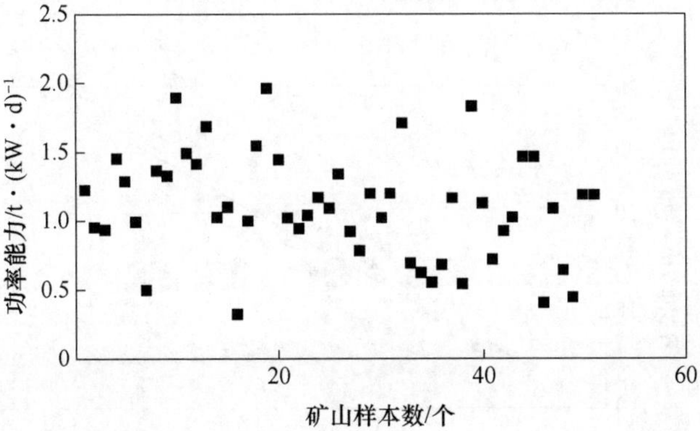

图 7-18　部分金矿山自磨（半自磨）—球磨（砾磨）回路功率能力

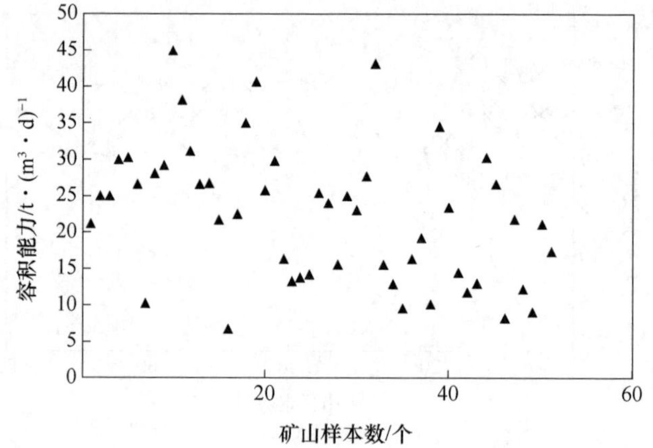

图 7-19　部分金矿山自磨（半自磨）—球磨（砾磨）回路容积能力

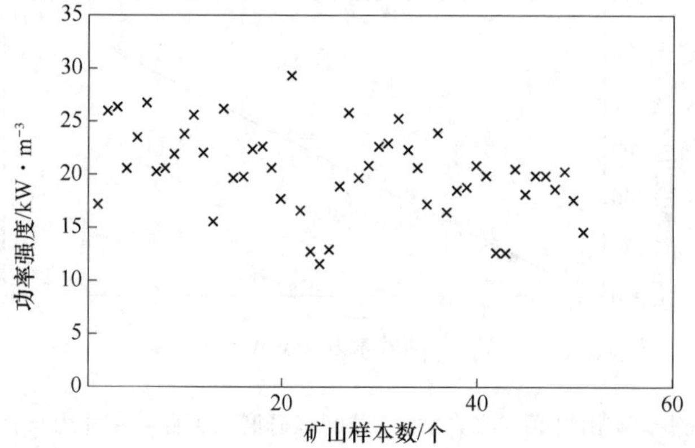

图 7-20　部分金矿山选矿厂自磨（半自磨）—球磨（砾磨）回路功率强度

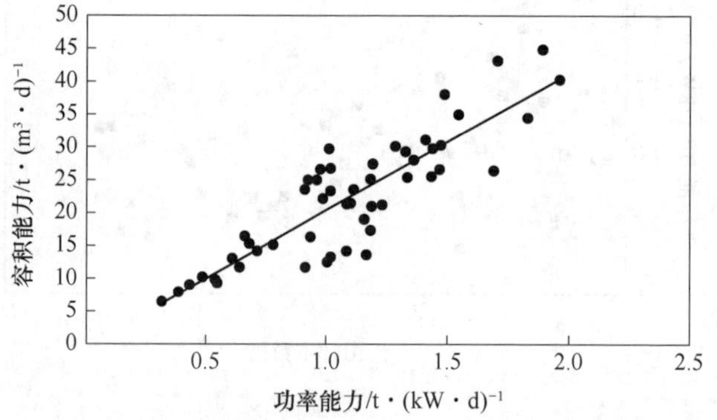

图 7-21　部分金矿山自磨（半自磨）—球磨（砾磨）回路功率能力与容积能力的关系

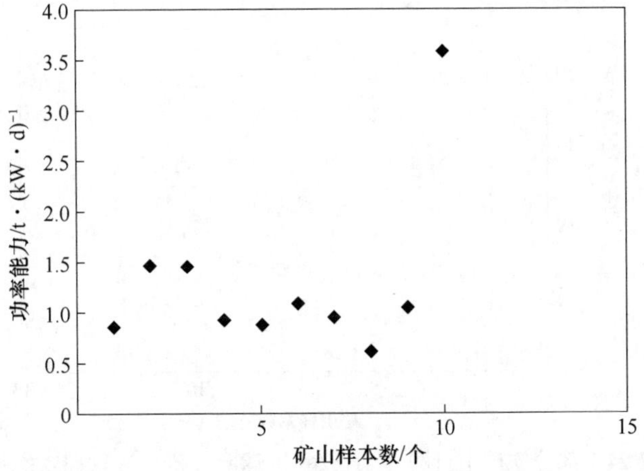

图 7-22 部分铁矿山自磨（半自磨)—球磨（砾磨）回路功率能力

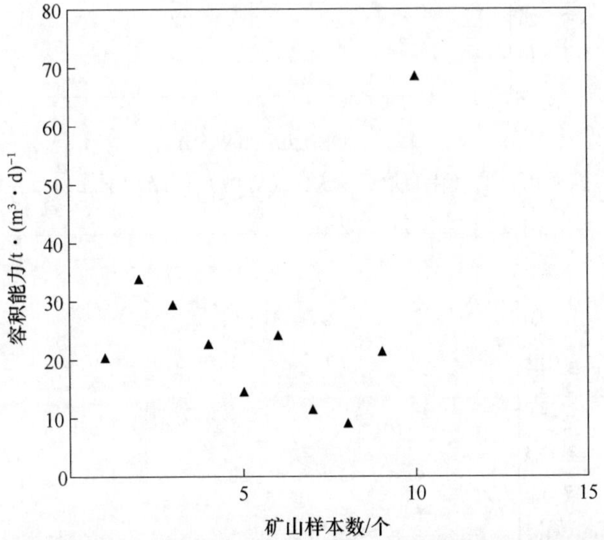

图 7-23 部分铁矿山自磨（半自磨)—球磨（砾磨）回路容积能力

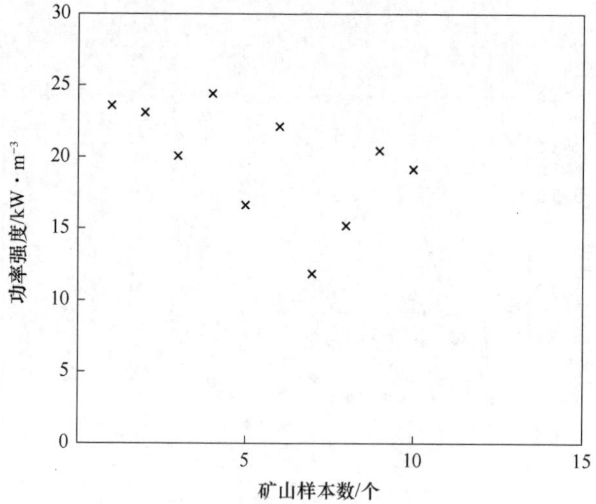

图 7-24　部分铁矿山自磨（半自磨）—球磨（砾磨）回路功率强度

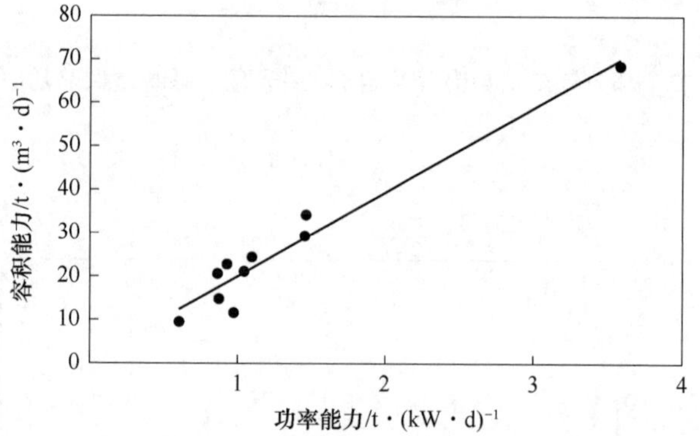

图 7-25　部分铁矿山自磨（半自磨）—球磨（砾磨）回路功率能力与容积能力的关系

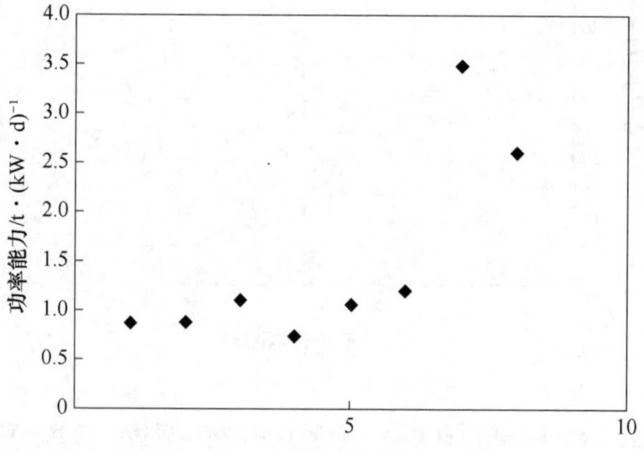

图 7-26　部分镍铂矿山自磨（半自磨）—球磨（砾磨）回路功率能力

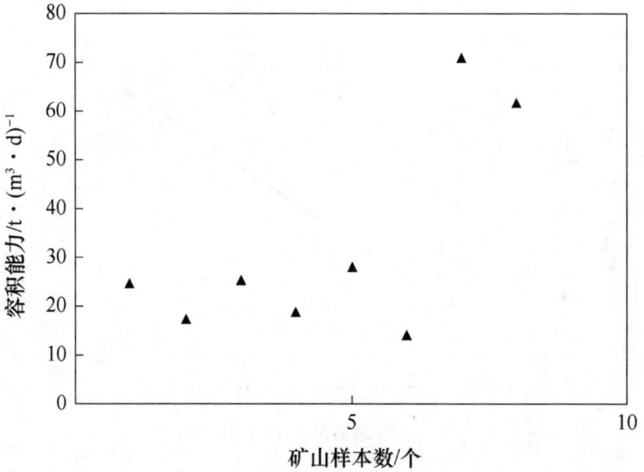

图 7-27　部分镍铂矿山自磨（半自磨)—球磨（砾磨）回路容积能力

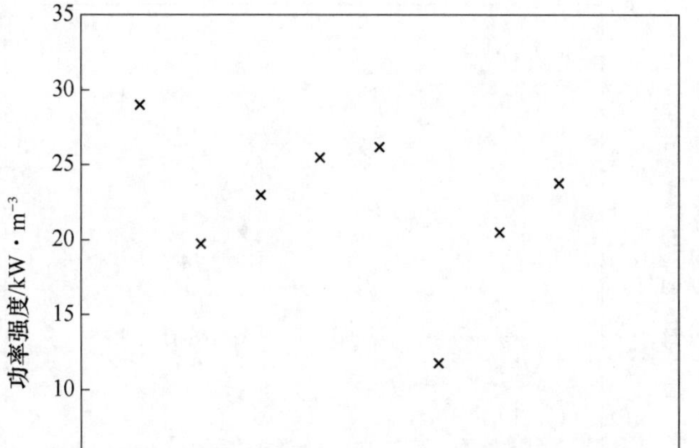

图 7-28　部分镍铂矿山自磨（半自磨)—球磨（砾磨）回路功率强度

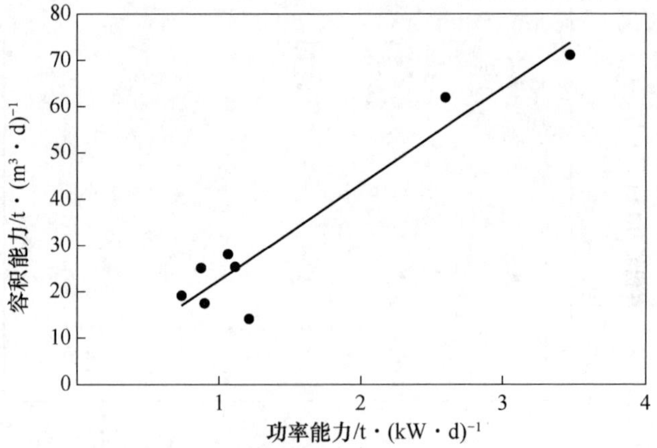

图 7-29　部分镍铂矿山自磨（半自磨）—球磨（砾磨）回路功率能力与容积能力的关系

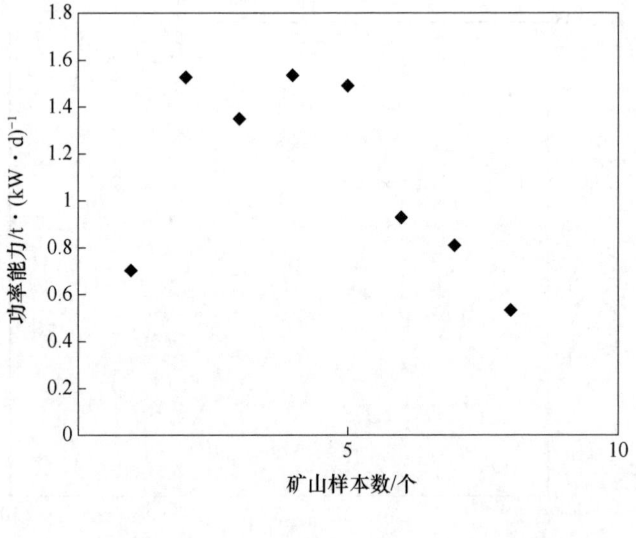

图 7-30　部分铅锌矿山自磨（半自磨）—球磨（砾磨）回路功率能力

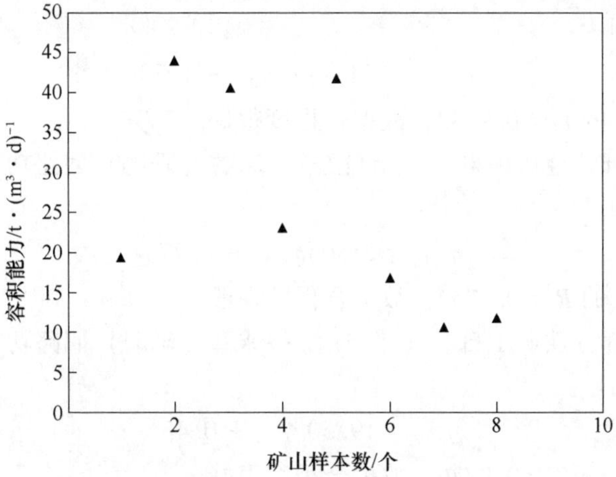

图 7-31 部分铅锌矿山自磨（半自磨）—球磨（砾磨）回路容积能力

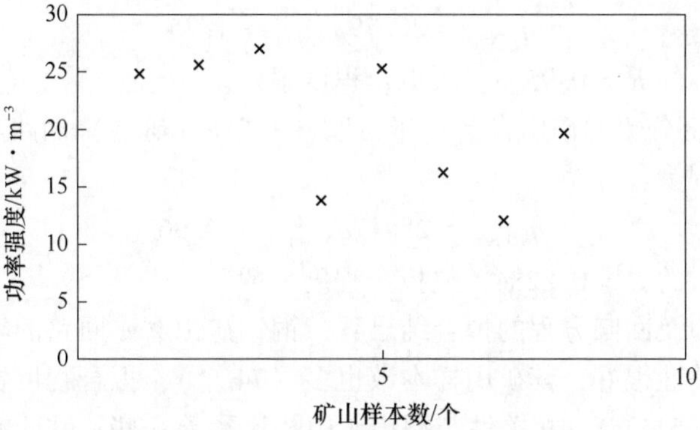

图 7-32 部分铅锌矿山自磨（半自磨）—球磨（砾磨）回路功率强度

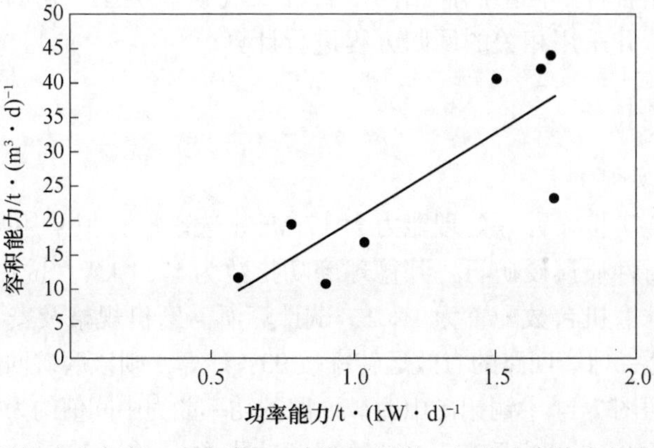

图 7-33 部分铅锌矿山自磨（半自磨）—球磨（砾磨）回路功率能力与容积能力的关系

图 7-17 中部分铜钼矿山自磨（半自磨）—球磨（砾磨）回路功率能力与容积能力的回归方程为：

$$q_{v,CuMo} = 24.78q_{N,CuMo} - 1.73 \tag{7-20}$$

式（7-20）的 $R^2=0.9583$，故拟合程度很好。

图 7-21 中部分金矿山自磨（半自磨）—球磨（砾磨）回路功率能力与容积能力的回归方程为：

$$q_{v,Au} = 21.05q_{N,Au} - 0.77 \tag{7-21}$$

式（7-21）的 $R^2=0.8752$，故拟合程度一般。

图 7-25 中部分铁矿山自磨（半自磨）—球磨（砾磨）回路功率能力与容积能力的回归方程为：

$$q_{v,Fe} = 19.50q_{N,Fe} + 0.45 \tag{7-22}$$

式（7-22）的 $R^2=0.9726$，故拟合程度很好。

图 7-26 中部分镍铂矿山自磨（半自磨）—球磨（砾磨）回路功率能力与容积能力的回归方程为：

$$q_{v,NiPt} = 20.79q_{N,NiPt} + 1.75 \tag{7-23}$$

式（7-23）的 $R^2=0.9593$，故拟合程度很好。

图 7-33 中部分铅锌矿山自磨（半自磨）—球磨（砾磨）回路功率能力与容积能力的回归方程为：

$$q_{v,PbZn} = 25.17q_{N,PbZn} - 4.96 \tag{7-24}$$

式（7-24）的 $R^2=0.8284$，故拟合程度一般。

从上述图中及回归方程的拟合结果看，铜钼矿山磨矿回路的容积能力和功率能力之间的相关性很好，其矿山样本数也多（74 个），拟合程度也好；金矿山的样本数也不少（51 个），相关性与铜钼矿山相比稍差一些；铁、镍铂的矿山样本数不多，但拟合程度很好；铅锌矿山的样本数也不多，但拟合程度一般。实际应用中，建议根据各种不同金属矿山的矿石性质（矿床类型、矿石硬度、耐磨性）选择功率能力，并采用相关的回归方程进行计算。

7.3.2 计算实例

7.3.2.1 实例 1

某斑岩铜金矿拟设计一处理能力为 17 Mt/a 选矿厂，拟采用半自磨—球磨工艺，该矿的矿石性质属硬矿石，邦德球磨功指数为 17.1 kW · h/t，拟采用一个系列半自磨机与球磨机台数配置为 1 : 2，试计算所需磨机规格及安装功率。

解：半自磨—球磨回路的有效运转率按 93%计算，则该磨矿回路的日处理能力为 50081 t。参照图 7-14 中铜钼矿山磨矿回路的功率能力中间值约为 1.4 t/(kW · d)，由于欲设计的铜金矿石属硬矿石，邦德球磨功指数为 17.1 kW · h/t，因此在功率能力的取值上按从低考虑，故拟取值 1.30 t/(kW·d)，则磨矿回路所需安装功率为：

$$50081 \div 1.30 = 38523\ \text{kW}$$

根据目前的生产实践，半自磨机与球磨机的功率分配大都为 1∶1，且考虑大型半自磨机和球磨机已成熟使用的规格，半自磨机的安装功率选 20000 kW，每台球磨机的安装功率为 9000 kW。半自磨机选择包绕式电机，单台球磨机选用双齿轮电机驱动，每台电机安装功率为 4500 kW。

参照磨机制造厂家（或矿山实际使用的磨机规格）预选取 ϕ12.2 m×6.7 m 半自磨机，安装功率 20000 kW；球磨机为 ϕ6.71 m×11.13 m 2 台，安装功率为每台 4600 kW×2。

根据选取的半自磨机和球磨机，计算该磨矿回路的容积能力为 31.53 t/(m^3·d)。

按照式（7-20）有：$q_{v,CuMo} = 24.78\ q_{N,CuMo} - 1.73$，在功率能力 q_N 为 1.30 t/(kW·d) 时，其容积能力 q_v 为 30.48 t/(m^3·d)，差别很小，故半自磨机规格及安装功率不变，即选用 ϕ12.2 m×6.7 m 半自磨机一台，安装功率 20000 kW；ϕ6.71 m×11.13 m 球磨机两台，安装功率为每台 4600 kW×2。

同时，对于大规模生产的矿山，由于矿石性质的变化对磨矿回路稳定运行影响极其敏感，建议半自磨—球磨工艺采用顽石破碎。顽石破碎对磨矿回路起辅助作用，但不可或缺。该矿山顽石破碎按顽石最大循环量 25%计算，可选用 MP800 型破碎机两台（一用一备）。

7.3.2.2　实例 2

某金矿拟设计一处理矿石 4.8 Mt/a 选矿厂，采用单段半自磨流程，矿石邦德球磨功指数为 16 kW·h/t，属硬矿石。试计算所需半自磨机的规格及安装功率。

解：参照图 7-18，金矿山的功率能力中间值约为 1.15 t/(kW·d)，矿石属硬矿石，功率能力取值 1.10 t/(kW·d)；半自磨机运转率按 93%计算，其日处理能力为 14140 t，则半自磨机安装功率为：

$$14140 \div 1.10 = 12855\ \text{kW}$$

参照磨机制造厂家（或矿山实际使用的磨机规格）预选取 ϕ10.97 m×5.79 m 半自磨机，安装功率 13000 kW。

根据选取的半自磨机，计算该磨矿回路的容积能力为 25.85 t/(m^3·d)。

按照式（7-21）有：$q_{v,Au} = 21.05 q_{N,Au} - 0.77$，在功率能力 q_N 为 1.10 t/(kW·d) 时，计算其容积能力 q_v 应为 22.39 t/(m^3·d)，明显小于预选取半自磨机的容积能力，故半自磨机规格偏小，需调整规格，选取 ϕ10.97 m×6.71 m 半自磨机一台，调整后的半自磨机容积能力为 22.30 t/(m^3·d)，满足式（7-21）的计算值。考虑到磨机规格与安装功率的匹配，选择安装功率 13500 kW、两台 6750 kW 电机驱动。

同时，考虑该矿山为单段半自磨机单系列生产的矿山，矿石性质的变化对磨矿回路稳定运行影响极其敏感，建议采用半自磨—顽石破碎工艺，该矿山顽石破碎按顽石最大循环量25%计算，可选用HP400型破碎机两台（一用一备）。

7.3.2.3　实例3

某铁矿拟设计一处理能力为24 Mt/a的选矿厂，采用自磨—球磨磨矿流程，矿石邦德球磨功指数为14.9 kW · h/t，属中硬矿石。设备有效运转率按93%计算，试计算选取自磨机和球磨机。

解：有效运转率按93%计算，则日处理能力为70703 t/d，参照图7-19，样本矿山铁矿石的功率能力中间值取1t/(kW · d)，则所需安装功率为：

$$70703 \div 1 = 70703 \text{ kW}$$

参考目前的生产实践，拟采用两个系列，自磨机与球磨机采用1∶1配置，故每个系列安装功率为35400 kW，自磨机安装功率为20000 kW、球磨机为15400 kW。自磨机拟为ϕ11.6 m×7.62 m，球磨机为ϕ7.92 m×12.80 m。

按照选取的磨机规格，其磨矿回路的容积能力为24.64 t/(m^3 · d)。

根据式(7-22)有：$q_{v,Fe} = 19.50q_{N,Fe} + 0.45$，计算所需容积能力为19.95 t/(m^3 · d)。故选型容积能力偏高，即磨机规格偏小，因此需调整磨机规格。由于球磨机对矿石性质变化的敏感度很小，故只需调整自磨机规格，增加自磨机长度，参照类似的矿山经验和设备厂家的规格，选取自磨机规格为ϕ11.6 m×11.6 m，调整后的磨矿回路容积能力为19.06 t/(m^3 · d)，故满足式（7-22）要求。

因此，该铁矿选矿厂磨矿回路采用两个系列，每个系列为1台ϕ11.6 m×11.6 m自磨机、安装功率20000 kW，1台ϕ7.92 m×12.80 m球磨机、安装功率为15400 kW（或7700 kW×2）。

顽石破碎回路建议采用MP1000两台，一用一备。

对于顽石破碎回路，如果处理的矿石中含有强磁性矿物如磁铁矿或磁黄铁矿，则需要有针对性的措施将顽石中的钢球与磁性矿物选择性地分离以保护顽石破碎机不受损坏。

半自磨—球磨磨矿回路的设备选择计算方法比常规碎磨流程中球磨机的计算则复杂得多，但对于磨矿所需体积和功率则是相通的，只是不同的计算方法选取的基点不同，故采用实际生产数据回归得到的方程有局限性。虽然它的代表性强，却无法采用个体矿山的数据准确进行计算，但可以参照类似生产矿山的数据进行准确的评估，且随着生产矿山的不断增加和生产数据的陆续加入，预测的准确度也会越来越高。

7.4　自磨机的给矿粒度

自磨机的最佳给矿粒度可以参照下式确定[17]：

$$F = d_{80} = 53.28D^{2/3} \tag{7-25}$$

式中 d_{80}——给矿中80%通过的筛孔规格，mm；

D——自磨机衬板内径，m。

例如，计算 ϕ7.92 m自磨机的最佳给矿粒度，并计算该给矿粒度所需的粗碎破碎机的开边排矿口，假设自粗碎破碎机的排矿到自磨机的给矿之间，由于输送和储存，使得矿石的粒度损耗减少为12.7 mm，该破碎机的产品比开边排矿口尺寸小12.7 mm。

最佳给矿粒度： $d_{80} = 53.28 \times 7.92^{2/3} = 211.7$ mm

开边排矿口： $211.7 + 12.7 + 12.7 = 237.1$ mm

参考文献

[1] 杨松荣. 国外自磨技术的应用 [J]. 有色金属（选矿部分），1993（1）：27-32.

[2] 杨松荣. 大型球磨机选择计算的几点看法 [J]. 有色矿山，1991（6）：44-47.

[3] Global Mining Standards and Guidelines (GMSG) Group. 20150821_Morrell_Method-GMSG-ICE-v01-r01 Morrell method for determining comminution circuit specific energy and assessing energy utilization efficiency of existing circuits [EB/OL]. [2016-09-13].

[4] MORRELL S. A method for predicting the specific energy requirement of comminution circuits and assessing their energy utilisation efficiency [J]. Minerals Engineering, 2008, 21 (3): 224-233.

[5] MORRELL S. Using the SMC TEST® to Predict Comminution Circuit Performance [EB/OL]. [2018-09-18].

[6] MORRELL S. Predicting the specific energy of autogenous and semi-autogenous mills from small diameter drill core samples [J]. Minerals Engineering, 2004, 17 (3): 447-451.

[7] MORRELL S. An alternative energy-size relationship to that proposed by bond for the design and optimisation of grinding circuits [J]. International Journal of Mineral Processing, 2004, 74 (1/2/3/4): 133-141.

[8] MORRELL S. Rock characterisation for high pressure grinding rolls circuit design [C] //Department of Mining Engineering University of British Columbia. SAG 2006. Vancouver, 2006, Ⅳ: 267-278.

[9] MORRELL S. Predicting the overall specific energy requirement of crushing, high pressure grinding roll and tumbling mill circuits [J]. Minerals Engineering, 2009, 22: 544-549.

[10] MORRELL S. Design of AG/SAG mill circuits using the SMC test [C] //Department of Mining Engineering University of British Columbia. SAG 2006. Vancouver, 2006, Ⅳ: 279-298.

[11] GLOBAL MINING GUIDELINES GROUP. The MORRELL Method to Determine the Efficiency of Industrial Grinding Circuits [EB/OL]. [2024-04-21]. https://www.researchgate.net/publication/358220501_The-Morrell-Method-to-Determine-the-Efficiency-of-Industrial-Grinding-Circuits_2021_Revision.

[12] MORRELL S. Predicting the specific energy required for size reduction of relatively coarse feeds

in conventional crushers and high pressure grinding rolls [J]. Minerals Engineering, 2010, 23 (2): 151-153.

[13] SHERMAN M. Bond is back [C] //MAJOR K, FLINTOFF B C, KLEIN B, et al. International Autogenous Grinding SemiAutogenous Grinding and High Pressure Grinding Roll Technology 2011. Vancouver: CIM, 2011: 17.

[14] MORREL S. A new autogenous and semi autogenous mill model for scale-up, design, and optimization [J]. Minerals Engineering, 2004, 27 (3): 437- 445.

[15] SHERMAN M. The Bonds that can't be broken [C] //KLEIN B, MCLEOD K, ROUFAIL R, et al. International Semi-Autogenous Grinding and High Pressure Grinding Roll Technology 2015. Vancouver, CIM, 2015: 18.

[16] 杨松荣. 自磨半自磨磨矿工艺及应用 [M]. 北京: 冶金工业出版社, 2019: 13-39.

[17] DE LA VERGNE J. Hard Rock Miner's Handbook [M]. Edmonton, Alberta: Stantec Consulting Ltd., 2014: 250-252.

8　细磨和超细磨设备的选择和规格确定

8.1　概述

细磨的定义因行业而异。例如，油漆和采矿行业的最终细磨标准不同。在油漆行业中，小于 1 μm 的颗粒被视为“细”颗粒；在矿物加工中，“细”是指在分离过程中难以回收的颗粒。根据分离过程的类型（重选、浮选、浸出等），细粒的粒度定义范围为小于 1 mm 到小于 10 μm。

在选矿中，根据磨矿产品的粒度可以确定四个磨矿阶段：传统上，磨至 80% 小于 75 μm 被视为常规磨矿，因为许多选矿厂都磨至该粒度；再磨被认为是产生 30~75 μm 的粒级。细磨是一个相对较新的领域，认为是磨到 10~30 μm 的粒级。在 10 μm 以下，可以认为“超细磨矿”[1]。

由于未开发的矿床大多随着矿石嵌布粒度的减小而变得越来越复杂，因此解离粒度也越来越细，细磨应用也越来越普遍。

传统上，矿物粉碎过程的一段磨矿都采用滚筒型磨机（自磨机、半自磨机、棒磨机、球磨机），粗精矿的再磨采用小规格的球磨机。然而，当磨到低于 75 μm 时，磨矿效率会降低，球磨机在磨至 30 μm 以下很少是经济的[1]。因此，细磨已不再是采用传统的球磨机，细磨需要比粗磨消耗更高的比能量（见图 8-1)，需要在磨矿效率更高的设备中进行。这类新型磨矿效率更高的装置就是搅拌式磨矿机，它的主要粉碎机理是研磨粉碎。目前，选矿工业上用于细磨和超细磨的搅拌式磨矿机主要有塔磨机（立磨机)、介质搅拌式磨机（SMD）和艾萨(Isa）磨机等。

正是由于细磨的粉碎机理不同于滚动型磨矿机，因此，目前常规的磨矿机选择和规格确定方法不适于细磨和超细磨设备。其需要一种更全面的方法，不仅要考虑磨矿设备本身，而且要考虑磨矿过程中各种参数的影响[2]。

随着细磨和超细磨设备的研制和发展，使得细粒或超细粒浸染嵌布共生的有用矿物资源可以开采和选别，也使得采用常规磨矿难以处理的矿石中有用矿物或金属的解离变得可行，例如经济的超细磨矿过程已使得直接浸出难处理金矿石变得可行，而不再需要更常规的焙烧或高压釜工艺。

从图 8-1 可以看出，物料的粉碎在所需的比能耗和产品粒度之间的关系不是成比例的，粉碎的粒度越细，单位质量物料所需的能量越高。理论上，破碎一个颗粒到其粒度的 1/100，每单位质量所需的能量要大 4000 倍[1]。因此，要实现更

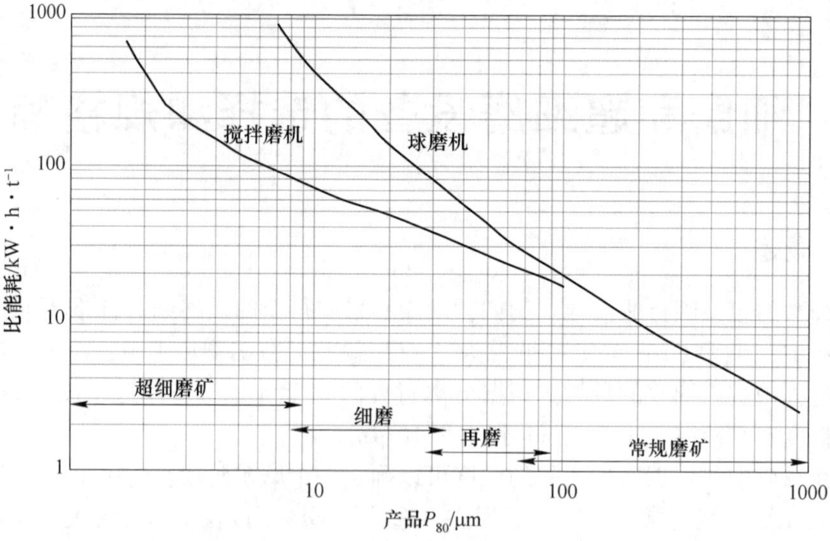

图 8-1　不同磨矿阶段比能耗示意图[1]

细的磨矿，则需要优化磨矿过程。为了达到所需的改进效果，需要改变磨矿工艺，也需要更好地了解影响这个工艺的因素。

由于细磨和超细磨工艺相对于传统的球磨磨矿工艺是一个比较新的概念，对细磨和超细磨工艺的研究目前也仅限于不同的研究人员和团队从有限的范围内提出不同的成果（如试验结果、概念及模型等），远没有达到像 Bond 和 Rowland 对球磨机磨矿工艺提出的邦德修正方程及最大用球方程的深度。因此，细磨和超细磨工艺的应用环境、运行条件及各种影响因素是矿物加工工作者须掌握的内容。

8.2　细磨设备

已有多种不同的磨矿机设计能够生产细粒和超细粒的产品，这些磨矿机是独特和专有的设计，没有通用名称，只有它们的商业商标名称。目前，除干式细磨和超细磨仍然采用球磨机、气流磨及其离心磨机外，选矿厂的湿式细磨和超细磨均采用搅拌磨机，许多粗精矿再磨作业原设计为球磨机，也为了改善选别指标而改用了搅拌磨机。下面主要讨论选矿采用的湿式细磨设备，其他的细磨设备类型不再赘述。

在湿式细磨应用上，滚筒型球磨机的应用正在下降且主要限制于超大规模矿山和相对粗的磨矿。由于搅拌磨机的效率优于球磨机，因此常规滚筒型球磨机在细磨和超细磨中的应用越来越少。图 8-2 所示为典型的球磨机和搅拌介质磨机的比能耗与产品粒度的关系。在较粗的磨矿粒度下，搅拌介质磨机所需的能耗比球磨机低约30%。对超细粒磨矿，这个优势增加到超过50%。这个例子中给出的数据是在半工业试验中采用常规球磨机和立磨机的闭路比较数据，两台磨矿机的介质规格和给矿是相同的，这些关系适于全规格的磨矿机。总的来说，当与常规球磨机比较时，这是搅拌磨机的典型特征。

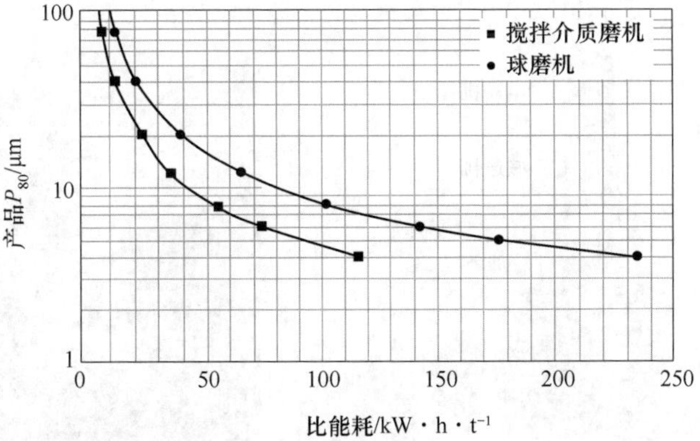

图 8-2 滚动型球磨机与搅拌介质磨机的性能比较[2]

搅拌介质磨机轴向可以是水平的或垂直的，介质搅拌器包括一个轴，轴上面装配有螺旋形叶片、销棒或盘，介质可能是搅动或者流态化的。虽然磨机的基本外形是相似的，但是运行制度和性能可能差别很大。搅拌磨机有两种类别，第一类有立磨机/塔磨机（tower mill/vertimill）和常规销棒磨机（pin mill），在这些磨机中，用搅拌器搅拌介质，流体对介质与自身的相互作用影响有限。在第二类中，以介质搅拌式磨机（SMD）、高强度磨机（HIGmill™）、艾萨磨机（Isamill）为代表，介质粒度非常小，叶轮速度高得足以使介质有效地流态化，介质变得具有高度流动性，使得黏性流体变成流动形式。

搅拌磨机如销棒磨机或立磨机采用较大的介质，对粗的、硬的给矿更有效。流态化搅拌磨机采用低密度石英或陶瓷介质，对细粒给矿的超细磨有优势。

搅拌磨机的能量强度对磨矿机的性能没有较大的影响，像立磨机和塔磨机一类的磨矿机采用低的能量强度，其运行与采用非常高的能量强度的磨矿机如 SMD 和艾萨磨机一类的磨矿机一样有效，关键是正确的介质选择。

8.2.1 立磨机/塔磨机

立磨机/塔磨机是一种搅拌磨机，由一个垂直圆筒和一个相对慢速的螺旋形介质搅拌器组成，如图 8-3 所示。立磨机/塔磨机常用于精矿再磨，一般的给矿粒度为 100~300 μm，产品粒度为 15~100 μm，较细的产品粒度需要采用合适的介质。这些磨矿机主要采用钢球介质，钢球直径为 6~40 mm；也可以采用铸造的纹理粗糙介质如“钢段”，这些在介质规格小于 25 mm 时是很经济的。低的叶轮转速有助于降低部件磨损，但也导致磨矿机规格和容积变大。这些磨矿机主要是湿式磨矿机，工业应用中最细的磨矿粒度达到约 80%通过 12 μm。但是，采用合适的介质，在半工业试验中，在与其他搅拌介质磨矿机效率可比的情况下已经获得了小于 5 μm 的产品粒度[2]。

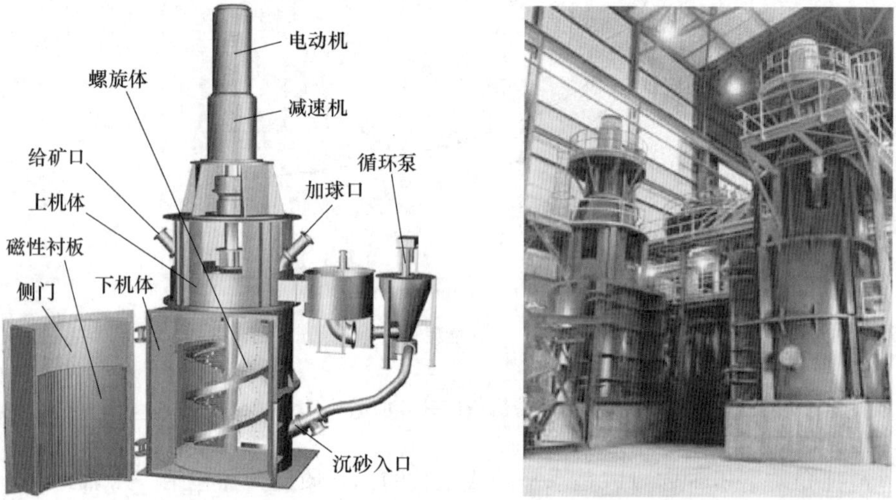

(a)　　(b)

图 8-3　立磨机

（a）立磨机结构图；（b）应用中的立磨机

8.2.2　介质搅拌式磨机

介质搅拌式磨机（stirred media detritor，SMD）利用一个垂直轴的销棒搅拌器，介质一般是高品位的冲积石英砂或陶瓷球，直径为 1～3 mm，如图 8-4 所示。搅拌器转速高得足以使介质流态化，筛网安装在磨矿机体的上部圆周，允许产品离开磨矿机而留住介质。这些筛网不是作为分级器，其作用只是拦住介质，给矿粒度一般为 15～100 μm，产品可以细到 98%通过 2 μm。在金属工业的典型应用时产品达到 80%通过 6 μm。图 8-4 所示为美卓公司生产的介质搅拌式磨机。

8.2.3　高强度磨机

高强度磨机（HIGmill）是一种搅拌式磨矿机（见图 8-5），具有固定外壳、旋转轴和搅拌小直径陶瓷介质的混合元件。矿浆从含有磨矿介质（珠粒）和旋转盘的研磨室底部给入，旋转盘提供动量在与研磨室壁上一系列固定的逆向盘之

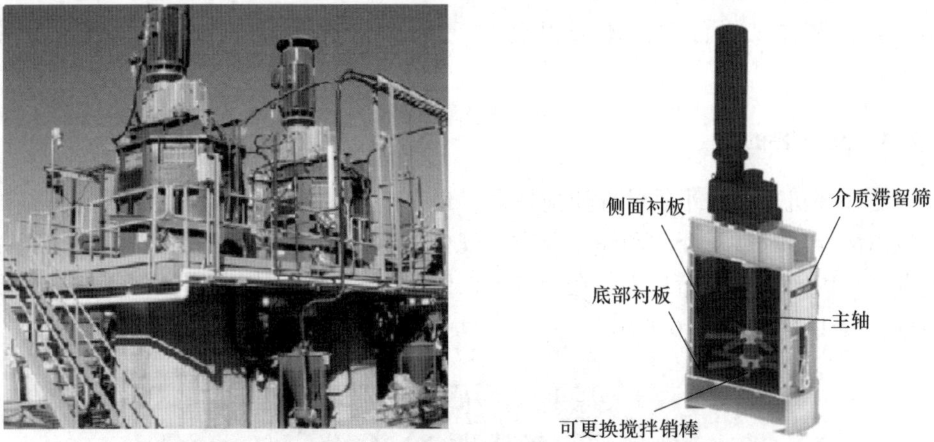

(a) (b)

图 8-4 介质搅拌式磨机（SMD）[3-4]
（a）应用中的介质搅拌式磨机；（b）结构图

图 8-5 高强度磨机打开（两半）时的状态
（中间为衬橡胶或聚氨酯的旋转圆盘）

间搅拌充填体，颗粒通过珠粒之间的摩擦而研磨。当流动向上输送时，矿浆通过旋转圆盘和衬壁上的固定圆盘之间的自由空间。由于磨矿机是垂直布置，在整个磨矿过程中同时进行分级，较大的颗粒在周边停留的时间较长，较小的颗粒向上移动。该过程通常是一次通过，不需要外部分级。重力使介质在运行过程中保持密实，确保高强度的珠粒间接触和整个体积的高效、均匀的能量传递。

HIGmill 的给矿 F_{80} 一般为 60～115 μm，P_{80} 为 10～30 μm，磨矿介质为 2～10 mm 的陶瓷球。目前，该型设备最大的磨矿容积达到 50 m^3，装机功率 6500 kW。

8.2.4　艾萨磨机

艾萨磨机采用水平轴的介质搅拌器，最多的是装配盘，采用的介质有备好的细粒炉渣介质、砂子介质和陶瓷介质，规格为 1～3 mm。在艾萨磨机中，磨机装配有一个内部的离心筛，安装在叶轮上以留住介质，其应用范围类似于搅拌介质磨机（SMD），如图 8-6 所示。

图 8-6　艾萨磨机

8.3　产品定义

对超细磨应用中的磨矿机类型和规格的选择必须从任务的全面了解开始，磨矿机不是为了提供一种特定粒度要求的产品，而是提供一种预期解离特性的产品。也就是说，不同的磨矿机特点和运行条件会影响在磨矿机中发生的粉碎类型，会改变在破碎、磨蚀和研磨成分之间的平衡，从而又会影响产品的粒度分布、解离和表面特性。当开发半工业试验流程时，这是必须考虑的。利用一个方便可用的磨矿机生产半工业试验的给矿是不可取的，磨矿机的性质及选矿厂产品的品位和回收率性能与使用的磨矿机类型紧密相关，至少要用类似级别的磨矿机。如果考虑使用不同类型的磨矿机，需要对磨矿机产品和其选矿厂产品性能影响之间的差异进行确认，至少整个粒度分布对其回收率特性的影响应当比较和评估。

8.3.1　定义产品粒度

在选矿行业中，常见的做法是定义矿浆中的产品粒度为采用以质量计的 80%

通过（筛孔）的颗粒粒度（P_{80}），这并不能给出磨矿机产品粒度分布的真实状况。许多工业矿物生产商如造纸填料供应商已经不采用这种“不严谨”的产品定义了，需要有多点产品粒度分布及非常严谨的说明（有时定义为需要99.9%通过的粒度），如此严格的限制在大多数的应用中是不必要的，在湿式运行中常常是不可能达到的。但是，改变习惯的80%通过的粒度要求，在一定程度上可能是有利的。在许多矿物选别系统中，采用 P_{95} 或 P_{10} 而不是 P_{80} 更能准确地定义该产品流的品位和回收率。例如，考虑矿物的浮选品位和回收率特性，低于临界粒度的颗粒回收率会受到系统的物理化学限制的严重影响（如抑制超细粒脉石或富集矿化颗粒的能力）。类似地，粗颗粒会导致解离差从而影响品位和回收率。在大多数浸出过程回收率的损失，例如氰化物浸出金，主要是由粗粒尾矿决定的。因此，应考虑与下游选别作业的最佳品位回收率要求相关的整个磨矿机产品的分布曲线。

磨矿机采用开路还是闭路，直接影响着磨矿产品的细度和比能耗。图 8-7 所示为立磨机应用的磨矿细度与比能耗的特性[2]，曲线描绘了在磨矿细度和开路及闭路配置所需的比能耗之间的关系。磨矿细度与比能耗的关系为 P_{80} 和 P_{95} 的函数。假设在浸出试验之前是开路半工业试验，且定义 $P_{80}=10\ \mu m$ 为最佳品位和回收率下的正确产品粒度，这就等同于磨矿所需比能耗为 54 kW · h/t。在闭路中，同样磨矿细度下所需的比能耗为 37 kW · h/t，降低了约 30%。考虑在这些产品粒度下，在开路和闭路磨矿回路之间的费用差别（投资和运行成本），增加所需的比能耗可能被认为是合理的。如果这是为浸出回路准备给矿的磨矿回路，那么关键的回收率标准将可能是 $P_{95}=22\ \mu m$。根据这个估算，开路磨矿回路比能耗将需要 54 kW · h/t，而闭路磨矿回路只需要 18 kW · h/t。如果选择的标准是 P_{95} 而不是 P_{80}，从开路磨矿到闭路磨矿，比能耗降低了 67%。

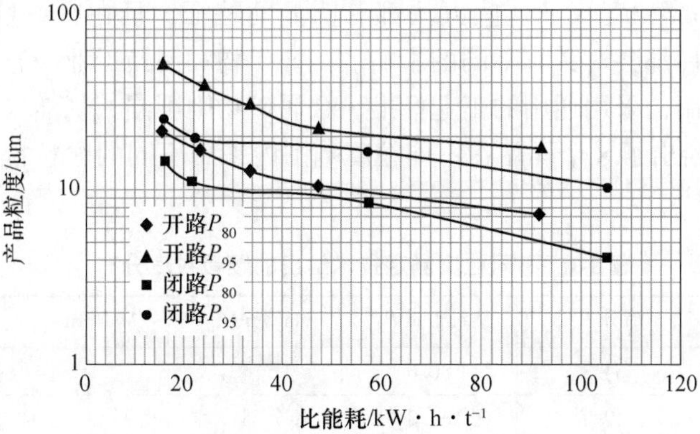

图 8-7 开路和闭路时磨矿细度与比能耗的比较[2]

在产品粒度要求方面超细磨产品范围内所需的比能耗和产品粒度之间的关系是非常平缓的，为了磨矿细度适度的改善，就需要比能耗显著地增加。图 8-8 所示为搅拌介质磨矿机典型的比能耗与磨矿细度的关系，产品要求从 80%通过 7 μm 改变到 80%通过 6 μm，则需要比能耗增加 50%。在这种情况下，精确地确定所需的产品粒度是很重要的。

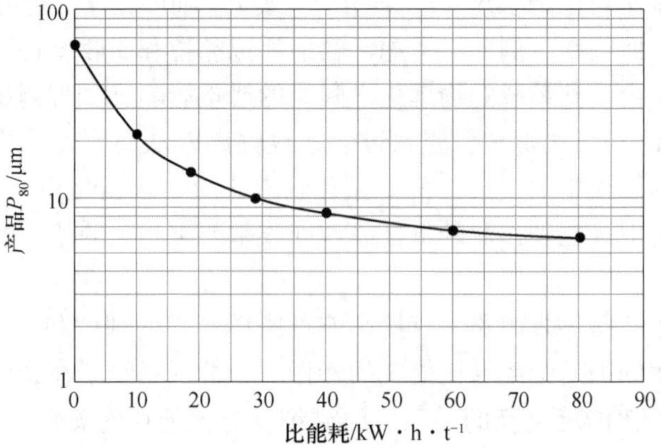

图 8-8　搅拌介质磨矿机典型的比能耗与磨矿细度的关系[2]

8.3.2　颗粒粒度测定

对于产品粒度，因为超细磨增加了额外的复杂性，不像典型的磨矿磨到 38 μm 通常采用筛分测定，没有“绝对”的标准测定超细磨的颗粒粒度分布。目前颗粒粒度测定方法有激光衍射法、沉降法、旋流法、光学法等，最常用的设备是 Malvern 激光粒度仪、Microtrac 激光粒度仪、Cyclosizer 旋流水析仪、Coulter 计数器和 Sedigraph 粒度仪。这些方法都有明显的特征，且在颗粒性质中的形状、密度和半透明性都会对其有不同的影响。工业矿物和制药工业一直都在这些细粒粒度范围内应用，采用通用的工业标准。金属矿物则不同，仍然采用许多不同的方法。表 8-1 给出了 8 个样品在不同粒度范围内采用不同的颗粒粒度测定方法之间的比较结果[2]。

表 8-1　不同粒度测定技术给出的颗粒粒度分布[2]　　(μm)

样品编号	筛分 P_{80}	Microtrac P_{80}	Malvern P_{80}	Malvern P_{50}	Sedigraph P_{50}
1	64.3	80.6			
2	49.7	61.8			
3		13.5	13.6		
4		7.4	10.2		

续表 8-1

样品编号	筛分 P_{80}	Microtrac P_{80}	Malvern P_{80}	Malvern P_{50}	Sedigraph P_{50}
5		4.1	6.5		
6				3.6	0.83
7				5.6	4.1
8				7.9	4.7

注意：设备给出更细粒度的相对趋势对所有的物料不总是一致的，不同物料颗粒的特性（主要是形状）有很强的影响。在较细粒级的差异趋势更明显，并且因所用设备的特性不同而出现差异。

除了因采用不同的方法在产品粒度“测定”中存在更大的差异之外，同类型和同品牌的设备也可能给出较大不同的结果。即使粒度分析仪的型号和模态已经标准化，但设备的安装设置、维护、标准操作程序和操作者的技巧也都有重大的影响。在测定期间颗粒的集聚也是需要关注的问题，分散剂的使用使潜在的误差增加了一个额外的水平。

如果对不同的磨矿工艺进行比较，在不同的位置采用半工业试验或小型磨矿试验，则粒度测定方法可能是不同的，并且可能超过在不同磨矿工艺之间的潜在差异。即使采用同种型号的粒度测定装置，能够做的唯一可靠的比较就是两个试验的产品采用同一台粒度测定仪且由同一位技术人员进行测定，否则，正常测定误差可能太高而不能进行有意义的比较。无法使用同一台粒度分析仪时，有必要至少使用类似型号的设备、采用相同的操作程序。采用不同的粒度测定技术进行的比较没有太大意义。同样地，粒度测定方法必须与最初确定磨矿所需最佳解离粒度时采用的测定方法是一样的。

没有简单的解决方案，关键是仔细认真，且按照最好的严谨的操作，对测定和比较设备采用方法要有可靠性和准确性。

8.4 细磨/超细磨工艺的研究

与常规的磨矿机相比，搅拌磨机是一个比较新的概念，目前虽然还没有发现如常规磨矿的邦德方程一样的公式，但在一系列条件下控制能量使用的通用功指数公式和钢球公式也可以适用于搅拌磨机。在应用上，在搅拌磨机中所需产品粒度的能量使用和对应的磨矿介质规格和类型等方面也做了大量的研究工作，有一些研究的结果值得关注。

8.4.1 介质应力强度

在采用搅拌磨机细磨的影响变量试验研究中，试验结果表明，所有试验的变量都对磨矿性能有一定影响。然而，没有定义的“趋势”可以推导出来。即使对于相同的磨机类型，观察到的也是一个变量变化的“混合”反应。例如，在某些试验中，提高搅拌器速度是有益的，但在其他试验中，情况正好相反。在黏度成为问题之前，在更高的矿浆密度下磨矿更有效。较粗的磨矿介质对较粗的给矿粒度更有效，但对较细的给矿效果较差。所有这些都表明，变量之间存在着强烈的相互作用。因此，在不考虑其他变量的情况下评估一个变量的效果是不正确的，例如，通常使用实验室的试验结果确定工业应用的最佳介质规格[5]。由于工业规格设备的条件差异很大（叶轮尖端速度、磨机/介质规格比、设计和运输），因此所选介质规格可能不是最合适的[6]。

试验研究结果表明，需要一种更全面的方法分析搅拌磨机的性能。在高速搅拌磨机中，磨机叶轮尖端速度、介质规格和介质密度的影响可以使用磨矿介质的“应力强度”方法同时评估[7]：

$$SI_m = D_m^3(\rho_m - \rho)v_t^2 \qquad (8\text{-}1)$$

式中　D_m——磨矿介质规格，m；

ρ_m——磨矿介质密度，kg/m^3；

ρ——矿浆密度，kg/m^3；

v_t——搅拌器尖端速度，m/s；

SI_m——磨矿介质的应力强度，N·m。

研究表明，由于介质床层高度和低搅拌器转速的原因，重力占主导地位的立式搅拌磨机也可以使用“修正”的应力强度定义进行分析[8]：

$$SI_{gm} = D_m^2(\rho_m - \rho)gh \qquad (8\text{-}2)$$

式中　D_m——磨矿介质规格，m；

ρ_m——磨矿介质密度，kg/m^3；

ρ——矿浆密度，kg/m^3；

h——介质高度，m；

g——重力常数，m/s^2；

SI_{gm}——磨矿介质的重力应力强度，N·m。

对半工业规格塔磨机和 Sala 搅拌磨机（SAM，一种立式销棒搅拌磨机）的磨矿产品中 80%通过的粒度与应力强度的关系如图 8-9 所示。该图表明，对于相同的 20 kW·h/t 净能耗，存在一个最佳应力强度范围，在该范围内可获得最细产品。两种磨机有不同的趋势和不同的最佳应力强度范围，这表明，一种磨机设计的应力强度分析不能直接应用于不同类型的磨机。

图 8-10 所示为使用实验室销棒磨机在不同能量输入下的应力强度图。试验物料是锌精矿 B，F_{80} 约为 47 μm。可以看出，最佳应力强度在 $0.02\times10^{-3}\sim0.1\times10^{-3}$ N·m 范围内，与能量输入所需的产品粒度无关。这与水平搅拌磨机的结

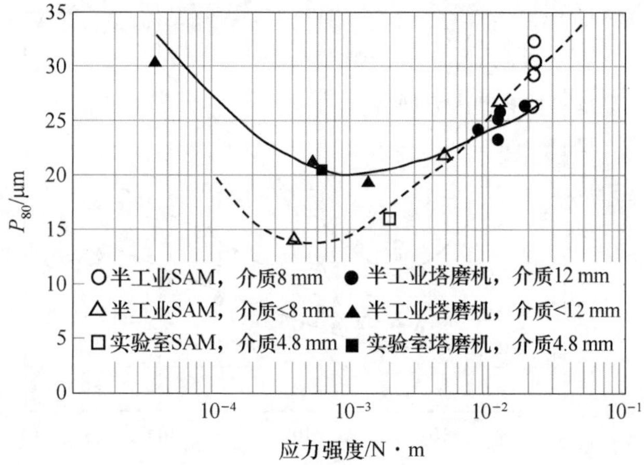

图 8-9　在 20 kW · h/t 输入能量下作为应力强度函数的磨矿产品粒度[8]

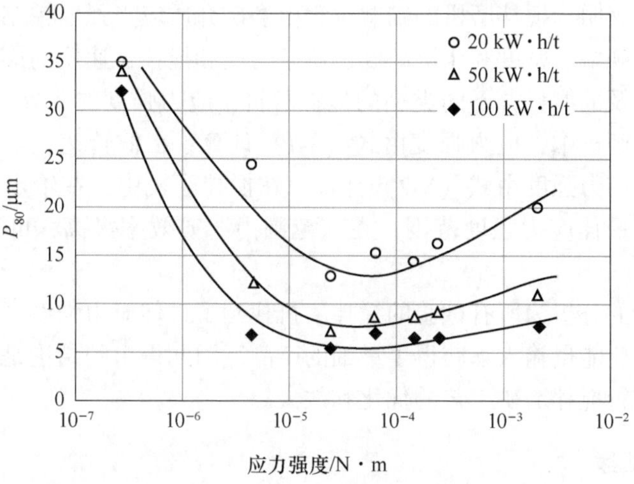

图 8-10　在销棒搅拌磨机中锌精矿 B 磨矿的应力强度曲线[8]

果[7]形成了稍许差异，在水平搅拌磨机中，当产品粒度增加时，最佳应力强度增加，这一趋势可能由于数据的分散而被隐藏。

图 8-11 所示为精矿 A 采用销棒磨机试验的应力强度曲线。从图中可以观察到 $0.01\times10^{-3}\sim0.05\times10^{-3}$ N · m 是最佳区域，该区域低于精矿 B。从图中还显示，对于相同的能量输入，与精矿 B 相比，精矿 A 获得了明显更细的产品。这表明精矿 A 是一种更软的磨矿物料，与更低的最佳应力强度范围相一致。

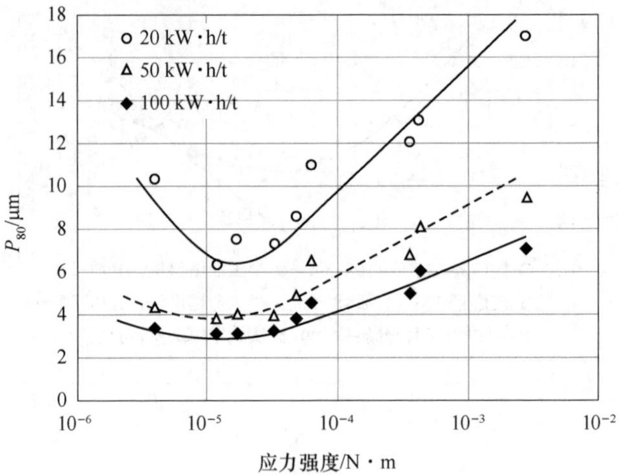

图 8-11　在销棒磨机中锌精矿 A 磨矿的应力强度曲线[8]

研究结果表明，搅拌磨机的细磨过程由磨矿介质应力强度控制，应力强度综合了磨矿介质规格、密度和床层高度、矿浆密度和搅拌器速度的影响，反映了在破碎工艺中涉及的能量，不同类型的搅拌磨机，应力强度的主导因素有所侧重。在高强度搅拌磨机中，应力强度由式（8-1）计算；在低转速、重力主导的垂直搅拌磨机中，应力强度由式（8-2）计算。在搅拌磨机中，在给定的输入比能量下，存在一个最佳应力强度范围，在该范围内磨矿效率最高，可以得到最细的产品。

应力强度的分析为所有试验的搅拌磨机找到了最佳应力强度区域。这些区域中，在给定的比能量输入下获得了最细的产品。因此得出的结论是，可以使用应力强度方法进行搅拌磨矿工艺的优化和放大。

8.4.2　特征曲线

根据在实验室中所做试验的不同情况，可以找到比能耗和产品 P_{80} 之间的关系，即比能耗-P_{80} 曲线。比能耗与所得产品粒度通常用以下公式计算[9-10]：

$$W = AP_{80}^{k} \tag{8-3}$$

式中　W——比磨矿能耗，kW·h/t；

P_{80}——产品 80%通过粒度，μm；

A，k——常数。

对式（8-3）两边取对数，得到以下公式：

$$\lg W = \lg A + k \cdot \lg P_{80} \tag{8-4}$$

将试验结果中的比能耗与产品的 P_{80} 绘制在对数坐标轴上，即可得到特征曲线，如图 8-12 所示。

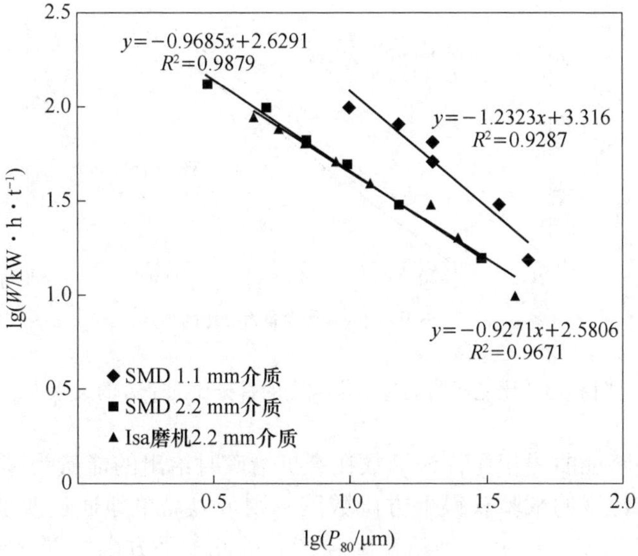

图 8-12 Brunswick 选矿厂锌回路球磨机旋流器底流比能耗与 P_{80} 曲线

（$F_{80}=63$ μm，图中给出了使用不同磨机和介质磨相同给矿的结果）

发现指数 k 在 0.7~3.5 范围内，这意味着与球磨机磨矿相比，随着磨矿粒度的减小，磨矿功增加得更快。与球磨机磨矿相比，该区域的比能耗与产品粒度的曲线斜率要陡得多。

k 和 A 的值适用于实验室试验中使用的磨矿条件，给矿粒度、介质规格、介质球度和硬度等其他特性的变化会同时改变 k 和 A，通常变化幅度很大。因此，介质规格和 F_{80} 似乎是特征曲线的最重要决定因素。

目前，k 和 A 及各种运行条件之间是否有相互关系仍然未知。由于矿物加工中搅拌磨矿的出现相对较晚，因此尚未对细磨进行与球磨机磨矿相同程度的研究，搅拌磨矿领域的研究重点之一应该是研究 F_{80} 和介质规格对特征曲线位置的影响。如果能够找到与邦德球磨机功指数公式和邦德最大球直径公式类似的公式，则搅拌研磨所需的试验工作量将极大地减少。

8.4.3 产品的表面积分析

有研究发现[11]，当将比能耗与通过给定粒度（代表颗粒表面积）的产品中颗粒百分比的平方作曲线时会得到一条直线，如图 8-13 所示。

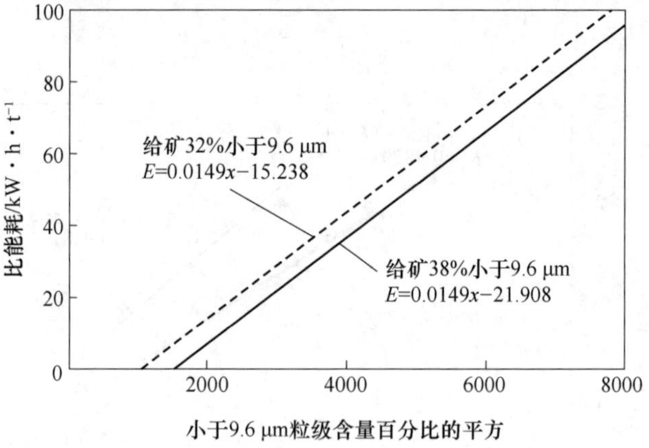

图 8-13　比能耗与通过给定粒度的百分比的平方的关系[11]

与传统的特征曲线相比，该函数在磨机给矿时给出的能量为零。因此，假设通过一种给矿粒度的试验获得平方函数图，则可以简单地通过改变直线的截距、同时保持斜率不变获得另一种给矿粒径图。因此，平方函数图允许对 F_{80} 和 P_{80} 的变化影响进行建模。

该平方函数图是计算结果，但其适用性的实验尚未验证。然而，它仍然是一个值得进一步研究的课题，如果得到验证，未来可能会被用作比能耗的替代度量。

也有人进行了类似的分析[9]，他们开发了一个模型来确定磨机产品每个粒级内的表面积。他们定义了一个“标识粒度”，低于该粒度的产品表面积为 70%～80%，因此标识粒度可以充当表面积。然后，将使用的比能耗定义为低于标识粒度的每吨新物料的功耗。研究发现，通过这种方式定义比能耗，可以从实验室试验中准确预测全规格立磨机和 Isa 磨机的性能。

8.4.4　介质硬度

式（8-1）中给出的 SI_s 定义仅适用于磨矿介质比被磨材料硬得多的情况（如用玻璃珠研磨石灰石）。研究确定[9]，在介质和矿物颗粒之间的碰撞中，传递到产物的能量分数计算公式如下：

$$E_{p,rel} = Y_m / (Y_m + Y_p) \tag{8-5}$$

式中　$E_{p,rel}$——传递到产品的能量分数；

Y_m——介质的杨氏模量；

Y_p——产品的杨氏模量。

为了保持高的磨矿效率，必须选择比产品物料更硬的介质（杨氏模量更高)，使 $E_{p,rel}$ 接近 1。在产品的杨氏模量与介质的杨氏模量相似的情况下，施加的大部分能量用于介质的变形，而不是待磨颗粒的变形。用于使介质变形的能量会损失，从而降低传递到产品的能量。这一事实解释了为什么杨氏模量相对较低的钢介质在搅拌研磨中往往表现不佳，尽管该介质比二氧化硅或氧化铝介质密度高得多。

研究还发现[9]，在磨硬的物料时，必须使用校正的应力强度 SI_p：

$$SI_p = D^3 \rho_m v_t^2 / (1 + Y_p / Y_m) \tag{8-6}$$

8.5 比能耗的确定

搅拌磨机的设计是独特的，磨机选择经常根据制造商的试验或在第三方实验室利用小型试验版磨矿机进行试验。此时，经验方法如邦德方法确定超细磨矿需要的功率输出，不适合搅拌磨机。邦德方法中对细粒产品粒度加入的修正系数（EF_5）是用于修正采用常规介质规格的球磨机在生产细粒度产品时的低效率。对于搅拌磨机，介质规格限制在很大程度上已经克服了，磨矿效率显著改善，采用邦德公式得出的比能耗会非常保守，不可能对绝大多数的细粒和超细粒磨矿确定邦德功指数，因为其给矿粒度不能满足试验要求。

一般的超细磨矿采用较细给矿粒度的好处是能够做精确的实验室试验，例如要精确地确定半自磨机的规格，通过实验室试验最少需要 100 kg 样品；通过半工业试验，由于给矿粒度大需要 20~100 t 样品；统计它们之间的相关性需要更大质量的样品。对于搅拌磨机，给矿最大粒度一般小于 200 μm，因而 100 g 矿样足以统计可重复性[2]。

目前超细磨磨机选择的唯一可靠方法是周密安排和实施的实验室或半工业试验方法，试验程序应包括所有初始操作参数的评估。小的样品粒度和相对容易的试验使得多操作参数评估是可行的，采用这样的实验室试验或半工业试验产生的主要数据是在比能耗和磨矿细度之间的关系。根据评估的磨机类型，通过试验磨机产生的净比能耗，或者不用任何修正系数，或者需要进行调整，应由设备的供应商或实验室给出评估意见。

8.5.1 介质

对于所有的磨矿应用，采用正确的介质是很重要的，但是在搅拌介质磨机中超细磨矿的情况下，介质成为最重要的变量。需要考虑的介质参数包括规格、类型、耐磨性、硬度。

搅拌磨机采用各种各样的介质，如立磨机和塔磨机中采用 6~25 mm 钢球和钢段，SMD 和耐驰/艾萨磨机中采用 1~5 mm 高品位氧化铝和砂介质。在应用中，介质能够影响的比能耗超过 30%。因此，任何实验室试验都应包括一系列的不同介质试验。介质可用性经常是区域性的，运输费用是总成本的一个重要因素。当进行实验室试验或半工业磨矿试验时，不管是当地的还是知名的介质类型都应当试验。

费用和性能是主要的考虑问题，当规格降低到小于 25 mm 时常规钢介质的费用快速增加，这很大程度上受制于诸如立磨机、塔磨机和销棒磨机等磨机对小规格钢介质的使用，由于铸造介质和铸钢丸的使用这些限制现在多半消除了。规格的制约不再存在，但仍有介质消耗的问题，以及在一些选别过程中铁（来自介质）的影响。对通常用于“流态化”介质磨机 1～3 mm 的介质来说，材料和球形度是最大的影响因素。

对于实验室试验和半工业试验，磨矿介质的选择应当考虑拟建选矿厂可用的合理方案。例如，采用 2 kg 高氧化铝陶瓷介质，价格为 500 元/kg，对于半工业试验是可以接受的，但对需要 10 t 介质的工业磨机可能是完全不合理的。类似地，采用费用低的当地介质可能会提供可接受的比能耗，但介质的破碎和磨机构件的磨损（实验室小型试验中不容易测定）可能使该种介质在工业应用中不可接受，质量更高的介质也能够降低设备规格。

在不同类型磨机之间的比较应当考虑介质费用，如果费用合理，采用类似的介质。在试验制度中应当包括至少一种工业上可用的已知质量的介质。

8.5.1.1　介质规格

在细粒和超细粒磨矿应用中，介质规格对磨机的性能有重要影响。通常，磨矿细度的主要制约可能来自磨机的类型，随着给矿和产品细度的降低，破碎颗粒所需的能量也降低，单位质量碎裂的频率增加。碎裂产生的多余能量在很大程度上转变成热，没有贡献给磨矿过程，增加磨矿频率和降低磨矿能量的最有效方法是降低介质规格。考虑介质和球（或其他介质形状）的数量之间的关系，表 8-2 为在介质规格和单位质量（或容积）的球数量之间的关系，单位容积介质的数量按介质规格三次方的反比增加。由于磨机中碎裂的数量与介质的数量成正比，因此选择正确的介质规格能够使碎裂数量得到改善。

表 8-2　介质规格和单位质量的球数量之间的关系[2]

球直径/mm	比表面积/$m^2 \cdot t^{-1}$	球的数量/个 · t^{-1}	球数量（归一化处理）
20	83.3	66315	1
15	111.1	157190	2.4
10	166.7	530516	8
5	333.3	4144132	62
3	555.6	19648758	296
2	833.3	66314560	1000

由于需要把能量集中用来不断增加更小颗粒的数量，在生产超细颗粒时，超过一定规格的介质可能变得完全无效。采用立磨机的一种典型介质规格和比能耗曲线如图 8-14 所示。从图中可以看到，在给定的磨矿细度下，采用更小的介质可以更大程度地降低所需的比能耗。如得到磨矿细度为 15 μm 所需的比能耗，采用直径 10 mm 的介质比采用直径 5 mm 的介质要大 50%以上。而采用直径 18 mm 的介质在试验的比能耗范围内不可能得到 15 μm 的磨矿细度。

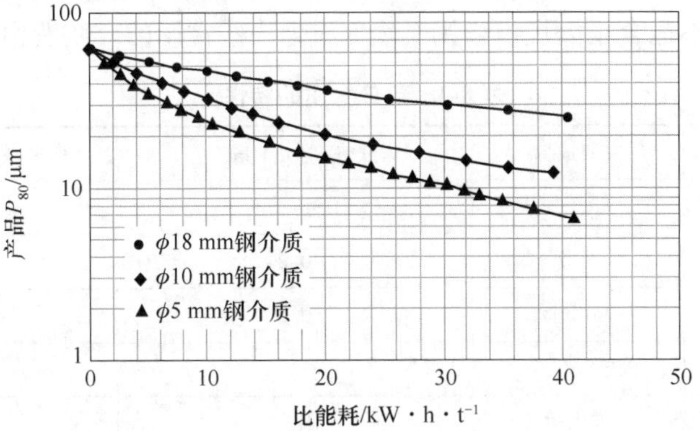

图 8-14 介质规格对磨矿机效率的影响[2]

在销棒磨机中采用钢介质的试验中也发现了类似的结果，如图 8-15（a）所示。试验物料是锌精矿 B，80%通过的粒度约为 47 μm。

当使用铅炉渣作为磨矿介质时，使用 1.2~1.7 mm 较粗的磨矿介质进行研磨更有效，如图 8-15（b）所示。相反，图 8-15（a）显示较小的 2~2.5 mm 钢介

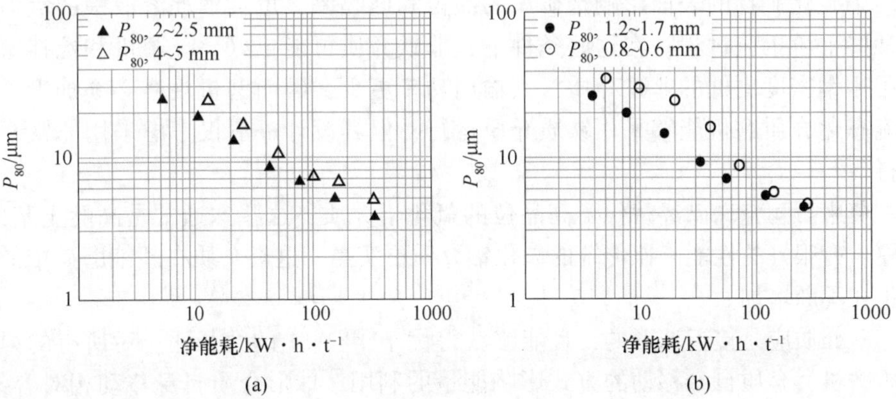

图 8-15 介质规格对销棒搅拌磨机效率的影响[1]

（a）钢介质；（b）铅炉渣

质更有效。但也注意到，对于超过 100 kW · h/t 的能量输入，粗炉渣介质和细炉渣介质的产品粒度几乎没有差异，如图 8-15（b）所示。这一结果表明，除磨矿介质规格外，其他运行变量，如磨机速度和磨矿介质类型，也会影响磨矿效率。

8.5.1.2　介质类型

介质类型和形状也影响磨机的性能。介质可以是含铁的或非铁的，非铁的介质包括高品位氧化铝球和珠、较低品位的莫来石陶瓷珠，以及石英砂。有各种各样的不同介质可用于各种特定的工业应用，没有污染、费用不高是主要的要求，这些介质通常不适合于大规模应用。表 8-3 为一些常用的介质费用和相对磨损。

表 8-3　部分介质的特性[2]

类型	主要成分	价格/美元 · kg^{-1}	耗量/kg · $(kW \cdot h)^{-1}$
钢介质	Fe、Cr	0.4~1.5	0.02~0.01
耐磨砂	石英	0.2	0.02
莫来石陶瓷	高岭土	0.8	0.01
玻璃珠	石英	3	0.01
氧化铝陶瓷	氧化铝	15	0.005
硅酸锆	锆	18	0.005
钇稳定氧化锆	锆	70	0.001

钢介质大多应用于球磨机、带有螺旋搅拌器的立磨机和销棒磨机中，流态化介质磨机经常采用小的陶瓷珠或石英砂。选择合适的磨矿工艺的重要条件是钢介质对浮选回收率的影响。在超细磨矿应用中，溶液中来自介质的铁不仅能够污染硫化矿物的表面影响选矿厂的品位和回收率，也会消耗溶液中的氧而影响某些下游工艺过程。在这些条件下，非铁介质可能更好，球磨机和搅拌磨机采用比钢密度更低的非铁介质，其输出功率更少，因而磨机规格必须加大。虽然流态化介质磨机能够采用铁质介质运行，但其设计一般仅考虑采用非铁介质运行。

莫来石陶瓷珠已经替代了高品位的氧化铝介质，这些珠通常是高岭土基的，很硬、有很好的性能，比传统的氧化铝介质更实惠，这类介质在超细磨矿中的应用正在不断增加。

砂介质应是接近球形的，且能够获得优于 1 : 1.1 的径长比。对所有的搅拌介质磨机，介质自身移动的方式影响能量的利用，球形介质自身移动相对容易，非球形将有较大的锁定趋势因而消耗能量，这种影响在采用流态化介质磨机中最显著。图 8-16 所示为 SMD 采用砂和陶瓷介质的比能耗和产品粒度的关系。陶瓷介质的密度、硬度和球度都优越，在这种特定的应用中，采用陶瓷介质所需的比能耗比采用砂介质会降低几乎50%，这使采用陶瓷介质所需的磨矿能力及其能量消耗几乎减少一半。需要考虑在两种介质之间的介质消耗和费用差别，这种情况并不常见，取决于所需的给矿粒度、硬度和磨矿细度。

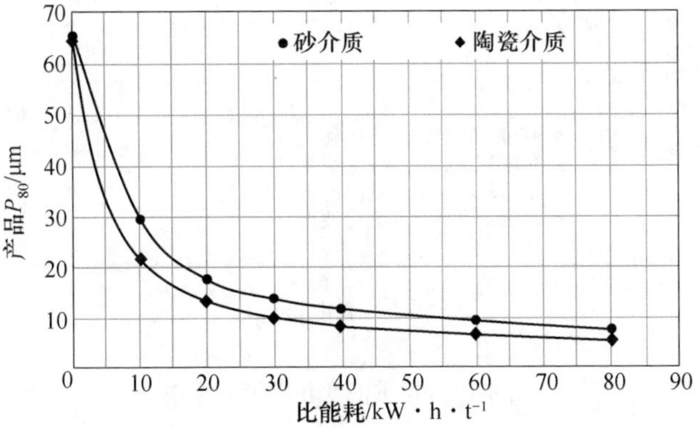

图 8-16 介质类型对 SMD 性能的影响

8.5.1.3 介质耐磨性

在流态化介质磨机中采用砂介质特别重要的是耐磨性。在流态化介质磨机中使用典型的工业砂通常用于过滤或其他任务，机械强度没有特别要求。理想的砂介质是圆形边缘的冲积砂，且没有缺陷。质量差的砂介质常见问题是其有内部缺陷，不能够经受与磨矿相关的力。有缺陷的介质趋向于快速碎裂，降低了介质的形状和规格。碎裂增加了介质的消耗，破碎的介质也呈现出锐利的边缘，增加了叶轮的磨损和磨矿机中衬板的磨损。以上这些缺点在实验室试验中不明显。因此，当根据这样的介质在小型试验或半工业试验的数据设计选矿厂时需要谨慎。

8.5.1.4 介质硬度

采用钢介质，硬度不会影响磨矿机的性能，只有介质消耗，当采用非铁介质时情况则不同。在一个典型的“流态化介质”磨机内部的环境采用砂介质或其他非铁介质，如果所磨的矿物比介质硬，那么实际上介质被粉碎，给矿的粒度破碎会降低。图8-17所示为各种运行条件下的产品粒度分布，描绘了流态化介质磨机磨石英给矿的产品粒度分布，这是相同的持续时间的批次磨矿，石英的莫氏硬度约为7。数据表明，介质比给矿更软或更硬得出显著不同的结果，也有密度的影响，这主要是由于密度越高的介质消耗的功率也越高，主要的变量是介质的硬度。对软的矿物可以采用砂介质，当遇到硬矿物时，有必要采用高品位氧化铝介质。

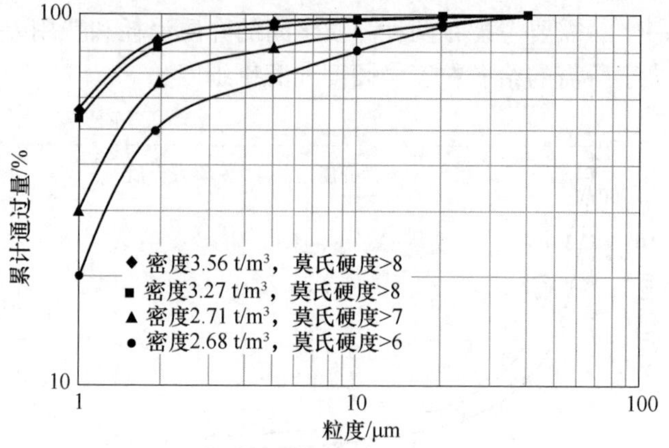

图 8-17　介质密度和硬度的影响

8.5.2　运行参数

除了介质选择对搅拌磨机的影响之外，最强的影响变量是矿浆浓度或黏度。立磨机、塔磨机和销棒磨机对矿浆黏度的敏感性比流态化介质磨矿机低，因此，前一类磨机能够在一个合理宽的浓度范围内运行。

流态化介质磨机需要更仔细地分析浓度的影响。图 8-18 和图 8-19 给出的两组曲线表明了在不同浓度下典型的磨矿细度和比能耗之间的关系。矿浆浓度对磨机性能的影响是重大的，且在不同的磨机中，趋势是一样的。为了确定选择磨机的最佳运行条件而正确选择磨机，在一系列运行条件下的实验室试验或半工业试验是必要的。

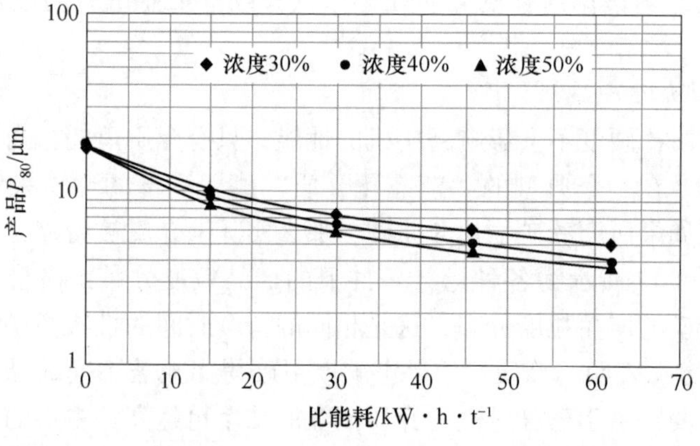

图 8-18　矿浆浓度对流态化介质磨机产品粒度的影响（一）

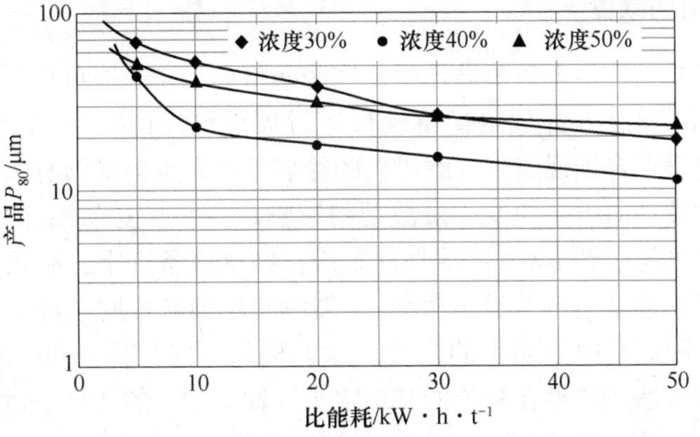

图 8-19 矿浆浓度对流态化介质磨机产品粒度的影响（二）

8.6 回路

8.6.1 分级

回路主要是指采用开路或闭路磨矿，以及在磨矿之前预分级给矿的可能性。分级可以采用专门的分级机，或把新给矿引入磨机排矿泵池。细磨和超细磨矿回路采用分级的益处与常规磨矿回路相同，采用分级机会减少细粒的产生，以满足更严格的产品粒度要求和降低总能耗需求，取得要求的磨矿细度。

细粒和超细粒分级的湿式分级设备主要是水力旋流器。由于磨矿细度变得更细，需要旋流器的规格减小，旋流器给矿的浓度也要降低。对小于 10 μm 的磨矿细度，旋流器的规格为 25～50 mm。此外，产品的浓度是非常稀的，一般的质量浓度不大于 15%，下游的回路要确定这个浓度是否可行。例如，采用一台磨机磨一种精矿，如果这种精矿是再给入混合浮选的给矿，那么这个浓度可能满足要求；如果磨机的产品是在专门的浮选机里处理，那么这个浓度给矿可能是不可接受的，则在总的经济评估中需要考虑增加脱水费用。

另外，需要考虑磨机给矿浓度，一般浮选机的精矿因浓度太低而不能直接用作开路磨机的给矿。如前所述，给矿浓度的良好控制对磨机有效运行是必要的，在这种情况下，需要增加预分级旋流器。预分级旋流器，既可以除去给矿中的合格产品，改善磨矿效率，生产更严格的产品粒级，也可以增加磨机给矿的浓度。由于磨矿回路是开路，所有的矿流给到旋流器，旋流器的溢流再与高浓度的磨机排矿合并，因此也限制了浓度的进一步稀释。

8.6.2　磨矿机的数量

磨矿回路总是按最大负荷设计的，这些回路很少在这些负荷下运行。在新选矿厂启动期间，显著地降低给矿量延长运行周期可能持续 1~2 年时间。此外，这些磨矿机包含在选别回路中，磨矿机的给矿量通常也会受到总的回路由于矿石硬度与品位的波动而引起的给矿量波动的影响。在一些复杂并且苛刻的应用中，给矿量的波动可能达到100%~200%的量级。在这些条件下，必须考虑磨矿机的调节比（磨矿机能够运行的最小功率）。细粒和超细粒再磨条件下安装的磨矿机一般是定速，因此是恒定功率的设备。球磨机和一些搅拌磨机（如螺旋搅拌磨机）及销棒搅拌磨机能够在降低的装球水平及输出功率的条件下运行，充球率的变化可以在已知的降产期间（如启动期间）用来使过磨最小化，但一般不能随正常的由于给矿量短时间变化导致的磨矿能力波动。流态化介质磨机调低非常有限，如果能够避免磨损，应当在其设计功率下运行。

如果给矿量降到低于设计值，磨机将继续输入全功率，产品会磨得细于所需的粒度，对浮选回路这是比浸出回路更大的问题，而且必须考虑选矿厂的过滤机和浓缩机。控制过磨最有效的方法是采用共享来料给到多台设备，单台磨矿机按照需要工作或停车。如果给矿量的变化不稳定，应当谨慎地考虑仅安装单台磨机的方案。

采用螺旋搅拌器的立磨机确实有控制过磨的措施，包含一个内循环回路控制磨矿机中矿浆的上升速度，合格粒度的产品能够从磨矿机中除去给到分级机，因而减少了过磨。

在极少数情况下，产品中允许有粗粒物料，需要两台磨矿机串联（需要开路磨矿）安装，但金属选矿厂一般没有这种需求。

参考文献

[1] JANKOVIC A. Variables affecting the fine grinding of minerals using stirred mills [J]. Minerals Engineering, 2003 (16): 337-345.

[2] LICHTER J K H, DAVEY G. Selection and sizing of ultrafine and stirred grinding mills [C] // MULAR A L, HALBE D, BARRATT D. Mineral Processing Design, Practice, and Control. Littleton: SME, 2002: 783-800.

[3] GORAIN B K. Innovations and breakthroughs in mineral processing that have shaped the existing mining industry [C] //IMPC 2016: XXVIII International Mineral Processing Congress Proceedings, 2016.

[4] NDIMANDE C B, MAINZA A N, LISSO M, et al. Stirred media detritor performance assessment in the UG2 platinum ore regrind [C]//IMPC 2016: XXVIII International Mineral Processing Congress Proceedings, 2016.

[5] ELLIS S, GAO M. The development of ultra fine grinding at KCGM [C] //SME Annual Meeting. Phoenix, Arizona, 2002: 2-72.

[6] KWADE A, STENDER H H. Constant grinding results at scale-up of stirred media mills [J]. Aufbereitungs-Technik , 1998, 39: 373-381.

[7] KWADE A, BLECHER L, Schwedes J. Motion and stress intensity of grinding beads in a stirred media mill. Part2: Stress intensity and its effect on comminution [J]. Powder Technology, 1996, 86: 69-76.

[8] JANKOVIC A. Media stress intensity analysis for vertical stirred mills [J]. Minerals Engineering, 2001, 14 (10): 1177-1186.

[9] DE BAKKER J. Energy use of fine grinding in mineral processing [J]. Metallurgical and Materials Transactions E, 2014, 3 (1E): 8-19.

[10] NESSET J, RADZISZEWSKI P, HARDIE C, et al. Assessing the performance and efficiency of fine grinding Technologies [C]//The 38th Canadian Mineral Processors Meeting, Ottawa, 2006.

[11] LARSON M, ANDERSON G, MORRISON R, et al. Regrind mills: Challenges of scaleup [C]//SME Annual Meeting and Exhibit and CMA 113th National Western Mining Conference 2011. Denver, CO, 2011: 130-137.

9　滚筒型磨矿机驱动系统的选择

9.1　概述

选矿厂滚筒型磨矿机的驱动系统，根据磨矿机的规格和类型，目前主要有以下几种配置：

（1）单台低速电动机连接小齿轮驱动一个环形齿轮；

（2）两台低速电动机连接到两个小齿轮驱动一个环形齿轮；

（3）无齿轮（包绕式）电动机直接驱动。

单个小齿轮定速驱动设计最简单，且投资和运行成本最低。以前，这些驱动限制于较小的磨机，磨机规格的增大也主要受制于齿轮制造技术。自 20 世纪末至今，齿轮制造技术的发展已经使磨机直径有了快速的增大。同时，包绕式电动机的出现，也使磨机的规格不再单一地受制于齿轮制造技术。20 世纪，世界上生产中运行的单一小齿轮驱动的最大装机功率为 8500 kW，用于巴西 Sossego 铜矿的 2 台 ϕ6. 7 m×9. 75 m 球磨机。目前，双小齿轮定速驱动提供了可靠和简单的设计，改善了负荷共享的能力，这些定速驱动系统能够用于目前运行的驱动功率为（2×9000 kW）18000 kW 的球磨机，这也是世界上目前运行的最大齿轮驱动的球磨机。目前世界上运行的最大包绕式电机装机功率为 28000 kW，用于驱动自磨机和半自磨机。

变速，特别是对半自磨机和自磨机，驱动系统变得更复杂和昂贵。以前，变速选择很少（即直流电动机），但在固态技术和控制改进后，已经出现了更高效率的变频替代方案，替代了直流电动机。同样地，目前的绕线式电动机的滑差能量回收系统已经克服了通常与液体变阻器相关的高能损失。

目前，对磨矿机的驱动系统有多种选择[1]。表 9-1 给出了滚筒式磨机的 16 种不同配置。感应式和绕线式电动机是 6～8 极的高速设计，取决于环形（大）齿轮的选择；同步电动机为低速设计，为 30～40 极，取决于频率和减速比。在齿轮变速系统中，带有循环变流器的同步电机是 8～10 极。

表 9-1 磨机功率传送的基本配置[1]

驱动类型	速度类型	主要驱动	小齿轮数量	辅助驱动	电动机转速 /r · min^{-1}	电动机类型	电源
1	定速	环形（大）齿轮	单	减速机	900~1200	绕线式	直联到电源
2				减速机	900~1200	感应式	
3				无	180~200	同步	
4			双	减速机	900~1200	绕线式	
5				无	180~200	同步	Quadramatic
6	变速	环形（大）齿轮	单	减速机	900~1200	绕线式	SER
7				减速机	900~1200	感应式	PWM
8				无	180~200	同步	LCI
9				无	180~200	同步	PWM
10				无	180~200	同步	CCV
11			双	减速机	900~1200	绕线式	SER
12				减速机	900~1200	感应式	PWM
13				无	180~200	同步	LCI
14				无	180~200	同步	PWM
15				无	180~200	同步	CCV
16		无齿轮	无	无	9~15	同步	CCV

图 9-1 总结了所有磨机驱动的方案，图中给出了无齿轮驱动系统和环形（大）齿轮驱动系统之间的相互关系。半自磨机径长比（有效 D/L）从直径 7.92 m 磨机的 2.43 到直径 13.41 m 磨机的 1.83，球磨机的长径比（有效 L/D）对目前所有直径（4.88~8.53 m）的磨机约为 1.6。

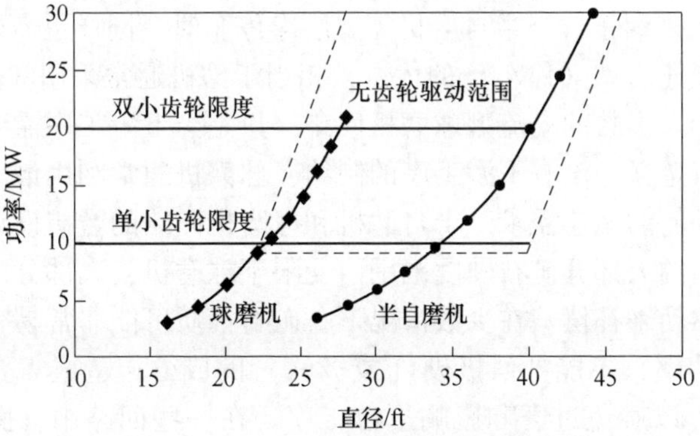

图 9-1 磨机功率与磨机直径的关系[1]

（1 ft = 30.48 cm）

确定磨矿机规格和驱动系统，首先是计算设计的过程比能耗、选矿厂规模和总的半自磨机和球磨机所需（筒体）功率。然后，将所需的功率划分成回路及回路之内的磨机数量，再选择满足要求的磨机规格。

在做出最终选择驱动类型的决定之前，需要充分考虑几个因素，如工艺要求磨矿机变速、设备配置占地面积、系统的可靠性、可用性及停车成本、驱动系统效率、机械部件的可靠性等问题。对大多数项目，选择正确的参数是很困难的，最重要的在于选择合适的系统。

9.2　工艺因素

9.2.1　磨矿机的变速

磨矿机的变速驱动主要用于自磨机和半自磨机，近年来，随着球磨机规格的增大，最大的已经超过了小齿轮驱动在目前所能承担的限度，因而采用了无齿轮（包绕式电机）驱动，也就出现了球磨机采用变速驱动的案例，如中铝秘鲁 Toromocho 铜矿的 ϕ8.53 m×13.41 m 球磨机（装机功率 22000 kW/台）、秘鲁 Cerro Verde 铜矿的 ϕ8.2 m×14.6 m 球磨机（装机功率 22000 kW/台）[2-3]。国内第一台半自磨机在冬瓜山铜矿采用之前，磨矿机的驱动系统不存在变速的问题，即使之前在有色矿山采用，后来因各种原因又停止使用的自磨机，以及在铁矿山自投产到目前一直在运行的自磨机，都是定速驱动，而冬瓜山铜矿的半自磨机则采用了变速驱动系统。

关于磨矿机的变速，半自磨机需要变速取决于多种因素，采用变速驱动，操作人员（或控制系统）能够对矿石性质（如矿石硬度或给矿粒度分布）的变化做出快速反应。矿石过软或过细会导致总的充填率变低，从而使衬板受损，加速钢球和衬板磨损。遇到这种情况可以通过增加回路给矿量来调整，但只有当下游工序的条件允许时才可以，否则必须降低磨机转速迫使钢球冲击到充填体的“趾部”而不是衬板来纠正。当半自磨机需要磨净停车时，同样也需要变速。变速驱动提供了磨机慢速启动（停车）的优点，相当于磨机通常采用的微拖装置。

当然，对于大多数的溢流型球磨机回路，只是当下游工序需要回路的给矿量控制时变速才有意义。没有下游工序的制约，球磨机通常利用最大的充球率定速运行，不需要任何的变速需求。半自磨机和球磨机回路的磨矿设计使回路的磨矿能力在矿体预期的大部分矿石硬度范围内受限于球磨机，大部分的变化是通过半自磨机的变速驱动来补偿。在少数情况下，矿石性质可能非常易变以至于半自磨机的转速（或功率）不能补偿极硬（或极软）的成分，造成需要降低球磨机的转速（或功率）以避免过磨和影响下游工序。在一些回路中，操作人员可以通过分流部分或全部的破碎半自磨机的顽石到球磨机以平衡半自磨机和球磨机，也有的选矿厂允许部分旋流器底流循环到半自磨机以进一步改善功率平衡。

注意：采矿的开采计划、矿石混合和爆破实践在磨矿回路的设计中扮演着重要的角色。目前在国外，从现代的选矿厂设计来说，给矿性能控制并不是完美的，任何成功运行的半自磨机的变速都是必要的。在几乎所有的情况下，不管半自磨机的规格大小，变速不是评估问题，而是普遍接受的标准设计。另外，球磨机变速需要仔细评估，根据工艺考虑大多数情况下是不需要的。只有一种情况，当考虑无齿轮驱动时，在球磨机的变速和定速驱动之间、在半自磨机的无齿轮驱动和齿轮驱动变速之间需要进行方案评估。

9.2.2 选矿厂配置

选矿厂配置是比较齿轮驱动和无齿轮驱动时的评估因素。很明显，无齿轮驱动、单小齿轮驱动和双小齿轮驱动的占地面积是不同的，同理，安装费用也是不同的。单小齿轮驱动需要最小量的空间，但仅略低于无齿轮驱动。双小齿轮驱动需要的空间最大，在单台半自磨机+两台球磨机的回路中，差别通常非常小。然而，在多系列的选矿厂，差别是显著的。考虑的另一个因素是驱动的位置，无齿轮驱动通常安装在筒体上靠近磨机的给矿端，齿轮驱动系统一般安装在磨机的排矿端。矿浆溢出和飞溅污染是重要的考虑因素，特别是在驱动安装低于旋流器回路时，要注意这一点。

9.2.3 可靠性、可用性和停车成本

可靠性、可用性和停车成本主要体现于对选矿厂总的有效运转率的影响，上面所述的三种磨矿机的主要驱动系统中，齿轮驱动已经有了很长的使用历史，其部件的故障率是熟知的。无齿轮驱动的历史相对短（第一次采用是 1979 年挪威的一个铁矿，订购了 2 台装机功率为 7980 kW 的包绕式电机，用于 2 台 ϕ6.49 m×9.63 m 自磨机；第二次采用则是 1986 年智利的一个铜矿订购了 2 台装机功率为 8100 kW 的包绕式电机，用于 2 台 ϕ9.75 m×5.18 m 半自磨机，无齿轮驱动广泛采用是在 20 世纪 90 年代以后 ϕ10.97 m 半自磨机出现以后）[4]，但无齿轮驱动确实没有与齿轮驱动相关的固有缺陷，如齿轮的偏移和磨损等。事实上，齿轮（单小齿轮和双小齿轮）驱动和无齿轮（包绕式电机）驱动这两种主要的驱动方式各有特点，齿轮驱动技术成熟，投资小，配置容易，安装简单，最关键的是小齿轮和大齿轮的使用寿命；无齿轮（包绕式电机）驱动省去了小齿轮的偏移和齿轮的磨损，但其投资高，大型无齿轮驱动系统的投资与磨矿机的价格相当，且包绕式电机必须就地安装或维护更换电极，导致停车时间长。当然，目前如果磨矿机的驱动功率达到 20000 kW 及以上，则只有选用无齿轮（包绕式电机）驱动。

对于小齿轮驱动系统，采用现代的红外热传感器、振动加速度计，以及自动

润滑系统，可以检测齿轮和轴承的偏移（穿过轴承面宽度增加的温度差）和异常的振动，不需要视觉检查，小齿轮的寿命能够精确地预测，可以在不影响选矿厂整体有效运转率的情况下有计划地维护和更换。无齿轮和齿轮驱动磨机的齿轮和电机的严重损坏可能会发生，但这种故障的可能性极小。环形齿轮故障发生一般有很长的时间周期，能够早期探测和计划便于更换或调整。无齿轮电机发生故障后，需要更换电极，可能停车时间很长。总之，在有效运转率上的差别不能精确测定，可以等同考虑。

设备的可靠性对选矿厂的投资有直接影响，因为是关键备件的投资，这是必须强调的评估因素。无齿轮驱动系统的关键备件一般是与电器屋的部件相关，有时要考虑电机的备用电极片。齿轮驱动系统有一组不同的组件，包括电器屋中的元件、备用电动机、小齿轮、离合器，以及某些情况下的备用环形齿轮。对备用环形齿轮需要仔细评估，有许多齿轮组已经平稳运行超过 25 年，并且这些环形齿轮不是现代技术制造的。

如果能够确定有效运转率的差别，则应当考虑停车费用。运行成本由固定的和变化的成本构成，当回路停车时，只考虑固定成本，其他费用是效益损失，没有生产产品就损失了获取效益的机会。选矿厂之间的差异相当大，低品位给矿和较高运行成本的选矿厂会有较小的利润，高品位给矿和较低运行成本的选矿厂会有更高的利润。采用这种评估程序，每个案例的停车时间会有不同的总费用。通常情况下，简单地将损失的产品总产量乘以精炼金属的售价会导致错误的结论。

9.3　驱动系统效率

从上面可知，工业应用的驱动系统方案有多种，由于系统配置不同，不同组件的效率不同，导致每种驱动方案的总的传动效率也不同。每个驱动系统根据需要，有自己的组合包括滤波器、变压器、变频驱动、滑动电阻器、电动机、减速机和环形齿轮。表 9-2~表 9-4 给出了每个驱动系统预期的典型总效率，每次进行系统评估时需要重新评审，特别是对两个或更多的驱动方案比较时，一般的驱动系统效率可以在要求报价时从供货商那里得到[1]。

表 9-2　单齿轮驱动效率

部件	单小齿轮（4.5~10 MW）					
	定速		变速			
	LSS	WR	LCI	CCV	WR	PWM
滤波器	无	无	0.995	0.975	无	无
变压器	无	无	0.985	0.988	0.990	0.983
变频驱动	无	无	0.990	0.990	0.975	0.978

续表 9-2

部件	单小齿轮（4.5~10 MW）					
	定速		变速			
	LSS	WR	LCI	CCV	WR	PWM
滑动变阻器	无	无	无	无	无	无
电动机	0.960~0.970	0.955~0.965	0.960~0.970	0.970~0.980	0.955~0.965	0.970~0.980
减速机	无	0.985	无	无	0.985	无
环形齿轮	0.985	0.985	0.985	0.985	0.985	0.985
系统效率	0.946~0.955	0.927~0.936	0.917~0.927	0.911~0.921	0.894~0.904	0.919~0.928

注：LSS 为低速同步电动机；WR 为绕线电动机；LCI 为负载换向逆变器；CCV 为循环换流器；PWM 为脉宽调制。

表 9-3 双齿轮驱动效率

部件	双小齿轮（9~20 MW）					
	定速		变速			
	LSS	WR	LCI	CCV	WR	PWM
滤波器	无	无	0.995	0.975	无	无
变压器	无	无	0.985	0.988	0.990	0.983
变频驱动	无	无	0.990	0.990	0.975	0.978
滑动变阻器	无	0.980	无	无	无	无
电动机	0.960~0.970	0.955~0.965	0.960~0.970	0.970~0.980	0.955~0.965	0.970~0.980
减速机	无	0.985	无	无	0.985	无
环形齿轮	0.985	0.985	0.985	0.985	0.985	0.985
系统效率	0.946~0.955	0.908~0.918	0.917~0.927	0.911~0.921	0.894~0.904	0.919~0.928

表 9-4 无齿轮驱动效率

部件	无齿轮变速（9~30 MW）	
	CCV	PWM
滤波器	0.975	1.00
变压器	0.988	0.983
变频驱动	0.990	0.978
滑动变阻器	无	无
电动机	0.950~0.970	0.950~0.970
减速机	无	无
环形齿轮	无	无
系统效率	0.906~0.925	0.913~0.933

参 考 文 献

[1] GRANDY G A, DANECKI C D, THOMAS P F. Selection and evaluation of ginding mill drives [C] //MULAR A L, HALBE D, BARRATT D. Mineral Processing Design, Practice, and Control. Littleton: SME, 2002: 819-839.

[2] 杨松荣，蒋仲亚，刘文拯. 碎磨工艺及应用 [M]. 北京：冶金工业出版社，2013.

[3] 杨松荣. 高压辊磨工艺及应用 [M]. 北京：冶金工业出版社，2021.

[4] JONES S M, FRESKO M. Autogenous and semiautogenous mills 2010 update [C] //MAJOR K, FLINTOFF B C, KLEIN B, et al. International Autogenous Grinding SemiAutogenous Grinding and High Pressure Grinding Roll Technology 2011. Vancouver: CIM, 2011: 28.

10 粗粒筛分设备的选择计算

筛分是特定的物料按照粒度大小分离的过程，也是世界上工业采用的最古老操作单元之一。多年来筛分原理没有变化，但新材料和建模工具的发展对现在的筛分影响很大。粒度分离使筛上粒级和筛下粒级传送到合适的处理作业。一般来说，干筛或湿筛通过筛孔的颗粒粒度和当粒度分离在 4.75 mm（4 目）或更大时，则被认为是粗粒筛分。

筛分计算仍然使用两种传统的方法，即给矿量计算法（筛分面积与筛分给矿量成正比）和生产量法（筛分面积与给矿中筛下粒级的含量成正比）。

在选矿厂中，筛分设备的用途是配合破碎作业进行预先筛分、检查筛分及选别作业前的准备筛分；在破碎筛分厂中，筛分设备用作将物料分成各种不同粒级产品的独立筛分；此外，筛分设备还可用于脱水、脱泥、脱介质及碎屑的脱除等。本章所述的粗粒筛分则是以破碎作业配套的筛分设备为主。

在破碎流程中，根据总破碎比的要求，不同的破碎阶段有明确的产品粒度要求，当选定的筛孔规格在生产过程中不能满足设计的破碎流程物料平衡要求时，则需要调整筛孔规格。如果仅采用调整筛孔的方法仍无法满足物料平衡的要求，则需要更换不同振动形式的筛分机，以满足生产要求。

工业上使用的筛分设备种类很多，按照筛面的运动特点可分为：振动筛、固定筛、滚轴筛、旋转筛、摇动筛。本章主要讨论通常在选矿厂应用的振动筛、格筛和圆筒筛。

10.1 振动筛的选择

10.1.1 振动筛的分类

振动筛根据结构、安装方式或振动方式不同可分为香蕉筛（多倾角筛）、倾斜振动筛（或圆振动筛）、水平振动筛、弛张振动筛和高频振动筛等不同类型。振动筛的筛面运动轨迹是通过机械装置（激振器）作用在筛体上产生的。

10.1.1.1 香蕉筛（多倾角筛）

香蕉筛的处理能力大，筛分效率高，也是应用广泛的重型筛分设备。香蕉筛筛面的角度在筛分物料流的方向上发生变化，筛分给料端的倾角为 40°~30°，然后以 3.5°~5°的幅度到筛子的排料端时降低到 0°~15°[1]。在筛子给料端的大倾角有利于给料中的细粒物料尽可能快地分层并通过筛网，后面的筛面倾角逐渐降低可以减缓剩余物料的流动速度，使其中小于和接近于筛孔的颗粒有足够的时间通过筛孔。

香蕉筛是目前矿山和建筑骨料行业应用最多的筛分设备之一，其优点是筛分性能好、使用寿命长、可靠性强，易于维护。根据用途不同香蕉筛又可分成以下不同的系列：

（1）工业上采用的EF系列香蕉筛是一种高性能的多倾角筛[2]，其运动轨迹为自同步椭圆运动，在运行过程中可以调节行程角和转速以优化筛分能力和效率，能够消除难以筛分矿石的填塞和堵塞。该筛适用于矿山和建筑骨料的筛分。

（2）MF系列香蕉筛特别适用于给矿量大且给矿中筛下粒级比例高的场合，适用于矿山和建筑行业的筛分。

（3）TS系列香蕉筛是三斜率香蕉筛，在第一斜率段运动轨迹为椭圆运动，传送速度快；第二斜率段运动轨迹为圆运动，传送速度中等；最后斜率段运动轨迹为向后的椭圆运动，传送速度慢。位于重心上方的单轴产生一个角度变化为25°—20°—15°的椭圆运动。该系列筛子适用于建筑骨料、砂砾、矿山和移动式筛分厂。TS系列多斜率筛的技术参数见表10-1。

表10-1　TS系列香蕉筛的技术参数[2]

型号	筛板尺寸/mm×mm	层数	MV激振器	质量/kg
TS2. 2	1500×5000	2	MV2	6000
TS2. 3	1500×5000	3	MV3	6500
TS3. 2	1800×6000	2	MV3	8800
TS3. 3	1800×6000	3	MV3	11000
TS4. 2	2400×6000	2	MV4	12500
TS4. 3	2400×6000	3	MV4	15000
TS5. 2	2400×8300	2	MV4	16000
TS5. 3	2400×8300	3	2×MV3	20000
TS6. 2	3000×8300	2	2×MV3	18000
TS6. 3	3000×8300	3	2×MV4	26000

（4）BSE系列香蕉筛的运动轨迹为椭圆，采用6倍的重力加速度和具有专利的箱式激振器，该型振动筛的规格可以达到3. 6 m×14. 6 m（见表10-2），适用于矿山高强度高磨蚀筛分作业。

表 10-2 BSE 系列香蕉筛的技术参数[2]

型号	类别	运动轨迹	布置	筛板尺寸/m×m	筛分面积/m²	倾角/(°)
BSE8×21-DD	6g 香蕉筛	椭圆	单筛	2.4×6.1	14.64	25~10（可变）
BSE8×42-DD	6g 香蕉筛	椭圆	组合筛（双筛体）	2.4×12.2	30	25~10（可变）
BSE10×20-DD	6g 香蕉筛	椭圆	单筛	3.0×6.1	18.3	25~10（可变）
BSE10×40-DD	6g 香蕉筛	椭圆	组合筛（双筛体）	3.0×12.2	36.6	25~10（可变）
BSE12×24-DD	6g 香蕉筛	椭圆	单筛	3.6×7.3	26.3	25~10（可变）
BSE12×48-DD	6g 香蕉筛	椭圆	组合筛（双筛体）	3.6×14.6	52.6	25~10（可变）

10.1.1.2 水平振动筛

水平振动筛（或线性振动筛）的安装筛面是水平的或近似于水平的，且其水平筛面的振动轨迹是由双轴或三轴激振器产生的直线或椭圆。水平振动筛按粒度分级的精确度优于倾斜振动筛，这是因为在水平振动筛上物料的输送没有重力的影响，因此水平筛的处理能力低于倾斜振动筛。

水平振动筛用途广泛，主要用作选矿厂的自磨（半自磨）机排矿筛、洗矿筛、最终产品的检查筛分、脱水筛、除屑筛等。

工业上采用的 FS 系列水平振动筛的运动轨迹为水平椭圆，该筛的三个轴通过齿轮同步产生高能椭圆运动，每个轴都是独有的组合激振器，每个组合激振器都有偏心配重以产生所需的行程。该筛适合于建筑骨料、矿砾等物料的筛分。FS 系列水平筛的技术参数见表 10-3。

表 10-3 FS 系列水平筛的技术参数[2]

型号	筛板尺寸/mm×mm	筛分面积/m²
FS250	1870×4880	9
FS300	1870×6100	11

ES 系列水平振动筛有两个不平衡的轴相向旋转产生高能椭圆运动，提供床层深度上的强烈分层运动和很高的筛分精度。该筛适用于建筑骨料、砂砾、矿山及其他的破碎筛分。ES 系列水平筛的技术参数见表 10-4。

表 10-4 ES 系列水平筛技术参数[2]

型号	筛板尺寸/m×m	面积/m²	层数	激振器	电动机/kW
ES202	1.87×4.88	9.1	2	MV2+MV3	15+22
ES203	1.87×4.88	9.1	3	MV2+MV3	15+22
ES302	1.87×6.1	11.4	2	MV2+MV3	15+22

续表 10-4

型号	筛板尺寸/m×m	面积/m^2	层数	激振器	电动机/kW
ES303	1. 87×6. 1	11. 4	3	MV2+MV3	15+22
ES402	2. 48×6. 1	15. 1	2	MV3+MV4	22+30
ES403	2. 48×6. 1	15. 1	3	MV3+MV4	22+30
ES502	2. 48×7. 31	18. 1	2	MV3+MV4	22+30
ES503	2. 48×7. 31	18. 1	3	2×MV3+MV3	55+22

LH 系列水平振动筛的运动轨迹为线性运动，适用于高强度高磨蚀用途如磨矿机排矿、煤炭准备、细粒湿式筛分、洗矿及脱水，广泛地应用于所有金属和非金属矿的选矿，如铜、金、铁、银、铅锌、镍、钼及其他矿物等矿石的筛分。

10. 1. 1. 3　倾斜振动筛

倾斜振动筛是目前广泛使用的筛分设备，主要用于矿山和建筑用各种高磨蚀物料的预先筛分和检查筛分作业。倾斜振动筛的运动轨迹为圆，与水平振动筛相比，倾斜振动筛筛面的物料由于重力的作用运动更快，因而其生产能力更高。

紧凑型 CVB 系列倾斜振动筛的轴线位于筛子的重心位置，因而导致筛子的所有点位轨迹都是圆。通过筛面运动和倾斜角产生的重力效应，筛面上物料向前传送的速度是均匀的。该筛应用范围广，可用于处理最粗到最细的物料粒度范围，适用于采石场、砂砾、矿山及其他破碎筛分。紧凑型 CVB 系列倾斜振动筛的技术参数见表 10-5。

表 10-5　紧凑型 CVB 系列倾斜振动筛的技术参数[2]

型号	筛面尺寸/m×m	层数	功率/kW	激振器	质量/kg	处理能力/t·(h·台)$^{-1}$	上层筛孔/mm
CVB1540-2	1. 5×4. 0	2	15	MV2	3150	300	75
CVB1540-3	1. 5×4. 0	3	15	MV2	4050	300	75
CVB1540-4	1. 5×4. 0	4	15	MV2	5000	300	75
CVB1845-2	1. 8×4. 5	2	15	MV2	4200	400	75
CVB1845-3	1. 8×4. 5	3	15	MV2	5200	400	75
CVB1845-4	1. 8×4. 5	4	15	MV2	6800	400	75
CVB2050-2	2. 0×5. 0	2	15	MV2	4700	600	75
CVB2050-3	2. 0×5. 0	3	22	MV3	6300	600	75
CVB2050-4	2. 0×5. 0	4	22	MV3	7600	600	75
CVB2060-2	2. 0×6. 0	2	22	MV3	6500	800	75
CVB2060-3	2. 0×6. 0	3	22	MV3	8500	800	75
CVB2060-4	2. 0×6. 0	4	30	MV4	10400	800	75

续表 10-5

型号	筛面尺寸/m×m	层数	功率/kW	激振器	质量/kg	处理能力/t·(h·台)$^{-1}$	上层筛孔/mm
CVB2661-2	2.6×6.1	2	22	MV3	11000	1000	75
CVB2661-3	2.6×6.1	3	30	MV4	13000	1000	75
CVB2661-4	2.6×6.1	4	30	MV4	15000	1000	75

CVB 系列倾斜振动筛的运动轨迹和性能类同于紧凑型 CVB 系列，但其筛面倾斜角度可在 12°~22°调节以满足需要的精度或能力，行程和转数可以在宽的范围内设置以满足设备性能的优化，并可用于湿式处理过程（包括洗矿或漂洗），适用于采石场、砂砾、矿山及其他破碎筛分。CVB 系列倾斜振动筛的技术参数见表 10-6。

表 10-6 CVB 系列倾斜振动筛的技术参数

型号	筛面尺寸/mm×mm	面积/m^2	层数	激振器	质量/kg
CVB102	1565×3660	5.7	2	MV2	5000
CVB103	1565×3660	5.7	3	MV2	6000
CVB104	1565×3660	5.7	4	MV2	7000
CVB202	1870×4880	9.1	2	MV3	8000
CVB203	1870×4880	9.1	3	MV3	10080
CVB204	1870×4880	9.1	4	MV3	12280
CVB302	1870×6100	11.4	2	MV3	10500
CVB303	1870×6100	11.4	3	MV3	11900
CVB304	1870×6100	11.4	4	MV4	14000
CVB402	2480×6100	15.1	2	MV4	12000
CVB403	2480×6100	15.1	3	MV4	17000
CVB404	2480×6100	15.1	4	MV4	21000
CVB502	2480×7310	18.1	2	MV4	16000
CVB503	2480×7310	18.1	3	2×MV3	22500
CVB602	3090×7310	22.6	2	2×MV3	21000
CVB603	3090×7310	22.6	3	2×MV4	23000

10.1.1.4 弛张振动筛

弛张振动筛不同于其他振动筛，它是由固定筛框和浮动筛框构成，激振器使振动筛产生基本振动（单轴做圆运动，双轴做直线运动）的同时使浮动筛框产生附加的椭圆运动，其筛面自身在固定筛框和浮动筛框的共同作用下进行有序的紧张和松弛过程，由此产生的筛面弹跳导致的加速度可达 30~50 倍重力加速度，在如此高的加速度下，筛上物料彻底松散并快速分离，物料中小于筛孔的颗粒通过筛孔的概率在筛孔大小规律的变化过程中显著高于常规振动筛，颗粒在筛面黏附或接近筛孔尺寸的颗粒堵住筛孔的可能性显著降低。因此弛张振动筛适用于选矿厂、洗煤厂及其他大宗物料筛分。

10.1.1.5　摩根森筛

摩根森筛是一种振动筛，由不同孔径、不同斜率的筛面组成，其原理是对于比筛孔小得多的颗粒，从统计学上讲，仍需要一定的筛分面积来增大其通过筛孔的概率，才能保证其通过筛孔。因此，摩根森筛多达 5~6 层的筛面给筛分的物料颗粒充分的筛分空间，以保证其小于筛孔的物料能够通过筛孔。摩根森筛又称概率筛，其最小的筛孔尺寸是物料分离粒度的 2 倍，这就使得细粒物料可以快速通过筛孔，而较大的颗粒被其中一个筛面隔出[1]。

由于它是多层筛面，每一个筛面上的料层厚度相对薄，使得摩根森筛的处理能力很高。在同等规模条件下，与常规筛分设备相比，摩根森筛的特点是处理能力大、占地面积小、筛孔堵塞概率小、筛网磨损低、运转率高。

10.1.1.6　移动筛

移动筛具有很好的机动性，可以很容易地根据需要满足变化要求和位置调整，主要适用于建筑工地、骨料生产、采石场等筛分需求。

10.1.2　振动筛的选择计算

矿石筛分所需的筛分面积 A 的计算公式如下[3]：

$$A = \frac{Q_-}{C \times \rho_B \times (F,\ E,\ S,\ D,\ O,\ W)} \tag{10-1}$$

式中　Q_-——给矿中小于筛孔粒级的含量，t/h；

C——基本筛分能力（见图 10-1），t/(m² · h)；

ρ_B——松散密度系数，ρ_B = 筛分给矿物料的密度/1602，kg/m³；

F——细度系数；

E——效率系数；

S——筛孔形状系数；

D——筛层系数；

O——开孔面积系数；

W——湿式筛分系数。

10.1.2.1　基本筛分能力

图 10-1 所示的曲线表示在筛分物料的松散密度为 1602 kg/m³ 时，不同筛孔下的基本筛分能力 C 值。由于大部分金属矿石具有类似的筛分特性，因而任何金

属矿石的 C 值都可以通过简单的密度比来确定。

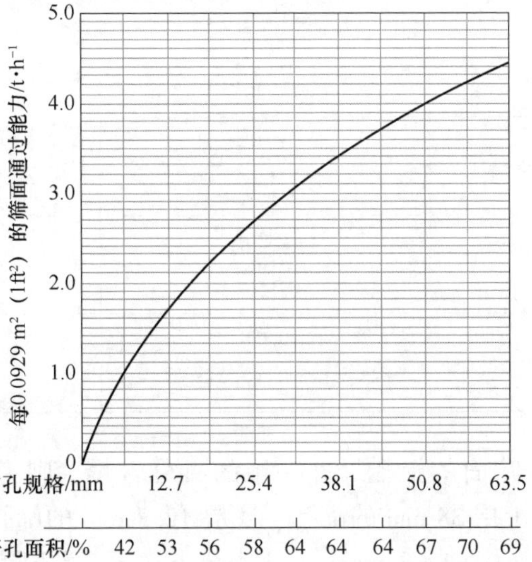

图 10-1 松散密度为 1602 kg/m³ 时矿石的基本筛分能力

图 10-1 仅用于金属矿石，不能用于焦炭、沙子及砂砾等，这些物料有它们自己的特性曲线。

10.1.2.2 修正系数

有许多因素及其之间的相互干扰影响物料的筛分能力，这里应用的只是对矿石筛分选型计算有重大影响的因素。

（1）细度系数 F。细度系数是给到筛分机筛面上的物料量中小于筛孔尺寸一半的物料量值。与图 10-1 中的基本能力所采用的 40%筛分效率下的细度系数（$F=1.00$）比较时，这是一个筛分难度的量值。不同筛分效率下的细度和效率系数数值见表 10-7。

表 10-7 细度和效率系数

筛分效率/%	系数	
	细度 F	效率 E
0	0.44	
10	0.55	
20	0.70	
30	0.80	
40	1.00	

续表 10-7

筛分效率/%	系数	
	细度 F	效率 E
50	1.20	
60	1.40	
70	1.80	2.25
80	2.20	1.75
85	2.50	1.50
90	3.00	1.25
95	3.75	1.00

对给到要筛分筛面的筛孔尺寸一半的百分含量，则为该筛面给矿的百分数，也就是说，对上层 38 mm 的筛孔、底层 12.7 mm 的筛孔，给矿粒度为 70%小于 38 mm、50%小于 12.7 mm、35%小于 6.3 mm，下层筛的细度系数就是 35/70＝0.50。

（2）效率系数 E。筛分效率是指实际通过筛孔的矿石量与给矿中所含的可以通过的矿石量的比值。工业应用上把 95%的筛分效率作为理想值，因此在表 10-7 中，筛分效率为 95%时的效率系数为 1.00。对于生产中使用的隔粗筛和破碎回路中的控制筛分，一般筛分效率取 80%～85%。

（3）筛孔形状系数 S。筛孔形状系数用于补偿当矿石颗粒通过筛面时，横着的筛条妨碍矿石颗粒通过筛孔的影响程度。各种不同筛面的筛孔形状系数见表 10-8。

表 10-8　各种不同筛面的筛孔形状系数

不同筛孔	长宽比 L/W	筛孔形状系数 S
方形和微矩形孔	<2	1.0
矩形孔	2～4	1.15
条形孔	4～25	1.2
平行条筛	>25	条形孔平行于矿石流向为 1.4， 条形孔垂直于矿石流向为 1.3

（4）筛层系数 D。筛层系数是表示多层筛不同筛层的有效筛分面积的系数。由于物料的层化不可能刚好在筛层的端点开始，细粒不会马上透过筛孔落到下层筛面，因此除了顶层筛面，其他层的给矿不会刚好在给矿端，导致部分筛分面积无效。筛层系数见表 10-9。

表 10-9 筛层系数

筛层	筛层系数 D
顶层	1.00
第二层	0.90
第三层	0.80

(5) 开孔面积系数 O。图 10-1 中的基本筛分能力曲线是在编织筛网、方孔、不同开孔规格条件下的开孔面积时的处理能力。当上面有筛层时，则其下面筛层的基本筛分能力与图 10-1 中所示有很大的不同，开孔面积系数是计算的筛面开孔面积与图 10-1 中使用筛孔给出的标准开孔面积的比值。

例如，分离的粒度为 24 mm，筛面的开孔面积为 36%，开孔面积系数为 36/58（见图 10-1）或 0.62。如果筛面的开孔面积是 72%，则开孔面积系数为 72/58 或 1.24。

(6) 湿式筛分系数 W。湿式筛分系数是在当物料筛分时，需要用水喷淋才能进行正常筛分时使用的系数。给矿喷水的优势随着筛孔规格不同而变化，该系数的选择见表 10-10。

表 10-10 湿式筛分系数

筛孔（方孔）/cm	W
≤0.8	1.25
1.6	3.00
3.2 和 4.8	3.50
7.9	3.00
9.5	2.50
12.7	1.75
19	1.35
25.4	1.25
>50.8	1.00

另外，喷淋水量合适才能发挥湿筛的优点，对于有效的湿式筛分，建议给矿的喷淋水量为 14.84~24.73 L/(min·m^3)。

10.1.2.3 固体给矿量和床层厚度

对固定振幅、转速和筛孔的筛子，其床层厚度取决于给矿量、筛板坡度、给矿粒度分布和旋转方向（与流动方向同向或逆向）等因素。在稳态下，床层顶部的大颗粒阻碍了周围更细颗粒的跳动，使其保持靠近筛分表面。同样，筛上粒级有助于推动接近粒级颗粒沿着或通过筛面降低堵塞。由于床层厚度随给矿量增加而增加，而分级效率在给矿量增加而增加到最大值后则开始降低，因此有一个最佳厚度。对于给定的给矿量，选择的筛子宽度要保持在排料端的床层厚度，因为筛子宽度决定筛分能力。对于干矿石，在筛子排料端的床层厚度不应当超过筛孔的 n 倍[4-5]：

$$n = 2 + 1.25\rho \tag{10-2}$$

式中　ρ——物料的松散密度，t/m^3。

对给定的筛上粒级物料流量 F(t/h)，床层厚度 D(mm) 可以按照下式估算[4-5]：

$$D = \frac{F}{3.6 v_t W \rho} \tag{10-3}$$

式中　v_t——床层物料流速，m/s；

W——筛子的有效宽度，m；

ρ——松散密度，t/m^3。

在筛子的给矿端，D 可以通过筛子的给矿量 F 估算。对其他的物料，建议采用表 10-11 中的数据。

表 10-11　建议的筛分筛面物料厚度[4]

筛分物料	筛面物料厚度 D
干式骨料	≤4 倍筛孔
干式原煤	≤3 倍筛孔
湿式磨机排矿	≤8 倍筛孔
湿式排水及漂洗或脱泥	≤76 mm

计算筛分床层厚度的另一种方法见表 10-12。

表 10-12　筛分床层的厚度[5]

筛子长度/m	干矿床层厚度
1.8~3.0	1.5~2.0 倍平均粒径
3.6~4.9	2.0~2.5 倍平均粒径
6.1~7.3	2.5~3.0 倍平均粒径

床层的停留时间由下式估算：

$$t = \frac{L_s}{v_t} \tag{10-4}$$

式中　t——床层在筛面的停留时间，min；

L_s——筛子有效长度，m；

v_t——物料的流动速度，m/min。

物料的流动速度随着筛板坡度和运动特性而变化。在逆向旋转的倾斜圆振动筛中，角度 α 在 18°~25°之间，v_t 则约为[5]：

$$v_t = 3.048(\alpha - 12) \tag{10-5}$$

在生产中，床层厚度能够通过操纵给矿量进行调节。如果不能牺牲处理能力，则应当调整筛板坡度以得到所需的厚度。为了尽可能稳定床层厚度，给矿粒度分布应当尽可能恒定。

10.1.2.4 筛子宽度、长度和筛板角度的估算

当有效筛分面积 A 估算出来之后，筛子的宽度 W 和长度 L 则可以确定了，常见的长度与宽度比为 2~3[5]。此外，把计算的筛分面积增加约 10%，选择宽度可使筛分能力最大化，选择长度可使效率最大化。当床层厚度 D 选定时，宽度可以按照式（10-3）估算。矿石的松散密度已知，床层的速度 v_t 就可以估算出来。对逆向旋转的倾斜圆振动筛，v_t 由式（10-5）计算。在顺向旋转中，v_t 值将提高约 25%。

开始的筛板倾角，在合适的筛上粒级给矿量 F(t/h) 和筛子宽度 W(m) 下，由下式估算：

$$\alpha = 2.6\sqrt{\frac{F}{W}} \tag{10-6}$$

α 在 18°~25° 之间。根据所选筛子的标准宽度，α 应当四舍五入到最靠近的整数。

长度 L(m) 按照下式计算：

$$L = \frac{A}{W} \tag{10-7}$$

式中 A——有效筛分面积，m^2；

W——筛子宽度，m。

筛子的长度和宽度应当匹配，并且尽可能用现成的设备以降低费用。

10.1.2.5 计算实例

某铁矿石的松散密度为 2.082 t/m^3，含水分 8%，筛分处理能力 300 t/h，粒度分布见表 10-13。

表 10-13 矿石粒度分布

粒级/mm	累计通过率/%
38	100
25	98
19	92
12.5	65
6.3	33

需要的分离粒度 12.7 mm，可以采用单层、干式筛分、Ty-Rod 筛网。

A　筛分面积的计算

$C=1.7\ \mathrm{t/h}/0.0929\ \mathrm{m}^2$（从图 10-1 曲线中查得），$\rho_B=2.082/1.602=1.30$，$F=0.86$（从表 10-7 中用插值法得到），$E=1.00$（95%），$D=1.00$，$S=1.2$，$O=1.00$，$W=1.00$。

由式（10-1）有：

$$
\begin{aligned}
A &= \frac{Q_-}{C\times\rho_B\times(F,\ E,\ S,\ D,\ O,\ W)}\\
&= \frac{300\times 65\%}{1.7/0.0929\times 1.3\times(0.86\times 1.00\times 1.2\times 1.00\times 1.00\times 1.00)}\\
&= 7.95\ \mathrm{m}^2
\end{aligned}
$$

在给定条件下，有效筛分面积为 $7.95\ \mathrm{m}^2$。另外，考虑筛网张紧、夹具及筛网支撑等对有效筛分面积的影响，增加 10%的有效筛分面积，即总的筛分面积为：

$$7.95+0.79=8.74\ \mathrm{m}^2$$

因此，选用的筛子筛分面积为 $8.74\ \mathrm{m}^2$。从有效筛分考虑，筛子的长宽比不得小于 2∶1；该筛子的规格可以是 1.83 m（6 ft）×4.87 m（16 ft），总的面积为 $8.91\ \mathrm{m}^2$。

B　筛面物料厚度的计算

根据有效筛分的要求，排矿端筛面上物料的厚度不能大于筛孔规格的 n 倍（式（10-2））。也就是说，当筛孔为 12.7 mm 时，筛面排矿端矿石的厚度不能大于 58 mm。

由式（10-6）得到筛子的倾斜角度为 20°，由式（10-5）得到物料的流动速度为 24.4 m/min；给矿中筛上粒级物料为 300 ×（1 － 65%）= 105 t/h，由式（10-3）得到筛子排矿端的物料厚度为 19 mm，远低于 58 mm 的厚度上限。

因此，一台 1.83 m×4.87 m 圆振动筛可以满足该实例中 300 t/h 铁矿石的筛分要求。

当进行双层筛的筛分面积计算时，每一层筛面都作为单独的筛子考虑，特别需强调的是细度系数是根据要计算的筛面上的给矿中（不是原始给矿中，除非是顶层筛面）所含的小于筛孔一半的物料比例计算的。

10.1.3　固定筛

固定筛有固定格筛、固定条筛和固定细筛（详见第 11 章），均没有振动机械装置。固定格筛主要用来除去给矿中的过大矿块，筛面与水平呈一定角度，筛分矿石时倾角一般为 40°~45°，筛分潮湿物料时倾角增大 5°~10°，物料从筛子的上端给入。筛除粗粒物料时，格筛筛条之间的间隙通常不小于 50 mm，个别情况下可以为 25~30 mm。

格筛多用在原矿受矿矿仓及粗破碎矿仓的上部，做控制矿石粒度使用，一般水平安装。条筛多用作粗碎和中碎前的预先筛分，条筛筛孔宽度为筛下粒度的 0.9~0.8 倍，一般筛孔不小于 50 mm。条筛安装在破碎机前同时起着溜槽作用，安装倾角一般取 40°~50°，对于煤取 30°~35°；若矿石中含泥和水多时，则可将倾角加大 5°~10°。

固定条筛的筛分面积按以下经验公式计算[6]：

$$F = \frac{Q_{\mathrm{d}}}{qa} \tag{10-8}$$

式中 F——条筛的筛分面积，m^2；

Q_{d}——按设计流程计算的给入条筛的矿量，t/h；

q——按给矿计算的 1 mm 筛孔宽的固定条筛单位面积处理量，见表 10-14，$t/(m^2 \cdot h \cdot mm)$；

a——条筛的筛孔宽，mm。

表 10-14 1 mm 筛孔宽的固定筛单位面积处理量

筛分效率 E/%	筛孔间隙/mm						
	25	50	75	100	125	150	200
	$q/t \cdot (m^2 \cdot h \cdot mm)^{-1}$						
70~75	0.53	0.51	0.46	0.40	0.37	0.34	0.27
55~60	1.16	1.02	0.92	0.80	0.74	0.68	0.54

注：单位面积处理量 q 按矿石松散密度为 1.6 t/m^3 计算。

算出筛子面积之后，根据给矿中最大块的尺寸确定筛子的宽度 B，再按筛子的宽度选定筛子的长度 L。筛子的宽度至少应是最大矿块尺寸的 2.5~3 倍，这样才能避免筛子被大块矿石堵住。当然，在确定筛子的宽度时，还应兼顾给矿机及破碎机受料口的宽度。条筛的长度 L 应为宽度 B 的 2~3 倍，一般为 3~6 m。

10.1.4 滚轴筛

滚轴筛常用于粗粒物料的筛分作业，给料粒度可达 500 mm，特别适用于筛分大块煤、石灰石和页岩，也可作为洗矿机或给矿机。与条筛相比，它的优点是筛分效率高，被筛物料过粉碎较少，安装高度低；缺点是构造复杂、笨重，在筛分硬物料时，滚轴磨损快。目前，在金属矿山已不再使用，而被重型振动筛取代。

滚轴筛给矿粒度一般在 500 mm 以下，滚轴筛的处理量按下式计算[6]：

$$Q = qF \tag{10-9}$$

式中　Q——滚轴筛处理量，t/h；

q——单位筛分面积的处理量，见表 10-15，t/(m^2·h)；

F——筛分面积，m^2。

表 10-15　滚轴筛单位面积处理量

筛孔尺寸/mm	50	75	100	125
q/t·(m^2·h)$^{-1}$	40~45	60~65	75~85	100~110

10.1.5　旋转筛

旋转筛有沿水平中心线旋转的圆筒筛和沿垂直中心线旋转的旋振筛，旋振筛主要用于化工、制药等，在此不做详述。

圆筒筛是一种很早就使用的筛分装置，形状为筒形，其旋转中心线呈水平布置，转速率一般为 35%~45%，通常安装时与水平面有一小的角度，或内置螺旋推板以利于物料向前输送。几个筛分细度不同的圆筒筛可以从细到粗做成一体，一次就可得到不同粒度的筛分产品。圆筒筛的筛分粒度范围为 55~6 mm，在湿筛条件下的适宜筛分粒度可以达到 4 mm。

圆筒筛价格便宜、没有振动、结构坚固，但与振动筛相比，它的表面利用系数低，处理能力弱，且筛孔易于堵塞。

圆筒筛有两种形式：一种是作为独立设备的圆筒筛，另一种是作为磨矿机配件的圆筒筛。

作为独立设备的圆筒筛常在重选厂用于洗矿脱泥、氰化厂浸出前除屑、铝土矿的擦洗等，或用作中、细粒级物料的分级筛分可得两种以上产品。它的结构简单，容易维修和管理，工作平稳可靠，振动较轻；缺点是单位面积处理量小，筛分效率低，筛孔易堵塞，机体笨重，筛面易磨损，耗电大，对物料粉碎作用大。

作为独立设备的圆筒筛的处理量 Q(t/h) 按下式计算[6]：

$$Q = 600\delta_0 n \tan\alpha \sqrt{2R^3h^3} \tag{10-10}$$

式中　δ_0——物料松散密度，t/m^3；

n——圆筒转速，一般取 $n = \dfrac{13}{\sqrt{D}} \sim \dfrac{20}{\sqrt{D}}$，r/min；

D——圆筒直径，一般 $D \geqslant 14d_{max}$，m；

d_{max}——给矿中最大粒度，m；

R——圆筒半径，m；

α——圆筒筛安装倾角，一般 $\alpha = 3° \sim 8°$，当给矿中细粒多时，α 取小值；

h——物料层的厚度，$h \leqslant 2d_{max}$，m。

作为磨矿机配件的圆筒筛，主要用于自磨机、半自磨机和球磨机的排矿筛分，其处理能力直接与磨矿机的处理能力相一致。

10.2　筛分介质、衡量标准及影响因素

10.2.1　筛分介质的选择

筛分过程中最重要的部分是筛分介质，物料的分层和分离都是在筛分介质上发生的。筛分的筛板分为三大类，即编织丝网/丝布、冲孔筛板和异型丝/棒筛板。金属丝网由一系列的单个金属丝编织而成，穿孔筛板由一块平板热切、模制或冲孔而成。到目前为止，筛分介质的最大进步之一是采用合成材料制备，这些合成的筛分介质或是模制的，或是冲孔的，如同穿孔筛板。这些筛板一般采用加强的聚氨酯（苯乙烯）、天然橡胶或合成橡胶制成，有各种规格和类型，各有优点，涉及不同的筛分方法，对特定的用途有其各自的优点。

10.2.1.1　编织金属筛网

编织金属筛网已经被广泛应用，在 20 世纪 80 年代早期高峰时，市场占有率达到了 70%。随着合成材料的引入，这个市场占有率已经大为缩减。在一些苛刻的用途和粗粒分离中，常常采用钢或橡胶筛板。当需要更细的规格时，则选择异型金属丝网或合成介质。不同的材料已经用来制造金属丝网，包括耐磨的合金钢、高碳钢和不锈钢。

当需要精确地分离或者颗粒是扁平状时，粗粒分离通常选用方形筛孔筛板。当然，对倾斜筛，方形筛孔会影响其处理能力，而矩形筛孔筛板会有更高的处理能力，因为其开孔面积的比例更大，颗粒通过加长筛孔的概率更大。此外，矩形筛孔对填塞不敏感，且适合于针状颗粒、高湿度矿石及黏土含量高的矿石。当筛分的物料易造成堵塞时，需要考虑专门的筛分介质和层数，具有柔软特性的筛分介质如橡胶或薄的聚氨酯筛板可以在非常苛刻的条件下很好地运行。

在中等黏性的应用中，柔性的 Z 形条缝不锈钢金属丝或长条缝的金属丝与聚氨酯定位条（见图 10-2）可以运行得很好，而且没有开孔面积的损失。

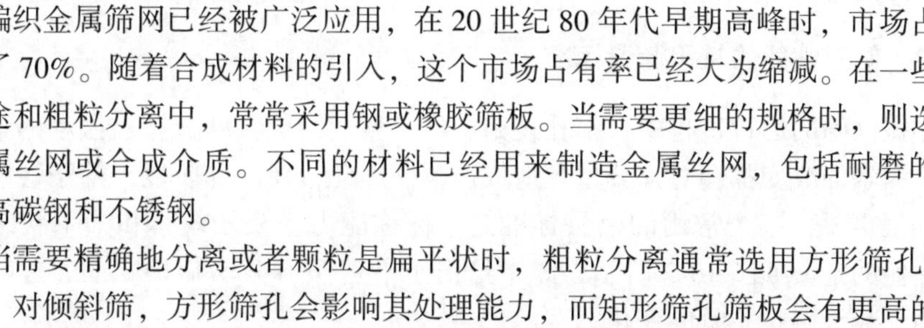

(a)　　(b)

图 10-2　长条缝筛网（a）与 Z 形条缝编织筛网（b）[4]

给矿的物料流可以是平行的或者对更长的尺寸是垂直的。平行流，对高水分的矿石或者黏性矿石的处理能力更高，堵塞减少。垂直流，对于矿石筛分填塞更少，使用寿命更长，效率更高。垂直流中条缝可以避免细长颗粒通过进入筛下粒级，因为细长的颗粒沿着筛子长度的方向移动，趋向于与物料流一致。

10.2.1.2　冲孔筛板

冲孔筛板用于粗粒分离作为上层筛板是非常有用的，可以降低磨损，减小对底层更小筛孔的筛板损坏。冲孔筛板耐磨性高、寿命长、堵塞更少、效率更高，当采用更大的筛孔规格时准确度高。当筛孔小于 19 mm 时，开孔面积的百分比会减小。冲孔筛板常常覆盖有厚的橡胶以增加耐磨寿命，但倾斜筛面上安装更厚的介质对实际的筛孔规格是不利的。

10.2.1.3　异型金属筛网

异型金属筛网已经用于粗粒和细粒筛分、脱水及专门的筛分总成（圆锥形状等）。与矿流平行的金属丝是最常用的，横向放置的金属丝对在更细粒级范围的湿式筛分是很有效的，异型金属丝筛板不适用于破碎回路。

10.2.2　筛子性能的常用衡量标准

在振动筛的运行过程中，筛孔规格、给矿量、给矿粒度分布、振动的频率和振幅等因素的改变都会对筛分过程造成影响。因此，在设计阶段，筛子性能的衡量标准很重要，三个常用的衡量标准是：标称能力、筛分效率和筛下粒级回收率，它们的定义如图 10-3 所示，图中给出了沿着倾斜振动筛长度上通过筛板落下的筛下粒级颗粒质量的变化。

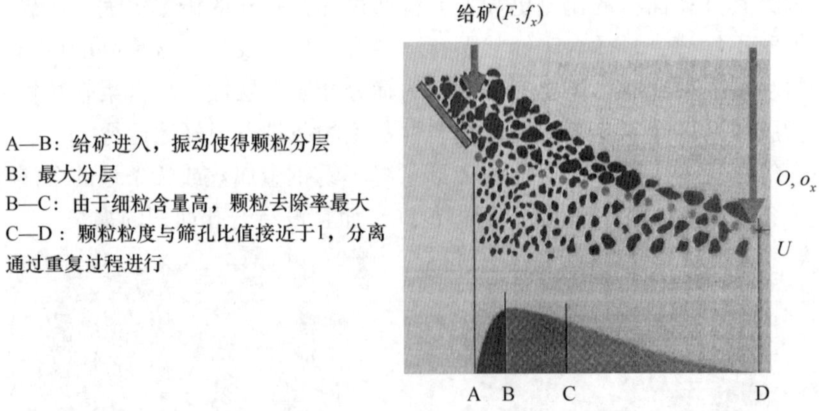

图 10-3　连续振动筛上颗粒的分层和分离[4]

F—干固体的给矿量，t/h；O—筛上粒级的量，t/h；U—筛下粒级的量，t/h；

f_x，o_x—累计的 F 和 O 中小于筛子分离规格的质量分数

10.2.2.1 标称能力

标称能力用每单位面积的筛板上每毫米筛孔每小时通过的固体量（t）表示，取决于筛分物料的形状（如煤与破碎的矿石）和其他因素。对给定的物料，标称能力可以在不同的筛子之间通过计算在筛分面积和筛孔上不同的影响进行粗略的比较。

10.2.2.2 筛分效率 E_u（从筛上粒级除去筛下粒级的效率）

在稳定状态下运行的筛子，筛上粒级将会含有几乎所有（>95%）粒度粗于分离粒度的颗粒，以及至少一部分细于分离粒度的颗粒。如果筛上粒级是重要的，那么衡量筛网细粒从筛上粒级分流到筛下粒级的效果是有用的，计算如下：

$$E_u = \frac{F(1-f_x)}{o} = 1 - o_x \tag{10-11}$$

式中 o_x——筛上粒级中小于分离粒度 x 的累计质量分数；

E_u——筛分效率，为小于或等于1的小数（可乘以100%转换为百分数）。

10.2.2.3 筛下粒级回收率 R_u

当主要考虑筛下粒级时，筛子把给矿中小于分离粒度的颗粒传送到筛下粒级的效率就是给矿中细粒在筛下粒级的回收率，因而有：

$$R_{u-} = \frac{U}{Ff_x} = \frac{f_x - o_x}{f_x(1-o_x)} \tag{10-12}$$

式中 R_{u-}——小于或等于1的小数。

注意：E_u 和 R_{u-} 是通过下式相关的：

$$R_{u-} = \frac{f_x - o_x}{f_x E_u} = \frac{E_u + f_x - 1}{f_x E_u} \tag{10-13}$$

10.2.2.4 筛分效率与能力

对于给定的筛子，筛分效率是随处理能力变化的。图10-4描述的是根据额定处理能力对应于筛分效率 E_u 的曲线。额定能力是根据筛下粒级颗粒在其到达筛子终端之前通过筛孔落下的概率函数，其没有描述与分层相关的床层深度（注意，最大的效率是95%，是在额定能力80%的情况下产生的）。低于70%的能力，分级效率迅速降低，这是因为轻的负荷允许颗粒蹦跳地离开筛孔。也应注意到，当额定能力低于70%时，应当参考虚线，物料床层厚度与筛孔之比仍然为1∶1或更高。这些条件通常产生于低开孔面积合成材料介质，实际上效率可以增加到95%的标准点以上。

图10-4中的曲线是筛子运行在约90%的筛分效率下开发的。在这个效率下，筛分能力定义为100%的额定能力，此后，对于给定的筛子，给矿量的改变产生了如图10-4所示的效率变化。

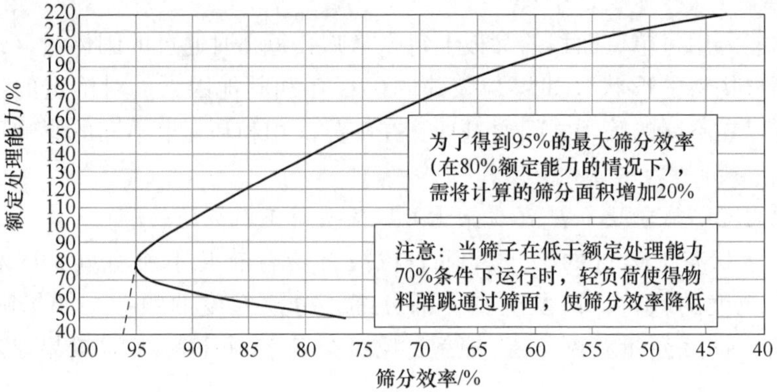

图 10-4　额定处理能力与筛分效率的关系[4]

10.2.3　筛分性能的影响因素

影响筛分性能的因素包括：设备因素如筛子面积和开孔面积、筛孔规格和形状、筛板的坡度、筛板的运行形式；操作因素如颗粒粒度及形状和分布、固体给矿量和床层厚度（详见 10.1.2.3 小节）、给矿水分含量等。

10.2.3.1　筛子面积和开孔面积

在其他相同的条件下，对于给定的筛分面积，处理能力与筛子宽度成正比，而效率与筛子长度成正比。二者综合后长度一般为宽度的 2~3 倍，因为在某些时刻，长度的增加已经使效率的影响变得最小。对给定的筛分面积，最好的处理能力和效率是在排料端的物料都是筛上粒级和一层的厚度时，实际上筛子运行是在较低的效率下得到较高的处理能力。

筛分面积受限于筛板的长度，筛板必须能够在运动中处理重的负荷；反过来，筛板的强度取决于筛板开孔的比例。开孔面积可以在 12%~90%之间变化，这取决于筛子的特性和预计的处理能力。预计的处理能力与开孔面积成正比，而筛分效率预期同样变化，选择的开孔面积要使筛子断裂/损坏的可能性最小。因此，当采用金属编制筛网时，金属丝的直径应当提供最大的开孔面积并且与以前应用的筛网强度一致。同时要注意堵塞的可能性，因为直径较大的金属丝柔性低，潮湿的或细长的颗粒会堵塞筛孔。

筛子的有效面积可能会小于实际的面积，是由于拉紧钉、中心固定及支撑梁对筛孔的堵塞占用了空间。除非制造商给出了有效面积，实际面积通常需要减少 10%[5]。

10.2.3.2　筛孔规格和形状

随着筛孔规格的减小，筛分的处理能力会降低。在固定的处理能力下，筛分效率同样随着筛孔规格减小而降低。如果筛孔规格减小，金属丝直径也要减小以维持开孔面积的百分数。当必须保证强度时，金属丝直径可能不会改变太大，因此开孔面积必须降低，处理能力和效率也会降低。由于筛孔规格减小，特别是干的给矿中有大量的接近筛孔粒级颗粒，或者给矿水分含量高时，会发生堵塞。工业上一般不采用小于3.3 mm（6目）的干式筛分，因为对选矿厂来说这个处理能力太低，当然，当水分和黏土含量非常低时（小于1%的水分），有适用的筛分和介质。除此之外，湿式筛分是唯一的可行方案。

筛孔的形状，如方形或矩形或圆形或条缝形，对筛分的性能是很重要的。矩形或条缝形提供了更大的开孔面积，对大部分矿石来说其堵塞更少，因而增加了处理能力和效率。当然，方形和圆形筛孔可以在分离粒度上更准确。一般来说，筛孔是交错的，以避免筛面上的物料在遇到筛孔之前运行太长的距离。

在大多数情况下，工业筛分不能分离与筛孔规格一致的颗粒，例如，一个50 mm方孔的筛子不会分离实验室测定的分离粒度为50 mm的物料，这是由于诸如筛孔形状、筛板坡度、床层流态和穿越速率、颗粒形状和分布及筛子运动等因素的原因。对方形筛孔，如果 X_s（mm）为预期分离粒度，则筛孔规格是 $X = 0.6045 + 1.155X_s$。例如，预期的分离粒度为15 mm，则筛孔的规格应为18 mm。X 和 X_s 之间的关系对除了方孔之外，其他孔形也是可用的[5]。

10.2.3.3 筛板的坡度

当筛板的排料端从水平向下倾斜时，物料顺着斜坡向下倾泻得更迅速，或者穿过筛孔，或者按照某种可能性穿过筛面。因此，筛子的处理能力应当随筛板坡度增加而增加，效率会增加到一个临界坡度，此后会迅速降低。同时，在给定的给矿量下，筛板坡度的增加会降低有效筛孔的规格。

在破碎厂房中，筛板会在20°~25°的角度安装；在固定的破碎厂房中，20°是常见的，多倾角筛沿着筛子长度方向坡度从30°变化到0°。对给定规格的筛子，多倾角筛的处理能力可以增加高达70%。这种筛子的原理是在给矿端由于高倾角和高重力快速分层，在排料端降低穿越速率而更好地分离接近筛孔的粒级。

物料在逆流旋转的圆运动筛上的穿越速率与倾斜度大致成比例。在20°时，流速是0.4 m/s，在22°时是0.5 m/s。水平筛可以采用直线运动，或者椭圆运动，其与水平面成45°对齐。0°直线运动的筛子一般会有0.25 m/s的运动速度，椭圆运动的筛子的运动速度一般为0.33 m/s。这个特性使得椭圆运动的筛子获得更高的处理能力，并且还能获得良好的效率。椭圆运动筛的缺点是：由于更复杂的椭圆运动原理，会增加额外的费用和维护[4-5]。

10.2.3.4 筛板运动

筛板的振动是通过圆运动，或者直线运动，或者椭圆运动而产生的，在这些运动中，振动器以3~20 mm的振幅和700~1200 r/min的轴速顺流动方向或逆流方向旋转。700～1000 r/min 的轴速是常用的，而高速设备的转速可达 3600 r/min。圆筒筛只是旋转，旋振筛则是振动和旋转相结合。在选矿中，普遍应用的是粗粒振动筛，振动把物料升起造成颗粒分层，将物料倾斜或水平传送。转速、振幅、坡度和旋转的方向都影响接近筛孔粒级颗粒对筛子的堵塞。当然，振幅对堵塞的影响最大，振幅太小会使接近粒级颗粒堵塞筛孔；振幅太大会使颗粒远离筛面降低筛分效率。在高转速下大的振幅会缩短轴承寿命，而轴承寿命与轴承负载的 10/3 次方成反比。

振幅和转速相结合可以用来测定筛子的惯性力 G，公式如下[4]：

$$G = n^2 \times h/1788160 \tag{10-14}$$

式中 n——筛子的转速，r/min；

h——筛子的振幅，mm。

筛子的惯性力 G 是筛子运行能量的度量，在重负荷的筛子上，或当筛分黏性物料时，惯性力应当是更高的。水平筛也趋向于在更高的惯性力下运行，因为它们沿着筛板方向没有像倾斜筛那样有重力帮助移动物料。

顺流方向旋转可以增加物料流量，从而增加处理能力，但筛分效率可能会降低。逆流方向旋转（反转电动机）会趋向于阻滞筛子上的物料流量，增加了筛分效率，但会降低处理能力。同时，逆流旋转会增加造成堵塞的可能性，尽管可以通过增加筛板坡度补偿。高转速伴随着小的振幅，低转速伴随着大的振幅，这种配合方案可以降低轴承磨损。一般来说，筛分粗粒物料或当床层负荷大时需要大的振幅。对细粒物料筛分，最好是小振幅伴随着更高转速。刚破碎的物料需要比圆形物料更大的振幅，因为其颗粒不规则的形状易于造成卡住筛孔。

10.2.3.5 颗粒粒度、形状和分布

对给定的筛孔，筛分能力和通过概率会随着颗粒粒度降低而增加，尽管颗粒形状也会有影响。对给定的设计，针状颗粒相比于更圆的颗粒，其筛分能力会更小。对给定的物料，粒度分布决定了在筛分中与筛孔规格相关的细粒、接近粒级颗粒和筛上粒级颗粒的比例。

接近粒级颗粒的粒度位于筛孔规格 0.5～1.5 倍之间，因此，一个规格筛子的小颗粒将是另一个更小规格筛子的接近规格颗粒。筛上粒级的颗粒不会通过筛子，小的颗粒（细粒）会快速通过筛子，接近粒级颗粒的通过是筛分中的速率决定因素，因为如果对准很差，接近粒级颗粒将不能通过。为了获得更高的筛分能力，细粒和接近粒级颗粒的出露必须最大化，而筛上粒级的数量必须降低，因此需要采用更粗规格的上层筛板实现。

给矿中筛上粒级和接近粒级颗粒的大小、快速变化会影响筛子的负荷，相应地也会影响筛分效率，因此给矿粒度分布应尽可能稳定。

10.2.3.6 给矿水分含量（干筛）

给矿中超过某种水分含量或高的黏土含量可能会导致筛子堵塞，使筛分效率

或者处理能力降低。在没有堵塞的情况下，水分会使细粒黏附到较大颗粒上。此外，细粒在黏土存在作为黏合剂的情况下会趋向于团聚，这样小颗粒变成大颗粒。当出现这种问题较严重时，筛分效率会极大地降低。当颗粒团聚到等于筛孔的 1/2 规格时可能会引起堵塞和降低处理能力。

根据筛孔规格和给矿的粒度分布，潮湿的细粒可能黏附到筛网上，降低实际的筛孔规格，结果导致筛分效率降低。在特殊情况下，筛孔可能被黏附的细粒（黏土或类似黏土）完全封闭。当问题严重时，可能需要特殊的筛网。此外，应当考虑采用湿式筛分。

10.3 磨机排矿筛

在应用中发现，当筛分给矿中含有大量的水且高含量的细粒物料，如自磨机和半自磨机的排矿筛，采用传统的方法确定这些筛子的规格时，筛子的负荷非常小，理论计算值与实践经验值差异很大，这就导致理论上这种类型矿浆更像液态的而不是一般的颗粒凝聚。针对这种情况，不可能再用传统筛分的方法选择和使用筛子，需要重新考虑其他影响因素。

选择磨机排矿筛时应当考虑的因素有筛子规格、机械极限、运转率和介质选择。

磨机排矿筛有两个作用，首先是有效的分离；其次是筛上物料脱水以满足后续传送要求[4]。

10.3.1 分离

磨机排矿筛一般采用单层或双层筛进行分离。在全自磨机回路中需要进行双层筛分离，其中分离出一个砾石粒级作为第二段磨机的磨矿介质。根据负荷和矿石的等级，通常也可以利用磨机排矿双层筛的上层筛板作为减压筛板。双层筛的底层筛孔一般为 0.5~20 mm，上层一般为 6~40 mm。在磨机排矿中，通常给矿的绝大部分（90%或更多）通过筛板的筛孔。

当物料的床层厚度阻碍了流体的自由流动时，筛子必须加大规格以允许有效的筛分和良好的排水。在床层厚度与筛孔之比（D/X_s）为 4~8 时，床层厚度修正系数 C 估算公式如下（注意：当比值小于 4 时，规定 $C=1$）：

$$C = 0.89 + 0.04\frac{D}{X_S} \tag{10-15}$$

图 10-5 所示为筛板角度 0°~20°时，筛板的开孔面积与给矿量之间的关系。

确定磨机排矿筛规格的参数有：固体给矿量或矿浆量、给入矿浆的浓度、通过筛孔的固体百分数、固体的密度、分离粒度、筛板的开孔面积。

上述参数适用于底层筛板开孔小于 12 mm。对筛孔大于 12 mm 的底层筛板，

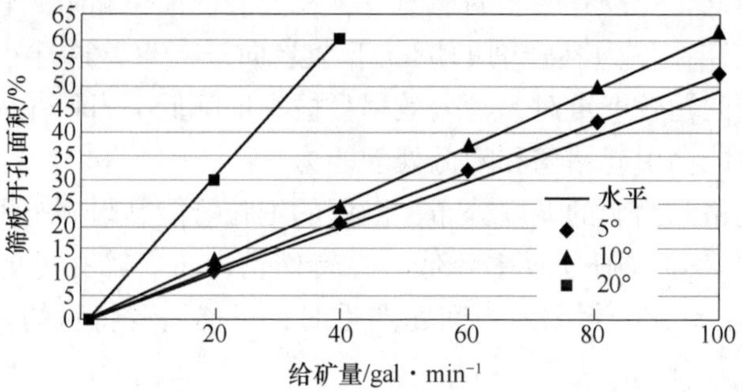

图 10-5　不同倾角和给矿量下筛板的开孔面积

（1 gal = 3.97 L）

随着筛孔规格接近于 25 mm，床层厚度与筛孔之比应降低到 4 ∶ 1。

降低筛板上的物料厚度的方法：一种是改变筛板倾角，尽管这种方法可以增加筛分效率和处理能力，但对筛分的脱水能力会有负面影响；另一种是在分离筛板上增加一个减压筛板，选择减压筛板的介质要保持给矿通过筛孔的量在 90%以上，物料厚度也应平衡以使底层筛板在以上参数之内进行良好的分离。

在一些应用中，磨机筛分给矿通过筛孔的量会小于 90%，且物料厚度会在要求的范围之内。在这些情况下，可以采用传统的确定规格的方法，见式（10-3）。

10.3.2　脱水

磨机排矿筛的另一个功能是降低筛上粒级所含的水分。由于大部分磨机筛分排到闭路的带式输送机上，必须降低筛上粒级的表面水分达到可以很容易输送的水平，这个水分一般为 5%～15%，取决于带式输送机和被传送物料的性质。当水分高于这个范围时，可能会发生“皮带打滑”和其他问题。排出物料的表面水分水平取决于下列因素：给矿的固体含量、颗粒密度、在筛板上的停留时间、物料的床层厚度、介质的开孔面积、筛子的惯性力。

在标准条件下，筛子长度的前 1/4～1/3 用于除掉过大尺寸的物料，余下部分除去接近粒级的物料和排出水分。给到磨机排矿筛的固体浓度一般为 40%～75%，由于太多的水给到筛子，需要更长的排水区以补偿初始矿浆涌流所需的更大面积。随着固体浓度增加到 65%以上，有必要对筛子添加喷水管。喷水管应当距筛子的排料端至少 1～2 m 以便于排水。喷水管的安装通常逆着物料流向，与筛板成 75°，喷出的水量应当加到筛分给矿的总的处理能力当中，固体浓度也要相应调整。

颗粒密度按照平均颗粒粒度测定，从磨矿机出来的大多数矿浆给矿有 3 mm 或更大的平均颗粒粒度。在这些情况下，平均颗粒粒度对磨机排矿筛的脱水能力没有大的影响，在平均颗粒粒度小于 1.5 mm、床层厚度与筛孔之比接近或超过建议的最大值的情况下，对水分水平有很大的影响。当这种情况发生时，水的表面张力会降低物料颗粒之间的移动，结果是筛上粒级产品中含有很高的内在水分。

物料在筛板上的停留时间对筛子排料端的水分水平有较大影响，大多数的磨机排矿筛在最初的给矿矿浆涌流去除之后会将物料继续留住至少 15 s，如图 10-6 所示。

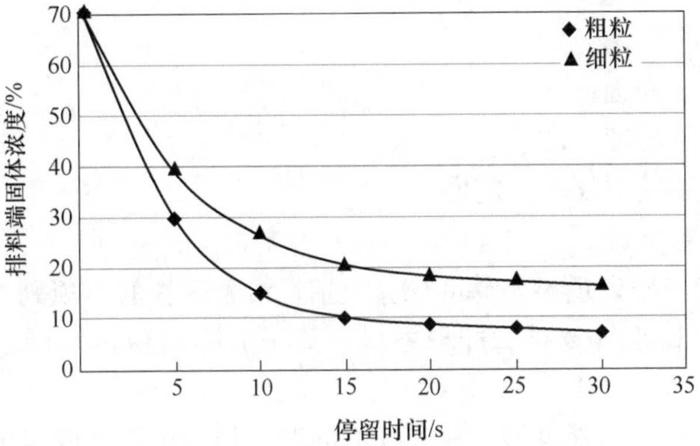

图 10-6 排料端固体浓度与停留时间

当采用更小的筛孔时停留时间应当更长，筛孔越小，筛上粒级产品的平均颗粒粒度越小。当需要排矿产品的水分更低时，则物料在筛上的停留时间需要更长。

随着物料床层厚度的增加，物料到达筛子终端之前的分层能力降低。更高的床层厚度也会压缩物料床层的底部，因而会使水和细颗粒难以到达筛面被除去。

介质的开孔面积直接影响矿浆最初的涌流被快速地除去。更高开孔面积的筛分介质可以降低筛子的规格，但牺牲了耐磨寿命。

磨机排矿筛运行所需的惯性力（能量水平）能够极大地影响其脱水能力，更高的惯性力在打断水滴和矿石颗粒之间的表面张力时会更有效。更高的惯性力对获得更高的筛子上的承载能力也起着重要作用。

10.3.3 机械限度

机械限度是筛子必须考虑的机械问题，这些因素最重要的是惯性力（见式（10-14）），这是一个度量筛子能量水平的参数。在水平脱水筛中，保持 $4.5g \sim 6.0g$ 的惯性力很重要，相比一般的倾斜筛，其惯性力为 $3g \sim 4g$。随着筛孔规格降低和床层厚度增加，筛子应当在接近该范围的上限条件下运行以获得最大的性能。试验结果表明，对这种类型的用途，甚至更高的惯性力是有益处的，但在更高惯性力下运行筛子的制造成本呈指数级增加，因而要将其限制在目前可行的能量水平下应用。另一个考虑的机械限度是筛子的“承载能力”，承载能力定义为“在筛体的动量被物料的重量克服之前可以被传送过筛板的最大物料量”。机械限度值由经验公式计算，承载能力 C_p 由下式计算：

$$C_p = \frac{W v_t T^2 N^2}{KL} \tag{10-16}$$

式中　W——筛子质量；

N——筛子转速；

T——筛子冲程；

L——筛子长度；

v_t——物料通过筛板的速度；

K——经验常数。

超过承载能力的表现很容易区分，包括：沿着筛板的不规则物料分布和传送速度，当筛子空载或负载时的冲程差异，筛子的隔离弹簧触底，筛体的十字管失效。

应当注意，其他因素也能造成同样的问题，但通常不会同时出现。

10.3.4　有效运转率

由于在配置选矿厂回路时涉及大的投资，大多数矿山的目标是使设备的有效运转率超过 90%，许多矿山通过利用最先进的维护技术和其他创新理念已经能够使其有效运转率超过 95%。为了达到高水平的有效运转率，维护周期必须优化，维护周期的长度随着矿石性质和现场条件而变化，大多数矿山有 1～6 个月的维护周期，重要的是任何设备设计要满足这些维护周期。

以前许多矿山采用单台设备配置进行生产。现在业内已经认识到回路中最低有效运转率的设备控制着整个生产回路的有效运转率。因此，设备需要更好的维护，许多选矿厂的回路设计采用平行的设备系列，这种类型的配置使物料可以很容易从一个系统旁路到另一个系统，从而对当前运行的系统进行维护。

由于在磨机排矿区域的空间相当有限，在大多数情况下，不可能很容易地把物料从一个筛子转移到另一个筛子，解决这个问题的方法是把筛子安装到一台可移动小车上，如图 10-7 所示。

当筛子以这种方式安装时，可以很容易地被移动到一边进行维护，而另一台同等规格的筛子移动到该位置运行到下一个维护周期，整个过程可以在几分钟内完成。

按照重要性的顺序，影响筛子的有效运转率的因素包括：筛分介质和衬板、

图 10-7 可移动式磨机排矿筛

驱动部件、结构部件、筛子构造。

在以上因素中，为增加设备的使用周期寿命，一直在进行采用新部件和前瞻性维护方法的探索，包括：专用的筛分介质、专用的电动机和电动机安装、振动器机构专用的轴承、模态分析以避免超过临界频率、最新的试验程序、专用的筛子隔离弹簧、防止腐蚀的专用表面涂层。

10.3.5 筛分介质

在磨机排矿筛中最普遍的维护项目之一是筛分介质。由于介质是连续地暴露给磨蚀性的矿石和被大量的水冲刷，它会以相对高的速率磨损，不仅要考虑磨损速率，还要考虑开孔面积和更换时间，这些因素会极大地影响生产和有效运转率。对磨机排矿筛要考虑的因素包括：材质如橡胶、聚氨酯或钢介质，裸铸或注铸的聚氨酯，介质的有效开孔面积，筛孔附近介质的厚度，筛孔的后倾角，筛孔形状，介质固定的方法。

10.3.5.1 筛分介质材料的类型

橡胶介质一般适用于高冲击和大块物料的情况，因此，磨机排矿筛的上层筛板可采用橡胶。聚氨酯则适用于需要更高的开孔面积和更高的耐磨寿命的情况。当需要接收在磨机排矿筛上层筛板看到的给矿粒度时，采用聚氨酯介质系统是可行的。如果在矿石中有石油产品或其他化学品，则与橡胶相比，聚氨酯更稳定。由于磨机排矿筛应用的高磨蚀性特点，只有当需要更高的开孔面积时，才采用钢丝编制筛网。

10.3.5.2 聚氨酯介质的类型

当选择聚氨酯介质时，首先确定该介质是注铸的还是裸铸。注铸过程是在一个热模中，需要面板快速固化。裸铸过程是在室温下的敞开式模具中进行，其固化时间长得多。由于裸铸系统的固化时间更长，模具通常设置成同时制造多个面板，这就导致比注铸系统更高的工具成本，而注铸系统每种筛孔规格只需要一个小的模具。裸铸模具系统更长的固化时间形成交错的分子网状聚氨酯，注铸系统趋向于产生线性粒状结构的聚氨酯，两种不同的工艺过程也需要不同类型的氨基甲酸乙酯混合物。注铸系统通常采用聚醚型聚氨酯，裸铸系统通常采用聚酯，使用结果显示，裸铸筛分介质板一般能比注铸筛分介质板持续 30%~50%的更长时间，注铸介质板确实有更高的精确度，特别在筛孔直径小于 1.5 mm 时更显著。当筛分低于这个粒度范围时，需要考虑产品粒级混杂可接受的水平。如果裸铸筛板不能满足所需的精确度，就有必要牺牲耐磨寿命而采用注铸介质筛板。

10.3.5.3　开孔面积

大多数聚氨酯和橡胶介质的制造商采用相对开孔面积（ROA）比较开孔面积。ROA 只是测定在筛网网格面积上开孔面积与聚氨酯介质面积的比值，而不考虑筛板中更厚的边框。为了得到真正的开孔面积数值，必须考虑有效的开孔面积（EOA）。EOA 采用下式计算：

$$\text{EOA} = \text{筛孔数量} \times \text{单个筛孔面积} / \text{整块介质筛板的面积} \tag{10-17}$$

当计算给定的筛子能够通过的矿浆体积时要考虑 EOA。

10.3.5.4　厚度和后倾角

当选择筛分介质时，并不总是越厚越好，可以根据后倾角来解释。聚氨酯和橡胶筛板的筛孔模制的上部较小、底部较大，这种锥形的设计避免了物料堵塞，使得矿石颗粒一旦通过了筛孔的最窄点则可自由落下通过筛板。随着介质的磨损，其趋向于筛孔最窄的部分磨损。在筛板的寿命期间，筛孔壁上的一些点变得平行，之后会发生堵塞。由于堵塞降低了有效的开孔面积，生产能力会降低。为使生产能力回到正常水平的唯一途径是更换筛板，这就导致更大比例的筛板被扔掉。小筛孔通常比大筛孔有更大的后倾角，这是基于更大颗粒仍然有更多的能量，并且比较小的颗粒更容易抛出筛孔。方形筛孔的筛板非常坚硬，比条缝筛板或柔性筛网需要更大的后倾角。

10.3.5.5　筛孔形状

与方形筛孔相比，条缝的筛孔筛分效率可以增加 25%，这是由于颗粒击中筛孔而不是围绕筛孔网格的概率更高。条缝筛孔会允许更扁平的物料通过筛板，这在选矿厂的应用中通常不是问题。圆形筛孔能够降低堵塞，提供更长的介质寿命，但换取的是降低开孔面积。圆形筛孔要取得与方形筛孔同样的分离效率，其规格必须大于方形筛孔。

10.3.5.6　筛板的固定

筛板介质系统有许多类型，每种类型采用不同的方法与筛子固定。在大的给矿粒度或高床层厚度的应用中，应选择在筛板下面有良好支撑的介质，经常采用螺栓固定。在小的给矿粒度或较低的床层厚度的应用中，通常采用子母扣固定，这样易于维护。

10.4 性能优化和磨损费用

性能优化的目的是使筛子在尽可能最低的磨损成本下，以其与生产目标一致的最高能力和效率运行。

10.4.1 性能优化

在某种程度上，通过增加筛子固体给矿量（或磨机排矿量）可以获得更高的筛子给矿量。然而，在其他条件没有改变的情况下，可能会牺牲筛分效率（见图 10-4），筛分效率是与分层和颗粒透过筛孔的概率相关的。

10.4.1.1 分层

当由于分层很差造成筛分效率降低时，操作者应当采取下列措施：

（1）降低给矿量；

（2）增加传送速率，产生一个较低的床层厚度；

（3）增加筛分能量（惯性力），惯性力取决于冲程、转速和旋转方向；

（4）如果是干筛，改变为湿筛；

（5）更换筛分介质，如可改成多流式筛板；

（6）保证筛子给矿端整个宽度上给矿均匀分布。

10.4.1.2 通过的概率

当通过的概率差而造成筛分效率低，操作人员应当采取下列措施：

（1）降低传送速率，增加停留时间；

（2）当逆向转动时增加倾斜角；

（3）根据筛分开孔规格优化惯性力（转速和冲程）；

（4）改为湿式筛分；

（5）更换筛分介质，如增大开孔面积；

（6）如果使用流动条件，把圆运动转变为逆向；

（7）保证筛子给矿端整个宽度上给矿均匀分布。

10.4.2 优化磨损费用

磨损费用取决于：筛分介质、夹紧杆和边衬、给矿箱和排矿嘴、电动机和驱动机构、弹簧、轴承和机械支撑、支撑架和侧板。

为了降低磨损费用，操作人员应当采取下列措施：

（1）采用合成材料介质和衬板；

（2）通过降低床层厚度和采用更小的颗粒粒度与筛孔规格之比，减小介质和物料之间的摩擦力；

（3）降低能量水平（减小惯性力）；

（4）采用直接驱动替代皮带驱动；

（5）采用直线运动替代圆运动。

参 考 文 献

[1] WILLS B A，NAPIER-MUNN T J. Mineral Processing Technology [M]. 长沙：中南大学出版社，2008.

[2] METSO. Screening [EB/OL]. [2024-02-05]. https://www.metso.com/portfolio/screens/.

[3] WEISS N L. SME Mineral Processing Handbook [M]. New York：AIME. 1985：14C-1-14C-18.

[4] BOTHWELL M A，MULAR A L，Coarse screening [C]//MULAR A L，HALBE D，BARRATT D. Mineral Processing Design，Practice，and Control. Littleton：SME，2002：894-916.

[5] FUERSTENAU M C，HAN K N. Principles of Mineral Processing [M]. Littleton：SME，2003：119-148.

[6]《选矿设计手册》编委会. 选矿设计手册 [M]. 北京：冶金工业出版社，1988：132-134.

11　细粒筛分设备的选择计算

11.1　概述

一般来说，细粒筛分应用的颗粒分离范围是 38 μm（400 目）~ 10 mm[1]。细筛有振动筛和固定筛两类，振动筛通常是采用椭圆运动或者直线运动的高频率低振幅振动筛，其特点是单位处理能力高、效率高。固定筛像弧形筛一样相对能力较低，通常多段筛分才能获得所需的效率。

细筛可用于湿式或干式分离，它们的机理完全不同。在湿式筛分中，固体颗粒以矿浆形式给到筛分，足以通过筛孔的小颗粒随流体携带通过，该过程在一个相对短的长度上完成。一旦大部分的液体除去，筛子像振动输送机一样简单动作直到添加更多的水除去额外的细粒。在大多数情况下，设备要求可以根据单位宽度上的单位给矿量来确定筛子的规格。

干式筛分是一个统计过程，计算颗粒给到筛面上多次滚动、弹跳或移动过筛面的长度。为了通过筛面，筛下粒级的颗粒必须以正确的方式进到一个筛孔上且能够通过，干式筛分的筛面需要有一定的长度，且筛分面积是一个重要的设计参数。设计上，干式细筛一般根据单位面积的单位给矿量来确定筛子的规格。

11.2　筛分效率

对大多数的筛分应用，从细筛得到的一个或多个产品的粒度分布是重要的性能标准。筛分效率是评估筛分性能的重要参数，类似于选矿厂的回收率，而特定矿流的粒度分析类似于选别的精矿品位。筛分效率可以认为是被筛子顺利通过的颗粒的分数。在预期的粒级中，从筛分给矿、筛上粒级和筛下粒级矿流的粒度分析中可以计算出三个效率值。筛上粒级效率是给矿中能回收到筛上粒级产品流中的筛上粒级颗粒的分数。类似地，筛下粒级效率是给矿中能回收到筛下粒级产品流中的筛下粒级颗粒的分数。总的效率是已回收的颗粒的总分数。

质量分配和效率值计算如下[1]：

筛下粒级权重：
$$U = \frac{100(C - A)}{C + D - 100} \tag{11-1}$$

筛上粒级权重：
$$O = 100 - U \tag{11-2}$$

筛下粒级效率：
$$E_{U} = \frac{UD}{B} \tag{11-3}$$

筛上粒级效率：

$$E_O = \frac{OC}{A} \tag{11-4}$$

总效率：

$$E = \frac{UD + OC}{100} \tag{11-5}$$

式中　A——给矿中筛上粒级的百分数；

B——给矿中筛下粒级的百分数（100−A）；

C——筛上粒级产品中筛上粒级（粗粒）的百分数；

D——筛下粒级产品中筛下粒级（细粒）的百分数。

例如，给矿物料分析 95.9%小于 0.105 mm，需要 0.105 mm 分离。筛分产品粒级分析表明，筛上粒级 58.4%小于 0.105 mm，而筛下粒级产品中 98.7%小于 0.105 mm。因此，A=4.1，B=95.9，C=41.6，D=98.7。采用上述公式，计算得 U=93.1、O=6.9、E_U=95.8、E_O=70.5、E=94.7。在这个例子中，筛分设备回收了约 95%的物料。

11.3　细粒筛分设备

11.3.1　高频振动筛

高频振动筛是超细筛，适合于细粒湿式筛分，分离粒度为 0.075～1 mm，如德瑞克的高频细筛分离粒度可达 45 μm。超细筛在许多应用中可以替代水力旋流器，也可与水力旋流器一起组成两段分级回路。部分超细筛的技术参数见表 11-1。

表 11-1　部分超细筛的技术参数

型号	层数	面积/m²	功率/kW	激振器频率/次·min⁻¹	行程/mm	尺寸（宽×长×高）/m×m×m
UFS2	2	3	2×2.06	1800～3600	0.5～3.5	1.8×4.1×1.9
UFS4	4	6	2×2.06	1800～3600	0.5～3.5	1.8×4.3×2.4
UFS6	6	9	2×2.06	1800～3600	0.5～3.5	1.8×5.0×2.9
UFS8	8	12	2×2.06	1800～3600	0.5～3.5	1.8×5.1×3.3
UFS10	10	15	2×2.06	1800～3600	0.5～3.5	1.8×5.3×3.8

高频筛的振动采用小振幅、高频率，主要用于细粒的筛分。和粗粒物料筛分振动筛 700～1200 次/min 的频率相比，高频筛的振动频率在分离 100 μm 物料时可以高达 3600 次/min[2]。

高频筛湿筛作业时，一旦有外来水进入筛面，会严重影响筛分效率，故筛子可根据需求配备喷水系统，以保证正常的筛分作业。

11.3.2　高频筛的选择

虽然粗粒筛分中筛子的选择通常使用各种版本的筛分能力计算公式进行，但分离粒度小于 1 mm 的筛分选择满足不了常规的条件，通常需要进行试验验证。1 mm 以下的筛分传统上认为是很难处理的，需要使用传统筛分技术进行大面积筛分。细粒筛分的重大改进是通过高频筛实现的，该筛子利用不同的振动频率和“灵活”的筛分介质完成一系列筛分任务。这种筛子是目前处理能力大于 100 t/h 球磨机回路最实用的选择[2]。

为了准确估计特定应用的筛分能力，需要对大量样品进行试验工作。这通常在可行性研究阶段是不可行的，给设计带来了很大的难度，除非有类似应用的信息资料可用。

表 11-2 为一些已公布的高频筛能力的数据，这些数据可用于初步估计。表中的比筛分能力数据范围为 16~38 t/(h·m²)，因此，在估计比筛分能力时应格外谨慎。总的筛分面积和筛子数量可以基于筛分给矿量和估计的比筛分能力来估计。

表 11-2　高频筛能力[2]

矿石类别	筛孔规格/mm	给矿最大粒度①/mm	给矿中小于 74 μm 含量/%	固体密度 /t·m^{-3}	比筛分能力 /t·(m^2·h)$^{-1}$
煤 1	0.29	3.0	40~50	1.4	32
煤 2	0.21	3.0	40~50	1.4	24
铜矿石 1	0.30	3.0	30	2.8	28
铜矿石 2	0.23	3.0	40	2.8	29
铜矿石 2	0.30	3.0	40	2.8	30
铜矿石 2	0.35	3.0	40	2.8	32
铜矿石 2	0.43	3.0	40	2.8	38
铜铅锌矿石	0.23	1.0	30	3.4	30
铜铅锌金矿石	0.5	3.0	38	3.4	17
P_2O_5 矿石	0.5	6.0	35	3.1	24
磷灰石	0.4	3.0	20	2.9	16
磁铁矿矿石 1	0.1	0.5	40	4.2	38
磁铁矿矿石 2	0.063	0.1	95	4.2	32

①估算值。

11.3.3　固定细筛

固定细筛有平面固定细筛和弧形固定细筛之分。平面固定细筛的筛面倾角一般为 45°~50°，筛面为条缝筛板，根据物料性质缝宽一般为 0.1~0.5 mm。弧形固定细筛的筛面通常为圆弧形，其特点是利用物料沿曲线运动产生的离心力来提高筛分效率，分级效率高于平面固定细筛，通常用来对细粒物料进行湿式分级，如铁矿选矿厂的磁铁精矿筛分。

弧形筛一般用于细粒物料（<10 mm）的筛分和脱水，也可用于重介质选矿作业脱介质用。它的优点是结构简单，轻便，占地面积小，无运动部件和传动机构，生产能力大（在筛分效率与振动筛相近时，弧形筛的处理量比振动筛大 10 倍以上），分离精度高，筛孔不易堵塞；缺点是筛上产品含水分高，要求给矿均匀，筛条磨损快，给矿要求有一定的压力。

弧形筛的筛分效率一般为 75%~80%，筛孔间隙比分离粒度大 1.1~3.0 倍，见表 11-3。

表 11-3　弧形筛筛孔间隙与筛下产品计算粒度的关系[3]

筛下产品计算粒度/mm	0.2	0.3	0.4	0.5	0.6	0.8	1.0	1.5	2.0	2.5	3.0
筛孔尺寸/mm	0.6	0.7	0.8	1.0	1.1	1.4	1.6	2.2	2.5	3.0	3.2

弧形筛的给矿有矿浆自流（给矿速度 0.5~3.0 m/s）及用泵正切压入（入口流速 6 m/s 以下）筛面两种方式。一般弧形筛曲率半径为 500~600 mm，中心角 90°，面积为 1 m^2。

弧形筛的处理量 Q(t/h) 按下列经验公式计算[3]：

$$Q = 160F\mu K \tag{11-6}$$

式中　F——筛网面积，m^2；

μ——矿浆的给入速度，当自流式给入矿浆时，μ=0.5~3 m/s；当用泵给入矿浆时，μ 可达 6 m/s，给矿速度增加，分离精度降低；

K——筛网有效面积系数，一般取 K=0.3~0.4。

弧形筛还可按下式进行单位容积处理量 q_0(m^3/(m^2·h)) 的近似计算：

$$q_0 = 170\sqrt{a} \tag{11-7}$$

式中　a——筛孔宽度，mm。

11.4　湿式细粒筛分

与粗粒筛分不同，细粒筛分即使有大量的数据点，也难以对细粒筛分开发准确的数学模型或者使用指南。精确的细粒筛分设备要求、操作条件及其性能最好通过代表性样品进行全规模的筛分试验确定。

湿式分离合适的筛分设备的选择和运行取决于工艺目标。例如，一种工艺可能需要最大的筛上粒级效率（回收筛上粒级），如果在分级回路中采用细筛，所有粗的没有解离的颗粒将通过筛子回收并送回到磨矿机。筛下粒级效率同样重要，但工艺可以容忍一些细粒随粗粒回到磨机。又如用细粒湿式筛分回收介质，筛上粒级的最大回收率（高的筛上粒级效率）是关键参数。如果产品要求需要最少量的细粒，那么筛下粒级效率（筛下粒级回收）是重要参数，筛分应当除去给矿中的几乎所有细粒。在脱水应用中，很低的筛下粒级效率是合理的，目的是使尽可能多的颗粒脱水。在以上例子中，应当选择不同类型的筛子，其操作变量也是不同的。

11.4.1 影响湿式筛分的因素

11.4.1.1 *给矿量*

筛分设备的处理能力被界定为满足预期的产品要求的最佳给矿量[1]。给矿量一般以干的质量流量（t/h）表示，是影响筛分性能的最关键因素之一。筛分能力将确定所需筛分设备的数量，超过该能力会导致筛下颗粒进入筛上粒级矿流中，并且降低筛面寿命。在一定范围内，可以超过最佳给矿量，但筛分效率没有大的降低，这取决于其他因素。湿式细筛的处理能力最好是通过全规模试验确定，以优化影响筛分性能的所有因素。

11.4.1.2 *给矿密度*

如上面所说，筛下粒级由流体通过筛孔输送，因此，流体的体积分数将影响筛分效率。筛分效率随给矿浓度降低而增加。在实践中，已经发现20%左右的筛分给矿体积浓度是合理的，与干的固体密度无关。例如，对干的固体密度为2.65 t/m^3 的石英砂，能够在给矿质量浓度为45%的条件下获得高的筛分效率；对密度为5.0 t/m^3 的矿物，筛分给矿应当是约为55%的质量浓度获得合理的筛分效率。

使筛下粒级效率最大化，筛分给矿矿浆浓度甚至可能更低，大概为10%~15%的体积浓度，表明通常把水加到筛分给矿矿浆中比同样量的水通过喷嘴直接加到筛面更有益。对脱水筛分，筛分给矿应当是可获得的最高给矿浓度，目的是在筛上留住最大量的固体。

11.4.1.3 *给矿粒度分布*

给到筛分的物料粒度分布是影响湿筛设备处理能力和性能的重要因素之一。筛上粒级的颗粒必须输送离开筛分，处理能力一般随着筛上粒级的量增加而降低。另一个重要因素是筛分给矿中接近粒度的物料量，接近粒度定义为：等于比筛孔更大和更小2个网目规格的颗粒。接近粒度中，筛上粒度的物料阻碍了筛下物料得到并通过筛孔的能力，在一些场合能造成堵塞。当处理大量的接近粒度物料时，筛分介质的选择相当重要。

11.4.1.4 *筛孔和开孔面积*

开孔越大，设备处理能力越大；相反地，随着预期的分离粒度降低，设备处理能力也降低。例如，全规模试验确定设备处理能力在 250 μm 筛孔下为 100 t/h，在筛孔为 150 μm 条件下设备处理能力可能降至 20% ~ 40%。在给定的筛孔下，特定筛面的开孔面积也影响设备处理能力。为了增加筛板寿命，采用较低开孔面积的更坚固的筛面是合理的，但这样会导致较低的设备处理能力。

11. 4. 2　湿筛的类型

11. 4. 2. 1　可选加水的单给矿点细筛

单给矿点细筛，特别当设计有喷水时，通常用于从筛上粒级中最大可能地除去筛下粒级，如图 11-1 所示。浆化筛装配有喷嘴，喷嘴直接朝向位于一个筛分区或多个筛分区中间有内衬的洗涤槽。如前面讨论的，水通过筛孔是主要方式，借助于水，筛下粒级颗粒通过筛孔输送。通过对筛上粒级再浆化一次或多次，额外的细粒或化学物质可以被除去。洗涤槽很重要，因为它喷出的水直接对着细筛表面可能会急剧降低筛板寿命。

图 11-1　德瑞克浆化筛[1,4]

11. 4. 2. 2　多给矿点细筛

如前所述，细粒湿筛的过程可以在相对短的长度上完成，因此，设备几何形状的理想类型应当是一种短而宽的筛分设备。由于这个概念是不容易实现，制造商已经设计了采用多给矿点的筛分机械。如图 11-2 所示，2 个或 3 个短筛平行完成了单个短筛的任务。已经证明，多给矿点细筛比等量的单给矿点设备能力高出 50% ~ 125%。

当筛分的目的是使筛上粒级最小，且容许筛上粒级中含有少量的筛下粒级时，多给矿点细筛是首选。目前，制造商设计了叠层细筛，如图 11-3 所示。

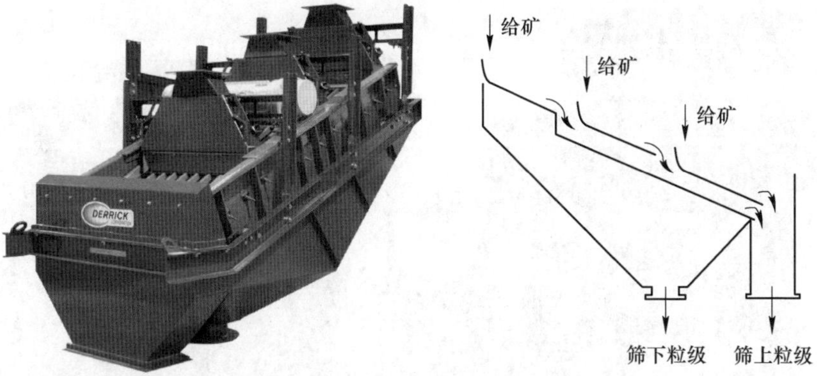

图 11-2 德瑞克多给矿点细筛[1,4]

图 11-3 叠层细筛（8 层）[4]

11.4.2.3 脱水筛

脱水筛有两种基本类型。第一种类型（也是最通用的）是水平线性运动筛，如图 11-4 所示。这种类型的设备基本上是高浓度给矿以使游离水最小，给矿中的水量最小化会使筛上粒级回收率最大化。筛子只是充当振动输送机，从固体中除去水，把物料输送到排矿溜槽中，筛上粒级的水分含量随着筛子产生的加速度或重力增加而降低。

第二种类型的脱水筛是倾斜设备，具有真空特性以利于从筛上粒级中除去水，如图 11-5 所示。该设备的筛上粒级排矿区连接到一个小鼓风机的吸入口，这种类型的细筛可以基本上产生比类似的水平线性振动筛水分更低的产品，且对于颗粒粒度大于 75 μm 的物料是最合适的。

图 11-4 由水力旋流器给矿的脱水筛[4]

图 11-5 真空辅助脱水筛[1]

11.4.2.4 细粒湿式筛分筛面——聚氨酯

在细粒湿式筛分技术上最大的进展之一是高开孔率、高耐磨性的细筛聚氨酯筛面的发展，如德瑞克公司提供的筛孔 100 μm 筛板，其开孔面积类似于细的编织金属丝筛板，一块 0.15 mm（100 目）的聚氨酯筛板开孔面积约为 35%。细筛聚氨酯筛板寿命比编织金属丝筛板长 10~20 倍，且不易堵塞。在细筛聚氨酯筛板出现之前，选矿厂设计者都避免采用细筛，因为细的编织金属丝筛板的消耗速率太高。随着采用长寿命的聚氨酯筛板，细粒筛的经济效益提高了。

11.5 干式细粒筛分

工业矿物和砂通常需要细筛以获得满足细度要求的产品，细筛通常安装在破碎之后或干燥之后，需要多段筛分分级串联运行。采用干式细粒筛分的矿物产品有玻璃砂、霞石、正长岩、橄榄石砂、石灰石、石墨、聚丙烯和聚乙烯颗粒等。

11.5.1 干式筛分设备的类型

干式细粒筛分应用的高频振动筛分设备通常是单层和双层的，三层也是可以的，但可能是不经济的。用单层筛可以产出两种筛下产品和一种筛上产品，这需要一个双腔室筛下漏斗，较粗的筛板放置在最前面。类似地，一个双层筛分装置可以配置产出四种产品。单层筛分设备的实例如图 11-6 所示。

干式细粒筛分的振动筛频率一般为 1500~3600 次/min，颗粒的加速度为 $3g$~$5g$，在这个范围的下限可以进行较粗的分离，越细的分离一般需要的频率越高。细粒干式分离的筛板角度范围为 25°~45°，在一些应用中（如细粒的石墨）

图 11-6　单层干式细粒振动筛[4]

甚至需要更大的角度。一般来说，物料筛分在安息角或接近安息角下进行。多倾角筛的角度沿着筛面的长度降低，通常用于接近粒度的物料会出现低效筛分的情况。

11.5.2　影响干式细粒筛分的因素

对干式细粒筛分设备的运行，给矿特性、设备设计参数和运行参数等都会影响其性能。

（1）水分。干式细粒筛分给矿的水分含量是影响性能的最主要因素，对细粒分离，即使0.5%的水分也能造成筛面堵塞。这是因为最细的颗粒有很大的比表面积，会比大块物料含有更多的水分，含有较高水分的最细颗粒会与其他细颗粒聚结，或黏结到较大颗粒上导致筛孔堵塞，最终减少有效筛分面积，阻碍细粒透过筛孔。因此，干筛的细粒给矿应当尽可能的干燥，甚至需要完全干燥。

（2）安息角。干式细粒筛分一般是在筛分设备安装或接近物料安息角的条件下进行的。安息角从水平起进行测定，是对倾斜振动筛开始选择过程确定的重要参数之一。一些物料必须在稍大于安息角的角度下得到必要的剪力，使细粒能够在筛面上得到分离。

（3）松散密度和密度。另一个因素是给矿物料的松散密度。较重的物料会比较轻的物料更迅速地通过筛面。颗粒密度，更具体地说，在颗粒和周围流体（空气）之间的密度差影响着颗粒通过流体的速度，周围流体（空气）有一个相对低的密度和由于阻力产生的约束力。

（4）粒度分布。类似于湿式筛分，给到筛子的物料粒度分布及接近粒级颗粒的量，影响干筛设备的处理能力和性能。对给定的物料，随着给矿中筛下粒级量的增加，会需要更多的单位面积使细颗粒更快地透过筛孔。接近粒级的筛上粒级颗粒会趋向于停留在筛面，阻碍筛下粒级颗粒透过筛孔，接近粒级的筛下粒级颗粒会以比更细颗粒更慢的速率透过筛孔，因此会需要更多的单位面积。

（5）颗粒形状。在一些场合下，颗粒形状是必须考虑的因素。例如，一些天然石英砂矿床由磨圆的颗粒组成，如果这些颗粒的很大一部分直径接近筛孔的规格，筛分能力和性能可能会受到影响，必须对筛板设计给予专门的考虑。扁平的颗粒如云母和天然石墨，也会呈现出一些特殊的问题，通常通过筛板设计和增大设备倾角的组合来解决。

（6）给矿箱设计和选择。筛分设备给矿箱的设计也很重要，给矿箱的目的是在筛分设备的宽度上得到均匀的给矿分布，使对筛分介质的磨损最小化。根据筛分物料的颗粒粒度和磨损特性，给矿箱可以设计成简单的溜槽或者是更复杂的集成组合，从而降低给矿流在其分布到筛面之前的速度。

11.6　细粒筛分的设计准则

确定初步的设备需求、运行条件和估计的筛分性能，需要以下基本的资料。

11.6.1　细粒湿式筛分

对细粒湿式筛分，需要下列数据：

（1）筛分的总干矿量，包括循环负荷；

（2）干的固体密度；

（3）筛分给矿矿浆密度；

（4）预期矿流和浓度的最小和最大范围；

（5）给矿粒度分布；

（6）预期的分离粒度；

（7）对产品要求，包括任何下游对矿浆浓度的要求；

（8）任何设备布置要求，包括净空要求。

11.6.2　干式筛分

对干式细粒筛分，需要下列数据：

（1）筛分的总干矿量，包括循环负荷；

（2）松散密度；

（3）给矿水分含量；

（4）筛分物料的安息角；
（5）预期的分离粒度和产品要求；
（6）筛分物料的温度；
（7）环境温度范围；
（8）任何设备布置要求，包括净空要求。

11.7 细粒筛分的优点和实例

11.7.1 分级效果的改善

目前选矿中最常见的磨矿回路都是球磨机与旋流器闭路，由于其紧凑的设计、简单的操作和低的投资，旋流器已经替代了其他类型的分级机（如螺旋分级机和耙式分级机，这些分级机目前只在特定的应用和老的选矿厂中使用）。旋流器的实际优势超过了在分级效率方面的劣势，尤其是在相对较高的固体含量下运行时。图 11-7 显示了旋流器分级效率随着旋流器给矿浓度的增加而迅速降低的状况。在通常用于球磨机回路浓度范围（45%～65%）内，旋流器分级效率通常低于 50%，这对球磨机回路处理能力有不利影响。

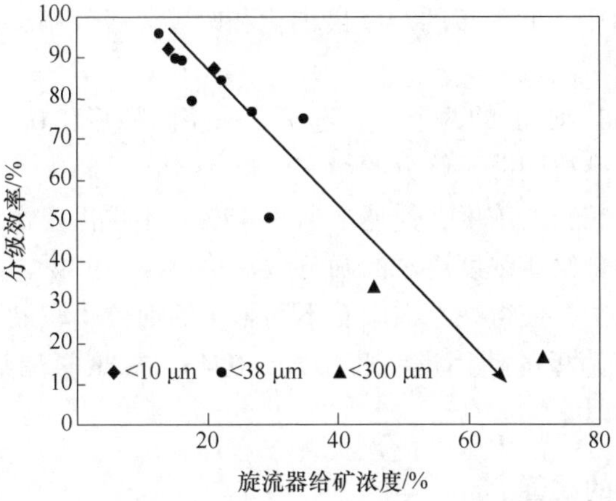

图 11-7 旋流器给矿浓度与分级效率[2]

与旋流器和其他水力分级机相比，筛分效果更优越，使用筛子代替旋流器与球磨机闭路的效果早已确定。以前，采用筛分遇到的问题是，对于小于 1 mm 的细粒分离，由于需要过大的筛分面积而变得不切实际。随着细粒筛分技术的发展，以前在连续细筛中遇到的许多问题已经被克服，例如堵塞和低能力。研究结果表明[5-6]，细筛可以对一些浆料进行有效的分级，且很少有细粒旁通。

当有用矿物和脉石矿物之间的密度有很大差异时，在磨矿回路采用细筛有最大的优势。常规的分级方法如旋流器和螺旋分级机，依据沉降速度差来分离颗粒；然而，当矿物密度有差异时，大的脉石或中等颗粒及较细的精矿颗粒有相似的沉降速度，这就导致颗粒的错位，结果是脉石和中等颗粒最终到回路产品中，细粒解离的有用矿物被送回到磨机中过磨。采用细筛，只是根据粒度进行分离，不管是磨机能力还是单位能耗均可以产生较大的效益。

据估计，在闭路磨矿的球磨机回路中用筛子代替旋流器可节省 10%~25%的能源[7]。例如，一个钛铁矿的磨矿回路最初是与旋流器闭路，为了改善分级效率，用细筛取代旋流器，循环负荷从 300%~350%降低到小于 100%，回路能力增加了约 30%[1]。

明尼苏达的一个铁矿公司，需要增加处理能力和改善产品质量，他们没有增加投资和时间安装额外的磨矿能力，而是决定修改第二段磨矿回路以改善分级。在最初的磨矿回路中，磨机排矿用泵送到旋流器，底流返回磨机。半工业试验和计算机模拟研究开发和安装了一个新的回路，回路中新给矿用泵送到旋流器，旋流器底流直接给矿磨机，磨机排矿用泵送到采用细粒聚氨酯筛板的振动筛，筛下粒级与旋流器溢流合并作为回路产品，筛上粒级给到磁选机，磁选机精矿返回到磨机。这个新回路的效益相当显著，产量增加 30%~34%，处理每吨物料的功率消耗降低 24%；由于中间粒级的产率最小化和改善分级效率，在较粗的磨矿细度下得到了同样的精矿品位。

在土耳其 Milas、Esan 的两个长石选矿厂采用高频筛和 0. 23~0. 5 mm 的聚氨酯筛板，筛子与球磨机闭路，筛分的给矿浓度为 48%~55%，这个相对高的给矿浓度需要保持筛下粒级的浓度在浮选之前为 45%，不再需要额外的脱水作业。采用这个相对高的筛分给矿浓度，总的筛分效率为 94%~99%。筛子的使用预期超过了其他的分级方法，使得在浮选中有不利影响的细粒产率最小化，总体经济效益随着细粒聚氨酯筛板的使用进一步增加。0. 43 mm 聚氨酯筛板的使用寿命在 Esan 超过了 7200 h[1]。

11. 7. 2　精矿品位的改善

在许多铁矿选矿厂采用的细筛降低了最终精矿中硅的含量，通过用湿式细筛从最终磁选精矿中除去大于 53 μm 的颗粒，硅含量降低了 1. 0~1. 5 个百分点。采用细筛的成本远低于更细的磨矿或采用浮选的费用。最初，弧形筛曾是工业标准，在 20 世纪 80 年代早期，带有多给矿点的高频振动筛应用得更普遍了[1]。

11. 7. 3　重选回收率的改善

加拿大铁矿公司在现有的螺旋选矿车间的前面安装了单给矿点配有 0. 35 mm 筛孔的聚氨酯筛板的湿式细筛，以从磁选尾矿中回收细粒铁矿。通过从螺旋给矿中除去粗粒石英，螺旋溜槽能够被调整回收更多 75～425 μm 的颗粒及通常损失的细粒赤铁矿。在螺旋之前的筛分效果表明，其有潜力把总的选矿厂铁回收率增加 2.5%[1]。

11.7.4 浮选性能的改善

Samitri 在巴西的 Alegria 矿山最初生产含硅 3.0%～3.5%的铁矿球团给矿，为了满足新的客户需求（含硅小于 1.0%的精矿），Samitri 开发了含有细筛—浮选的新工艺。单独浮选是不成功的，因为给矿中含有约 35%的大于 0.15 mm 物料。实验室试验和半工业试验确定，要满足精矿品位要求，浮选给矿所含的大于 0.15 mm 颗粒必须小于 5%～10%。1992 年，Samitri 安装了 24 台多给矿点细筛，以便从浮选给矿中除去大于 0.15 mm 粒级颗粒。

在第一年的运行中，Samitri 采用细粒编织筛网筛板。1994 年，采用筛孔为 0.18 mm 的聚氨酯筛板取代了细粒编织筛板，筛子的运行成本大为降低，编织筛网平均使用 250 h，聚氨酯筛板的平均寿命超过 7000 h。

参 考 文 献

[1] VALINE S B，WENNEN J E. Fine screening in mineral processing operations [C]//MULAR A L，HALBE D，BARRATT D. Mineral Processing Design，Practice，and Control. Littleton：SME，2002：917-928.

[2] JANKOVIC A，VALERY W. Energy efficient ball mill circuit-Equipment sizing considerations [C]//Metallurgical Plant Design and Operating Strategies（MetPlant 2013）. Perth：July 2013.（https：//www. researchgate. net/publication/283083038）

[3]《选矿设计手册》编委会. 选矿设计手册 [M]. 北京：冶金工业出版社，1988：132-134.

[4] DERRICK. Screens [EB/OL]. [2024-06-16]. https：//derrick. com/mining-industrial/.

[5] KIRK T A. Closed circuit grinding with vibrating screens [C]//Proceedings 16th Canadian Mineral Processors Conference，Ottawa，January 17-19，1984.

[6] ROGERS R S C，BRAME K A. An analysis of the high frequency screening of fine slurries [J]. Powder Technology，1985，42：297-304.

[7] JANKOVIC A，VALERY W. Closed circuit ball mill—Basics revisited [C]//MEI Comminution 2012 Conference. Cape Town：17-20 April，2012.

12　螺旋分级机的选择计算

12.1　概述

在水力旋流器出现和广泛采用之前，在闭路磨矿中通常采用的主要是螺旋型的机械重力分级机。由于当时采用的球磨机规格小，螺旋或耙式分级机可以很便利地配置在球磨机的旁边，接受球磨机的排矿，并且把返砂返回到磨机的给矿端。随着球磨机直径和长度的不断增加，这种便利的配置不再适用。因此，在现代的应用中，重力分级机在闭路磨矿中很少使用。当然，在矿物加工中仍然有几种情况还采用螺旋分级机，如矿石、砂子和盐的分级、洗涤和脱水。本章专门讨论螺旋分级机，其原理也同样适用于耙式和刮板的分级机。

磨矿回路中的分级设备，根据工作原理基本上可分为以下两大类：

（1）利用重力或离心力，按颗粒在流体中的沉降规律进行物料分级的设备，如螺旋分级机、水力旋流器、圆锥分级机和槽形分级机等；

（2）通过控制颗粒的几何尺寸，按颗粒大小进行物料分级的设备，如振动筛、弧形筛和细筛等。

近年来，随着装备技术的发展，磨矿回路过程控制技术也显著提高，磨矿回路的分级设备已主要为水力旋流器和筛分设备（振动筛、圆筒筛和高频振动筛等），以前在第一段磨矿回路中普遍采用的螺旋分级机，现在仅限于在小型的第一段磨矿回路使用（规模太小，无法选用水力旋流器）。

本章讨论重力分级机选择的关键参数，给出了用于计算运行规格所需的机械重力分级机的三个基本要素：沉降速度、溢流能力和返砂能力，描述了常规应用的示例，最后评价了在运行期间可以进行的调整以改变设备运行性能。

12.2　设备描述

螺旋分级机有一个倾斜加长的装配式钢板与结构钢的槽体，在槽体中有一个螺旋总成（单螺旋分级机）或两个螺旋总成（双螺旋分级机）平行安装在槽体底部，且不与槽体壁或槽体底部接触而缓慢旋转[1]。分级是根据粒度或密度通过在槽体中颗粒的沉降速度差别来完成的。

给矿一般通过在槽体一边的沉降池水平面的一个矩形给矿口进入。槽体装有一个可调节的溢流堰以保持浆池的液位，以及一个溢流箱以收集溢流产品，溢流产品主要是细粒和水。较粗的，或较重的沉降固体，通常称为耙集物，被沿着排水底板由旋转的螺旋传送，并且在槽体的上端排出。

根据预期的分离粒度，槽体的深度或螺旋在溢流端的沉没度基本上在螺旋直径的90%~150%之间，较低的沉没度用于粗粒分离，较高的沉没度用于细粒分离。为了增加沉降面积，箱体可以是喇叭形的，喇叭形可以降低溢流速度允许更细的颗粒分离。为了进一步降低溢流速度，也可以增加侧面溢流堰。

槽体的坡度一般为14°~18°，较高的坡度（较小的沉降池面积）用于粗粒分离，较低的坡度（较大的沉降池面积）用于细粒分离。耙集的机械结构有安装在一个主轴上的一个单螺旋（单螺距）或双螺旋（双螺距），螺旋从溢流堰到沉降池液面之上是连续的。螺旋分级机在直径上有一个序列，如美国的螺旋外径范围为610~1981 mm、增量为152 mm。螺旋的螺距（每转的进距）一般是螺旋外径的50%~75%。双螺距螺旋结构之间相距为180°，三螺距螺旋的结构为螺旋之间相距120°。在相同的旋转速度下，双螺距螺旋的耙集能力是单螺距旋螺的2倍，三螺距螺旋的耙集能力是单螺距螺旋的3倍。当耙集能力超过单螺旋总成（单螺旋分级机）的能力时，可以增加第二个螺旋总成。有两个螺旋总成的分级机称为双螺旋分级机。

螺旋分级机由两个尺寸确定，螺旋直径和槽体内部长度。进一步确定包括螺旋总成的数量、单螺旋分级机（一个螺旋总成）或双螺旋分级机（在一个槽体中两个螺旋总成）、每个总成中螺旋的数量（单螺距、双螺距或三螺距），以及沉没度。进一步的改进是把槽体做成喇叭形状以增加溢流堰长度。槽体可以是直的（无喇叭形）、中等喇叭形（部分喇叭形），或全喇叭形。

螺旋分级机的关键部分是主轴，主要是有壁厚足够的大直径无缝钢管，以防止由于螺旋重量和螺旋施加的推力负荷导致偏斜。铸铁或钢的支臂被固定到主轴上，由分段环形钢翼组成的螺旋用螺栓固定到支臂上形成连续的螺旋，可更换的耐磨损套用沉头螺栓固定到钢翼的前缘。耐磨损套的材料是聚氨酯、硬镍、耐磨钢或陶瓷。

主轴在上端有一个支点，低端是由密封的滚动轴承组成的沉没轴承，用螺栓固定到主轴的低端，且易于由螺旋提升装置提起、便于检查和维护。沉没的轴承采用油脂润滑，油脂从油脂管沿着主轴中心延伸到位于上端的油脂加注口。螺旋驱动与超过排矿点的主轴上端相连接。现代的驱动由安装在主轴上的齿轮电动机组成，或安装在主轴上的减速机通过V形皮带和电动机驱动。

表12-1~表12-5分别为螺旋分级机和螺旋洗矿机的规格及主要技术数据。

表 12-1　螺旋分级机的沉降池面积

类型	螺旋直径/mm	箱体设计	沉降池面积/m^2		
			Model 100	Model 125	Model 150
单螺旋	600	直型	1. 40	1. 79	2. 17
		改进喇叭型	1. 55	2. 08	2. 64
		全喇叭型	1. 72	2. 41	3. 19
单螺旋	750	直型	2. 12	2. 70	3. 28
		改进喇叭型	2. 37	3. 21	3. 97
		全喇叭型	2. 65	3. 72	4. 89
单螺旋	900	直型	3. 01	3. 86	4. 72
		改进喇叭型	3. 36	4. 53	5. 81
		全喇叭型	3. 77	5. 30	7. 06
单螺旋	1000	直型	4. 12	5. 25	6. 39
		改进喇叭型	4. 61	6. 17	7. 89
		全喇叭型	5. 17	7. 25	9. 62
单螺旋	1200	直型	5. 30	6. 77	8. 2
		改进喇叭型	5. 96	7. 99	10. 2
		全喇叭型	6. 71	9. 40	12. 4
单螺旋	1500	直型	8. 23	10. 5	12. 8
		改进喇叭型	9. 25	12. 4	15. 9
		全喇叭型	10. 44	14. 7	19. 4
单螺旋	1800	直型	11. 8	15. 0	18. 1
		改进喇叭型	13. 3	17. 7	22. 6
		全喇叭型	15. 0	20. 9	27. 8
单螺旋	2000	直型	13. 7	17. 5	21. 2
		改进喇叭型	15. 5	20. 8	26. 5
		全喇叭型	17. 5	24. 6	32. 6
双螺旋	1800	直型	22. 6	26. 1	29. 3
		改进喇叭型	25. 6	30. 5	35. 2
		全喇叭型	29. 1	35. 3	42. 1
双螺旋	2000	直型	26. 5	30. 3	34. 0
		改进喇叭型	30. 0	35. 4	41. 1
		全喇叭型	34. 1	42. 1	49. 2

注：Model 100 为 100%的螺旋沉没，Model 125 为 125%的螺旋沉没，Model 150 为 150%的螺旋沉没。

表 12-2　螺旋分级机的耙集能力

类型	螺旋直径/mm	箱体设计	螺旋类型	每分钟每转的固体耙集能力 /$m^3 \cdot h^{-1}$	转速范围 /$r \cdot min^{-1}$	电动机功率/kW
单螺旋	600	直型	单螺距	0.34	1~16	1.1~2.2
		改进喇叭型	双螺距	0.68		
		全喇叭型	三螺距	1.02		
单螺旋	750	直型	单螺距	0.58	1~13	1.1~2.2
		改进喇叭型	双螺距	1.16		
		全喇叭型	三螺距	1.74		
单螺旋	900	直型	单螺距	1.19	1~11	1.5~3.7
		改进喇叭型	双螺距	2.38		
		全喇叭型	三螺距	3.57		
单螺旋	1000	直型	单螺距	1.64	1~10	1.5~5.5
		改进喇叭型	双螺距	3.27		
		全喇叭型	三螺距	4.92		
单螺旋	1200	直型	单螺距	2.96	1~8	2.2~7.5
		改进喇叭型	双螺距	5.92		
		全喇叭型	三螺距	8.88		
单螺旋	1500	直型	单螺距	5.89	1~6	5.5~15
		改进喇叭型	双螺距	11.78		
		全喇叭型	三螺距	17.67		
单螺旋	1800	直型	单螺距	9.47	1~5	7.5~22
		改进喇叭型	双螺距	18.94		
		全喇叭型	三螺距	28.41		
单螺旋	2000	直型	单螺距	10.73	1~5	7.5~22
		改进喇叭型	双螺距	21.46		
		全喇叭型	三螺距	32.19		
双螺旋	1800	直型	单螺距	18.95	1~5	7.5~22
		改进喇叭型	双螺距	37.90		
		全喇叭型	三螺距	56.85		
双螺旋	2000	直型	单螺距	21.46	1~5	7.5~22
		改进喇叭型	双螺距	42.92		
		全喇叭型	三螺距	64.38		

注：矿物的密度为 2.7 g/cm^3，假定耙集效率为 100%。

表 12-3　螺旋分级机槽体内的长度和质量

螺旋直径/mm	Medel 100		Medel 125		Medel 150	
	箱体长度/m	空重/kg	箱体长度/m	空重/kg	箱体长度/m	空重/kg
600（单螺旋）	2. 90	1150	3. 43	1460	3. 96	1790
	3. 43	1400	3. 96	1650	4. 50	1990
	3. 96	1590	4. 50	1840	5. 03	2190
750（单螺旋）	3. 23	1470	3. 76	1710	4. 55	2190
	3. 76	1690	4. 55	2060	5. 33	2560
	4. 55	2000	5. 33	2370	6. 12	2890
900（单螺旋）	3. 76	1990	5. 28	2770	6. 04	3350
	4. 52	2350	6. 04	3130	6. 81	3920
	5. 28	2710	6. 81	3500	7. 57	4120
1000（单螺旋）	4. 98	3120	5. 74	3560	6. 50	4260
	5. 74	3520	6. 50	3970	7. 26	4690
	6. 50	3930	7. 26	4400	8. 03	5250
1200（单螺旋）	5. 38	4580	6. 10	5190	7. 16	6070
	6. 45	5380	7. 16	6010	8. 23	6910
	7. 16	5910	8. 23	6460	9. 30	7760
1500（单螺旋）	5. 77	7960	7. 09	9920	8. 41	11600
	7. 09	10500	8. 41	11200	9. 73	13300
	8. 41	10900	9. 73	12700	11. 05	15000
1800（单螺旋）	7. 09	12400	9. 12	15600	10. 14	18600
	8. 10	14000	10. 14	17200	11. 15	20300
	9. 12	15500	11. 15	18800	12. 17	22000
2000（单螺旋）	8. 13	14400	10. 16	17600	11. 18	20800
	9. 14	16000	11. 18	19300	12. 19	22600
	10. 16	17600	12. 19	20800	13. 21	24400
1800（双螺旋）					10. 14	33200
					11. 15	36300
					12. 17	39400
2000（双螺旋）					11. 18	37200
					12. 19	40500
					13. 21	43700

注：双螺旋分级机的型号只有 Model 150。

表 12-4 单螺旋洗矿机的固体处理能力

螺旋直径及长度/mm×m	固体处理能力 /t·h⁻¹	最大水量/m³·h⁻¹			正常螺旋转速 /r·min⁻¹	电动机功率 (1500 r/min) /kW	质量（包括电动机)/kg
		150 μm 产品	106 μm 产品	75 μm 产品			
500×7.62	32	114	75	42	38	3.7	2630
600×7.62	45	148	97	55	32	7.5	3170
750×7.62	73	179	117	66	26	11	4060
900×7.62	95	207	136	76	11	11	4420
900×8.23	95	207	136	76	21	11	4840
1100×10.06	159	402	263	148	17	18.5	8410
1350×10.67	227	459	301	169	14	30	11800
1650×10.97	363	516	338	190	11	45	19500
1800×11.58	431	604	395	223	10	55	22700

表 12-5 双螺旋洗矿机的固体处理能力

螺旋直径及长度/mm×m	固体处理能力 /t·h⁻¹	最大水量/m³·h⁻¹			正常螺旋转速 /r·min⁻¹	电动机功率 (1500 r/min) /kW	质量（包括电动机)/kg
		150 μm 产品	106 μm 产品	75 μm 产品			
900×7.62	190	312	204	115	21	2~11	7690
900×8.23	190	312	204	115	21	2~11	8430
1100×10.06	317	597	391	220	17	2~18.5	15100
1350×10.67	454	704	461	259	14	2~30	23100
1650×10.97	726	780	511	287	11	2~45	33800
1800×11.58	862	915	599	337	10	2~55	43900

表 12-4 和表 12-5 中，固体处理能力是基于 8.5~0 mm 的固体松散密度为 1.60 t/m³，对更细的产品，螺旋转速要降低以便于更适合脱水。在更低的转速下，固体处理能力会相应地降低。

12.3 确定螺旋分级机规格的基本要素

确定螺旋分级机的规格有三个基本要素：沉降速度、溢流能力和耙集（或底流）能力。这些基本要素确定之后，即可选择满足规格参数要求的设备。

分级最主要的考虑是确定什么粒度的颗粒进入溢流或进入沉砂继续处理。对螺旋分级机的规格确定，必须选择要进入溢流的最小颗粒的沉降速度，大于该粒度的颗粒将沉降并进入耙集物，小于该粒度的颗粒将进入溢流。

重力分级的基本原则是：

（1）在相同的密度下，粗颗粒比细颗粒的沉降速度更高；

（2）不规则形状的颗粒一般比球形颗粒沉降更慢；

（3）随着流体的浓度或黏度增加，固体颗粒的沉降速度逐渐变慢，通常称为干涉沉降。

为了进行给定粒度下颗粒的分离，需要以下参数：给矿固体粒度分布、给矿矿浆浓度、给矿矿浆体积流量、固体和液体的密度、稀释液的体积流量、底流浓度、底流矿浆体积流量。

根据质量平衡计算利用所需的运行条件，确定溢流所需的流量和浓度，然后通过下面的计算，选择所需的螺旋分级机。

12.3.1　沉降速度

颗粒沉降速度取决于颗粒形状、矿浆浓度、固体密度、液体密度和黏度，所有这些参数都以一种复杂的方式影响雷诺数和颗粒阻力系数，在许多情况下，干涉沉降速度 v_s 可能从类似的应用中或实验室试验中已知。当一个给定用途的沉降速度未知时，可以从经验关系中估算，必须确定溢流中最小颗粒的沉降速度。

对直径为 d 的颗粒在动力学黏度为 ν 水中的沉降末速 v_s(mm/s) 由下式给出[1]：

$$v_s = 8.39\{[1 + A_1 d^3(S - 1)]^{0.5} - 1\}\nu/d \tag{12-1}$$

式中　A_1——系统修正的固体颗粒阿基米德系数，$A_1 = 0.0103(1 - C_v)^{4.66} g/\nu^2$；

g——重力加速度常数，9810 mm/s^2；

ν——水的动力学黏度，mm^2/s，约为 1 mm^2/s；

C_v——固体体积分数；

S——固体与液体的密度之比（如果液体是水则等于固体密度）。

利用合适的装置，这个沉降速度可以用于任何液体。注意：温度对水的黏度有很大的影响，不同温度下水的动力学黏度见表 12-6。

表 12-6　水的动力学黏度

温度/℃	0	10	20	30	40	50	60	70	80	90	100
黏度/mm^2 · s^{-1}	1.8	1.3	1.0	0.8	0.66	0.55	0.47	0.41	0.36	0.32	0.28

水在 20 ℃的标准条件下，将 A_1 代入式（12-1）简化并写成下式：

$$v_s = 8.39\{[1 + 0.0103(1 - C_v)^{4.66} g d^3(S - 1)]^{0.5} - 1\}/d \tag{12-2}$$

例如，在 20 ℃温度下，密度为 2.7 g/cm^3 的 212 μm 固体颗粒在体积浓度为 20%的矿浆中沉降末速为：

$v_s = 8.39\{[1 + 0.0103 \times (1 - 0.20)^{4.66} \times 9810 \times (0.212)^3 \times (2.7 - 1)]^{0.5} - 1\}/0.212$
$= 10.15\ \mathrm{mm/s}$

当水的温度不是 20 ℃，或过程中涉及与水密度不同的液体时则需要进行调整。

注意到，上面导出的沉降速度是对应球形颗粒，在实际中一般不会遇到。不同形状颗粒的实验系数以一种复杂而模糊的方式随雷诺数变化，因此，任何给定值只是大约值。对典型矿物一般可接受的形状系数是在 0.90~1.00 之间，上面确定的沉降速度是乘以了形状系数的。

当然，由于沉降速度取决于许多变量，更依赖于设备的尺寸，式（12-2）在一个可接受的设计精度之内是有效的。

当溢流的最细颗粒的沉降速度得出后，即可用于计算分级机的溢流能力。

12.3.2　溢流能力

通过溢流确定分级机的规格是计算允许沉降所需的沉降池面积。大多数情况下，已经从质量平衡计算中确定了流量，从试验或计算中确定了沉降速度。

体积流量除以溢流面积，计算出从给矿入口到溢流堰的流速 v_o(m/min)：

$$v_o = 1000Q/(60Wh) = 16.667Q/(Wh) \tag{12-3}$$

式中　Q——理论溢流量，$\mathrm{m^3/h}$；
W——有效溢流堰长度，m；
h——溢流堰上溢流高度，mm。

因此，颗粒的停留时间 t(min）为：

$$t = E/v_o \tag{12-4}$$

式中　E——沿着分级机沉降池在给矿口和溢流堰之间的距离，m。

经验已经证明，如果颗粒在到达溢流堰之前沉降了 $2h$(mm)，它就不会溢出；如果颗粒还没有沉降到 $2h$(mm)，它将会溢出。因此，计算如下：

$$2h = v_s t = v_s(60E/v_o)$$

$$2h = v_s(60E)/[16.667Q/(Wh)] = 3.6v_s EWh/Q \tag{12-5}$$

求解 Q，得到：

$$Q = 1.8v_s EW \tag{12-6}$$

大部分情况下，已经给出预期的流量和沉降速度，因此可以求解分级机的尺寸 EW：

$$EW = Q/(1.8v_s) \tag{12-7}$$

12.3.3　耙集能力

从物料平衡可以知道所需耙集的固体流量，一般地，选择的标准规格设备也应提供耙集能力。

耙集能力是螺旋规格、槽体坡度和旋转速度的复杂函数，耙集能力计算公式如下[1]：

$$T = wP\rho(D - 0.75w)/28.3 \tag{12-8}$$

式中　T——螺旋每转的干矿量，t/h；

w——旋翼的宽度，m；

P——旋翼的距离（螺距），m；

ρ——输送干物料的松散密度，kg/m^3；

D——旋翼外径（螺旋直径），m。

12.4　计算示例

12.4.1　闭路磨矿

在这个例子中，假定磨的是铜矿石，生产95%小于212 μm和30%浓度的浮选给矿。球磨机排矿是200 t/h固体，70%的浓度，固体密度是2.7 g/cm^3。球磨机排矿粒度分析见表12-7。

表12-7　球磨机排矿粒度分析

粒度/μm	筛上量累计/%
>9500	3.0
>6300	10.0
>425	41.0
>300	55.2
>150	73.5
>106	77.1
>75	81.0
<75	19.0

由于溢流含有极少量的大于212 μm物料，用溢流能力选择的分级机理论上是沉降和耙集150 μm的颗粒。用上述的数据可以得到表12-8中的物料平衡，根据式（12-2）计算沉降速度：

$$v_s = 8.39 \times \{[1 + 0.0103 \times (1 - 0.137)^{4.66} \times 9810 \times 0.150^3 \times 1.7]^{0.5} - 1\}/0.150$$
$$= 7.64\ mm/s$$

根据式（12-7）计算所需的沉降池面积：

$$EW = 143.3/(1.8 \times 7.64) = 10.42\ m^2$$

表 12-8 闭路磨矿分级机质量平衡

参数	给矿	耙集量	补加水	溢流
干矿量/t · h^{-1}	200	147.0		53.0
水量/t · h^{-1}	85.7	36.8	74.8	123.7
质量浓度/%	70.0	80.0		30.0
固体密度/g · cm^{-3}	2.70	2.70		2.70
固体体积流量/m^3 · h^{-1}	74.1	54.4		19.6
水体积流量/m^3 · h^{-1}	85.7	36.8	74.8	123.7
体积浓度/%	46.4	59.7		13.7

这样，需要一个耙集能力为 91.2 m^3/h、沉降池面积为 10.4 m^2 的螺旋分级机。参考表 12-1，选择螺旋直径 1500 mm 的型号 125 单螺旋中型喇叭形分级机，其沉降面积为 12.4 m^2。参考表 12-3，选择最长的槽体长度为 9.73 m。参考表 12-2，选择螺旋转速为 5 r/min，双螺距螺旋的耙集能力为 97.5 m^3/h，驱动电动机功率为 15 kW。

12.4.2 洗砂

对于洗细粒、破碎的骨料，以及其他的物料，设计有专用型号的螺旋分级机。洗砂指的是将矿泥、淤泥和黏土除去使其到溢流水中。

这类设备的一般特点是完全沉没螺旋和全喇叭形槽体，有侧边溢流堰以使溢流速度最小化。由于侧边溢流堰，基本上是通过中心给矿箱给矿，且有阻流板以降低进入矿浆的流速和避免扰动，超长的干底板和 18°的坡度以使细砂最大程度地脱水。

水洗设备的选择通常根据制造商发布的沉降 150 μm、106 μm 或 75 μm 颗粒的脱水能力，以及在标准螺旋转速下的耙集能力。

例如，预期洗 200 t/h 的要求细砂，松散密度 1.6 t/m^3，含有小于 106 μm 的物料量为 10 t/h，给矿中加水为 150 m^3/h。同样，计算出的物料平衡见表 12-9。耙集物料假定输送的质量浓度为 85%。

表 12-9 洗砂的质量平衡

参数	给矿	耙集物	溢流
固体量/t · h^{-1}	200.0	190.0	20.0
水量/t · h^{-1}	150.0	33.5	118.2
质量浓度/%	57.1	85.0	14.5
固体密度/g · cm^{-3}	2.70	2.70	2.70

续表 12-9

参数	给矿	耙集物	溢流
固体体积流量/$m^3 \cdot h^{-1}$	76.9	73.1	7.7
水体积流量/$m^3 \cdot h^{-1}$	150.0	33.5	118.2
体积浓度/%	33.9	68.6	6.1

因此，需要的设备脱水能力为 150 m^3/h，耙集能力为 190 t/h。参考表 12-4，选择单螺旋洗矿机，螺旋直径为 1350 mm、长度为 10.67 m，耙集能力为 227 t/h，最大水洗能力 301 m^3/h，驱动电动机功率为 30 kW。

12.5　运行调整和维护特性

在运行中，调整螺旋分级机的分离点有两种方法，第一种方法是添加水量或稀释水，分离粒度对水量或稀释水的变化极其敏感，如果分级机给矿中水量增加，溢流量会增加，因而进入溢流中的粒度会加粗；相反，减少稀释水的添加量会降低溢流量，因而导致进入溢流的粒度变细。

第二种方法是调节溢流堰高度。在恒定的给矿流量下，增加溢流堰的高度会增加 E 的尺寸，因而增加沉降时间，导致进入溢流的粒度更细；反之，降低溢流堰高度会使进入溢流的粒度变粗。

螺旋总成的低端装有手动、电动或液压操作的升降机构以从沉降的固体中移动螺旋，便于启动和维护。螺旋驱动配置可以使螺旋的转动和升或降同步进行。

参 考 文 献

[1] REED W M. Sizing and application of gravity classifiers [C]//MULAR A L, HALBE D, BARRATT D. Mineral Processing Design, Practice, and Control. Littleton: SME, 2002: 867-879.

13　水力旋流器的选择计算

13.1　概述

在矿物加工流程中经常用到水力旋流器，可供选择的规格、形式和配件有多种多样。本章重点介绍给定用途的旋流器选择依据，包括水力旋流器的工作原理、水力旋流器的几何变量（结构）、确定关键分离参数的修正 D_{50}，给出了对新项目重要的多支管设计选项和旋流器维护及材料考虑，包括常用的选矿旋流器的参数。

水力旋流器在许多行业中都有应用，从污水、污泥除砂到水中除油，但因在高旋流中多相流体动力学的复杂性，其控制原理难以量化。然而，由于绝大多数的应用是在矿物的选矿过程中，因此在这些实践当中已经开发出了预计旋流器在这些用途中分级性能的依据。本章涵盖了影响工艺和水力旋流器设计性能的因素，重点在于为设计旋流器的工程师提供有用的资料。

13.2　旋流器的基本结构

旋流器的剖面图如图 13-1 所示[1]。在运行过程中，矿浆在压力下通过进料

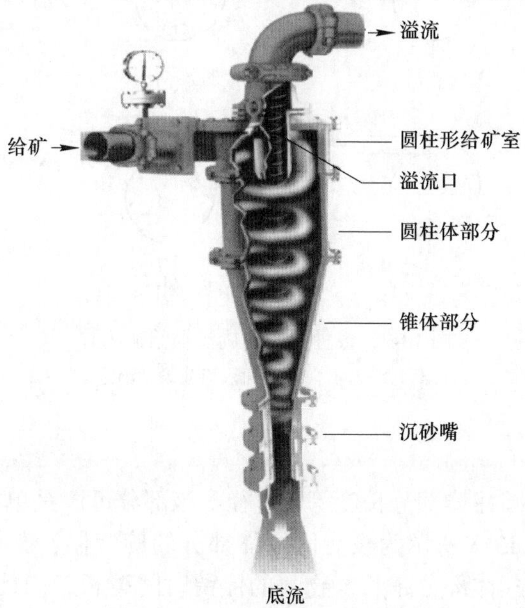

图 13-1　旋流器剖面图

管进入旋流器圆柱形给料腔的顶部。当矿浆进入腔室时，旋流器内的矿浆开始旋转，离心力加速颗粒向外壁的移动。颗粒以螺旋模式向下移动，穿过圆柱形截面进入锥形截面。旋流作用在旋流器的中心产生了一个低压涡旋，使更细、质量更低的颗粒向中心移动，并通过向上的涡旋流经溢流管向上螺旋旋出，由溢流管排出。这种含有较细颗粒和大部分水的产品被称为溢流，应在大气压力或接近大气压力时排放。

较高质量的颗粒沿着锥形截面的内壁保持向下的螺旋路径，并逐渐通过沉砂嘴排出，该产品被称为底流，也应在大气压力或接近大气压力时排放。

13.2.1　旋流器入口

在20世纪50年代之前，旋流器设计的特征是外壁切线给矿入口，并且有12~15 mm厚的橡胶衬，这种设计对细粒分离或磨蚀性矿浆应用是不合适的。目前，大多数水力旋流器的入口已经重新设计，包括渐开线式、斜坡式或滚动式的给矿形式，与早期的切线式设计相比，所有这些都改善了旋流器的性能。图13-2所示为各种形式的旋流器给矿入口[2]。入口或给到入口的圆柱体部分的孔的横截面积对处理能力及 D_{50} 有影响，且大多数旋流器型号有几种选择；根据预期的流量和分离点，可以增加或降低入口面积。一般来说，入口面积越大，旋流器处理能力越高，预计的 D_{50} 也越大。

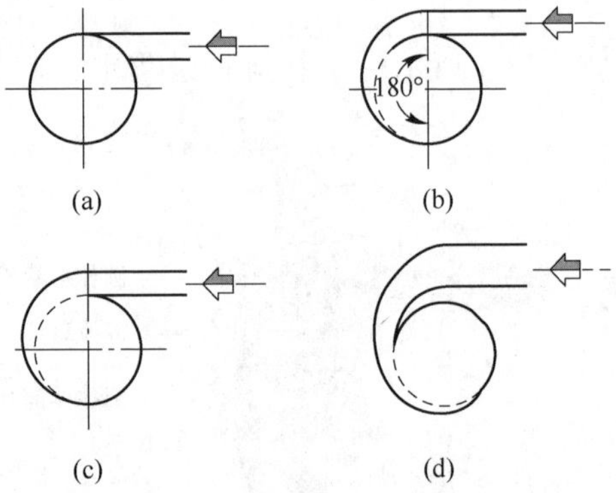

图13-2　各种形式的旋流器给矿入口

（a）外壁相切式；（b）渐开线式；（c）斜面入口或滚动渐进式；（d）渐开线斜面式

13.2.2　圆柱体部分

典型旋流器的圆柱体部分长度等于直径，该部分可以是单独的，或者与入口部分成为一体。图13-3所示为没有圆柱体部分的旋流器、有单个圆柱体及双圆柱体的旋流器。圆柱体部分越长，物料的停留时间越长，因此处理能力也越大，也就降低了切向速度。增加的圆柱体长度对旋流器分离粒度影响很小，但在同样的压力下会使旋流器的处理能力增加 8%~10%。通常，较大直径（660~840 mm）的旋流器的圆柱体部分更短。

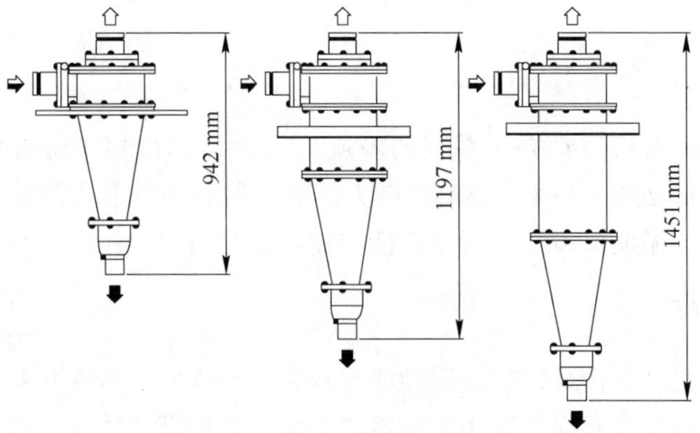

图 13-3 旋流器的圆柱体部分[2]

13.2.3 锥形部分

图 13-4 所示为不同用途、不同锥角的旋流器。在选矿中，20°锥角是一个标准值。平底旋流器用于非常粗粒的分离，其 D_{50} 为标准旋流器的 2~3 倍。与 20°

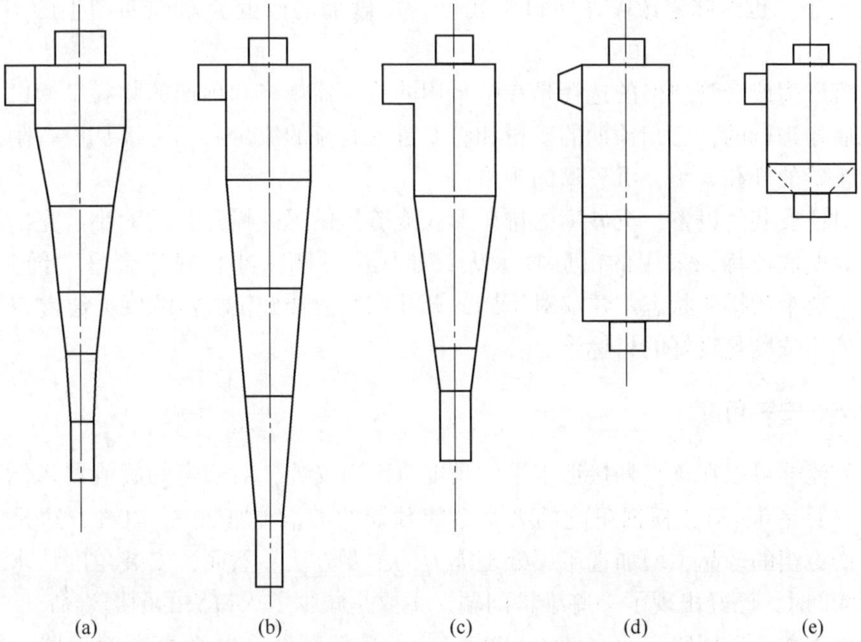

图 13-4 不同锥角的旋流器[2]

(a) 多锥角；(b) 10°锥角；(c) 20°锥角；(d) 180°平底；(e) 90°锥角

锥角的旋流器相比，较长的10°锥角旋流器产生的产品粒度更细，分离曲线更陡，且单位处理能力更高。采用这种更长锥角的旋流器可以使预计的 D_{50} 降低15%~20%。

13.2.4　溢流口

每种型号的旋流器都有一系列的溢流口（直径）规格，溢流口的直径范围为旋流器直径的20%~45%。溢流口越大，旋流器的处理能力越大，但分离的颗粒也相对更粗；溢流口越小，旋流器能力越小，分离的颗粒也相对更细。

13.2.5　沉砂嘴

沉砂嘴的角度和设计对旋流器性能有较大的影响。沉砂嘴开孔和嘴角选择合适，会使底流浓度高并保持预想的旋流器分离。这种设计结合了最佳的沉砂嘴角和直线段，以保持尽可能好的分离效率和最大的底流固体浓度。

选择合适的沉砂嘴规格以保证最大的底流浓度和限制额外的水夹带进入底流的细粒。一些旋流器的选择方法已经把沉砂嘴开孔作为确定预期的旋流器性能的一个因素，而其他的仍然认为沉砂嘴开孔大小只是在最高浓度下处理估算的固体量所需的正确的沉砂嘴规格问题。然而，在大多数情况下，改变沉砂嘴开孔大小，也意味着改变了沉砂嘴角度，沉砂嘴的改变会对预期产生的 D_{50} 有影响。

沉砂嘴或套管规格的选择是在拟采用的旋流器规格和预期的物料平衡已经完成之后才进行的，已知预期的矿量和将要进入底流的流量后，可以从设备附图上选择正确的开孔大小、沉砂嘴的规格。

对已安装的设备，沉砂嘴的排矿形式能够提供沉砂嘴开孔的大小。宽的喷射状态表明底流稀，采用的沉砂嘴太大；如果沉砂嘴太小，底流会呈“绳”状，是非常狭窄的排矿状态。建议对不同的开孔取底流样确定底流浓度，通常50%的底流体积浓度是良好的目标。

13.2.6　安装角度

旋流器可以在垂直到接近水平的角度范围内安装，对给定的旋流器降低安装角度（见图13-5），根据角度的大小会使预期的 D_{50} 增加20%~40%，这是实际上生产更粗的产品、增加选矿厂处理能力的主要方法。然而，安装角度从水平到小于45°时，已经出现了一些维护问题，主要是减少了入口头的耐磨寿命。

大多数磨矿回路有直径660~840 mm的旋流器，这些大直径旋流器一般是2500~3000 mm高，它对旋流器的底流排出提供了较大的压头。为了保持高的底流浓度，沉砂嘴的大小必须密切监测。

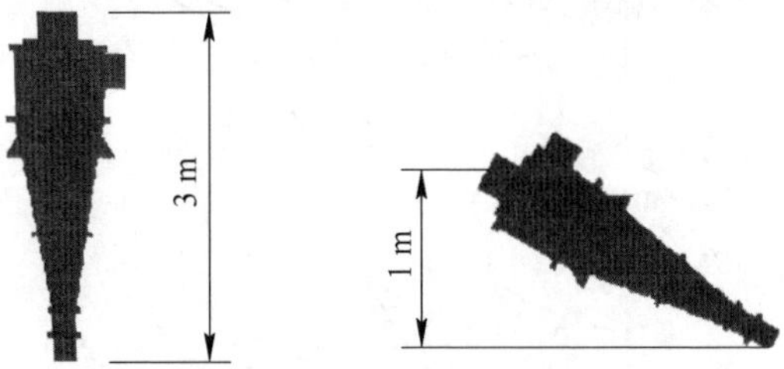

图 13-5 不同安装角度的旋流器[2]

从水平以上到45°角安装的旋流器极大地降低了底流排矿的压力，由于沉砂嘴直径不再像垂直安装那样苛刻，可以得到一致的高底流浓度。此外，较低的压力导致旋流器矿浆喷出的速度降低，与垂直安装的旋流器相比，上述安装的沉砂嘴的部件寿命增加了约100%。

在20世纪90年代，在大的半自磨机回路约50%的旋流器是以水平以上到45°角安装的，与垂直安装的旋流器相比，这种趋势是要保持更高的平均底流浓度。这也使得操作人员有更大的灵活性来改变处理能力或者底流浓度，因为过大的沉砂嘴不容易堵塞和使粗粒物料进入旋流器溢流；缺点是溢流管路更长，入口头内衬寿命缩短，旋流器的较低部分难以进入。对于45°角安装的旋流器，为了对沉砂嘴或较低的锥体部分进行维护，大多数的操作必须完全移除旋流器。

13.3 水力旋流器分离粒度的确定

为了选择合适的旋流器，必须知道固体浓度、粒度分布、固体量、矿浆流量及其液体密度。

水力旋流器的分级性能与结构参数有直接的关系，虽然有多种计算公式，但均是在不同的结构参数与工艺参数条件下使用的经验公式，计算结果差别较大。早期的旋流器给矿采用切线给入形式，随着渐开线给矿形式的出现，旋流器的分级性能有了进一步改善。目前矿山采用的旋流器主要是渐开线给入形式，本节介绍的选择计算是基于渐开线给入形式。

13.3.1 水力旋流器的分离粒度

以前，旋流器的分离粒度定义为：该粒度的粒子在分离中有质量分数为1%~3%的进入溢流中，97%~99%进入沉砂中。后来，根据不断的实践和探索，在20世纪60年代初提出了 d_{50C} 的概念。所谓 d_{50}，就是该粒度的粒子在旋流器分离过程中有50%进入溢流，有50%进入底流，如图13-6所示[3]。

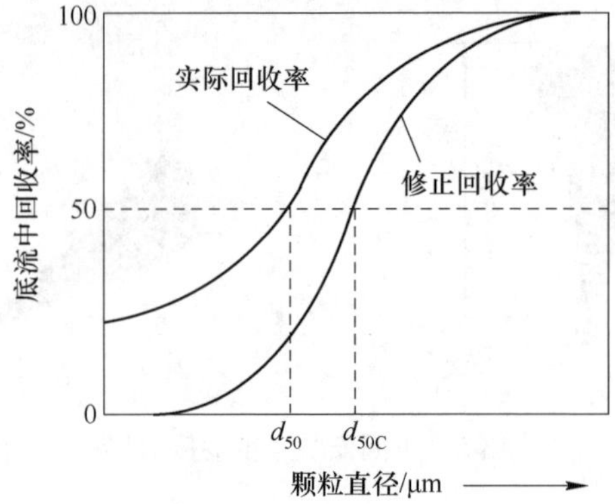

图 13-6　颗粒回收率曲线

从图 13-6 中可以看到，在回收率 97%～99%附近，回收率曲线很平，粒径变化很大，而回收率变化很小；在回收率为 50%附近，曲线很陡，粒径稍微变化，而回收率变化很大。因而，使用 d_{50} 粒度比使用原来的分离粒度更合理。

另外，从图 13-6 中还看出，固体的实际回收率不能等于零，这说明总是有一定量的物料没有经过分级，形成短路而进入底流中。将固体回收率最小时的旋流器工作情况与水在旋流器中的分布情况相比，发现这种现象是吻合的。因此，Kelsall 提出了一种假定[4]：旋流器工作时，短路进入底流的所有粒级与进入底流的水成正比，然后实际回收率曲线的每个粒级用一个与水的回收率相等的量进行校正，就得到修正回收率曲线。也就是说，d_{50C} 是该粒级在充分分级后，50%进入溢流，50%进入底流的粒级粒度。

d_{50C} 在不同的用途中是不同的。为了确定能够代表修正回收率曲线的单个曲线，把每个粒级的粒度除以 d_{50C}，就得到换算颗粒回收率曲线，如图 13-7 所示。

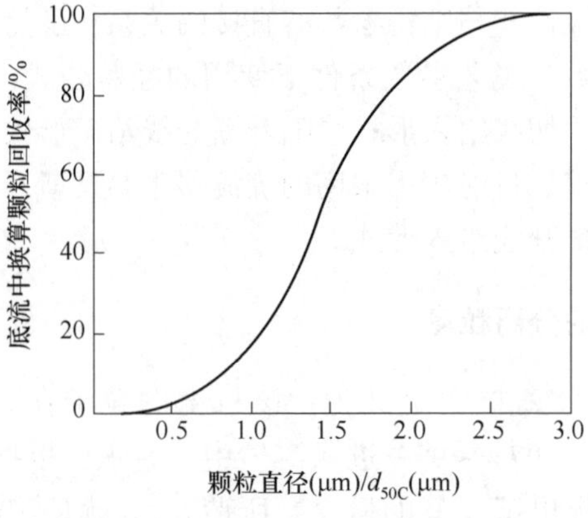

图 13-7　换算颗粒回收率曲线[1]

换算颗粒回收率曲线在大多数的磨矿回路中，对单一密度的固体矿浆及特殊的或通常的粒度分布，在一个宽范围的旋流器直径或操作条件下，仍然是可用的。该回收率用于预测底流中的整个粒度分布，换算回收率的数学关系式如下：

$$R_r = \frac{e^{4x} - 1}{e^{4x} + e^4 - 2} \tag{13-1}$$

式中　R_r——修正后的底流回收率；

x——粒径/d_{50C}。

表 13-1 和图 13-8 所示的经验关系可用于将溢流粒度分布与产生特定分离所需的 d_{50C} 相关联，表 13-1 中的关系适用于典型或平均磨矿粒度分布，根据矿石本身的磨矿特性可能略有不同。d_{50C} 与溢流中要求粒级分布有如下关系：

$$d_{50C} = Kd \tag{13-2}$$

式中　K——系数，与溢流中要求粒级分布有关；

d——要求通过粒级的粒径，μm。

表 13-1　溢流中粒度分布与 *K* 值的对应关系

要求粒级粒度分布/%	*K* 值
98.8	0.54
95.0	0.73
90.0	0.91
80.0	1.25
70.0	1.67
60.0	2.08
50.0	2.78

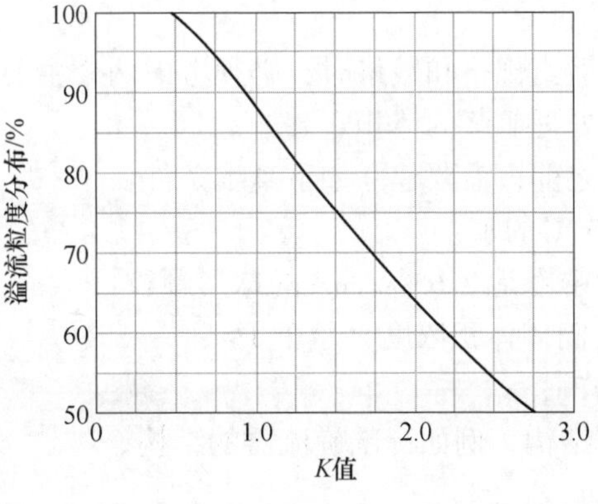

图 13-8　*K* 值与要求粒级的粒度分布曲线

例如，产生一种80%通过149 μm的溢流。表13-1中80%通过时的系数K为1.25，应用的粒级为149 μm，则应用所需的d_{50C} = 1.25 × 149 = 186 μm。

13.3.2　标准旋流器的基本参数

这里“标准旋流器”的定义是：旋流器的直径、入口面积、溢流管、沉砂嘴之间具有适当的几何关系，并且具有足够的长度，以提供适当分级颗粒的停留时间。由于大多数研究是针对渐开线给矿类型进行的，因此本章的图表和参数关系可能不适用于其他设计。

13.3.2.1　主要参数

主要参数有[1]：

（1）旋流器直径，这是圆柱形给矿室的内径。

（2）给矿腔入口喷嘴处的面积，通常是矩形孔，大尺寸与旋流器轴平行。入口喷嘴的基本面积约为旋流器直径平方的0.05倍。

（3）溢流管。溢流管的主要功能是控制分离和离开旋流器的流量，溢流管在进料口下方充分延伸，以防止物料直接短路进入溢流口。溢流管的规格等于旋流器直径的0.35倍。

（4）圆柱形部分位于给矿室和锥形部分之间。它的直径与进料室相同，功能是延长旋流器并增加停留时间。对于基本旋流器，其长度应为旋流器直径的100%。

（5）锥形部分，通常称为锥体部分。锥体部分的夹角为10°~20°，与圆柱体部分类似，提供停留时间。锥形截面的末端为沉砂嘴，关键尺寸是排放点处的内径。该孔口必须足够大，以允许分级底流在没有堵塞的情况下离开旋流器。正常最小孔口规格为旋流器直径的10%，最大为35%。沉砂嘴下方通常有一个防溅裙，防止底流泥浆飞溅。

13.3.2.2　性能

在确定旋流器的适当规格和数量时，必须考虑两个主要目标，第一个是分级或分离，第二个是待处理矿浆的体积。

在确定以上目标之前，需要建立如下基本条件：

（1）给矿液为20 ℃的水；

（2）给矿固体为密度是2.65 g/cm^{3}的球形颗粒；

（3）给矿浓度（固体体积浓度）小于1%；

（4）压降为69 kPa；

（5）旋流器几何结构，例如标准旋流器的结构。

13.3.3　基本方程

在设计磨矿回路时，目标是从旋流器中产生溢流，该溢流具有一定的粒度分布，通常定义为通过指定粒级的百分比。除上述的经验式（式（13-2））外，d_{50C} 也可使用式（13-3）表示。对给定直径的旋流器 d_{50C}（基准）乘以修正系数 C_1、C_2 和 C_3。

$$d_{50C}(\text{应用}) = d_{50C}(\text{基准}) \times C_1 \times C_2 \times C_3 \tag{13-3}$$

d_{50C}（基准）是标准旋流器在基本条件下可达到的粒级（μm），如图 13-9 所示或根据式（13-4）计算得出。例如，25.4 cm 直径旋流器的基准 d_{50C} 为 24 μm。

$$d_{50C}(\text{基准}) = 2.84 \times d^{0.66} \tag{13-4}$$

式中 d——旋流器直径，cm。

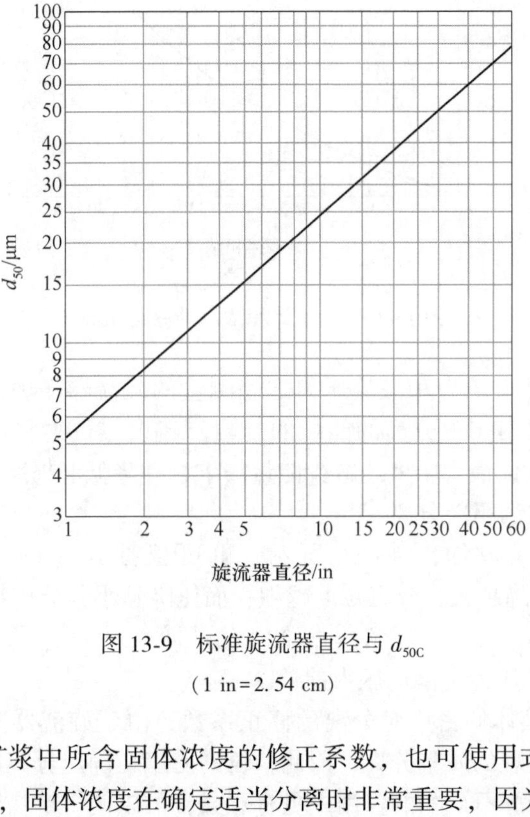

图 13-9 标准旋流器直径与 d_{50C}

（1 in = 2.54 cm）

C_1 是对给矿矿浆中所含固体浓度的修正系数，也可使用式（13-5）进行计算。图 13-10 表明，固体浓度在确定适当分离时非常重要，因为浓度越高分离越粗。应该指出，这种修正是对矿浆黏度的相对测量，也会受颗粒大小和形状等因素的影响。例如，含有大量黏土的给矿会使该曲线向左移动并导致较粗颗粒分离，而没有细粒使曲线向右移动并导致较细颗粒分离。其他变量（如液体黏度）也会影响这种修正系数。

$$C_1 = \left(\frac{53 - V}{53}\right)^{-1.43} \tag{13-5}$$

式中 V——旋流器给矿体积浓度，%。

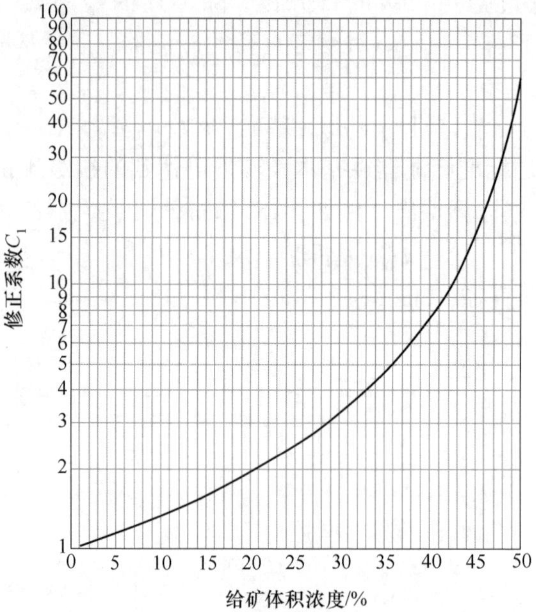

图 13-10　给矿体积浓度的修正系数

C_2 是对通过给矿压力和溢流压力之差测量的旋流器压力降的修正系数，压力降是旋流器中用于实现分离的能量的度量。建议尽可能将压力降设计在 40～70 kPa 的范围内，以最大限度地减少能量需求，并降低磨损率，这适用于一段或二段磨矿回路相关的粗粒分离。

压力降修正系数如图 13-11 所示，也可根据式（13-6）进行计算。如图 13-11 所示，压降越大，分离粒度越细，而压降越小，分离粒度越粗。

$$C_2 = 3.27 \times \Delta p^{-0.28} \tag{13-6}$$

式中　Δp——给矿压力与溢流压力差，kPa。

C_3 是固体和液体的密度对分离的修正系数，由于旋流器实际上并没有实现粒度分离，而是实现的质量分离，因此颗粒的密度在确定分离时非常重要。它在有用矿物密度高于脉石矿物的应用中更有意义，可以使得矿物颗粒在较粗的整体分离粒度下更好地解离。

已经发现，斯托克定律可用于确定颗粒直径，该直径可使已知密度的颗粒在已知密度的液体中产生与水中 2.65 g/cm³ 密度颗粒相同的最终沉降速度。如图 13-12 所示，可使用式（13-7）进行计算。

$$C_3 = \left(\frac{1.65}{G_S - G_L}\right)^{0.5} \tag{13-7}$$

式中　C_3——密度修正系数；

G_S——固体密度，g/cm^3；

G_L——液体密度，通常为 1.0 g/cm^3。

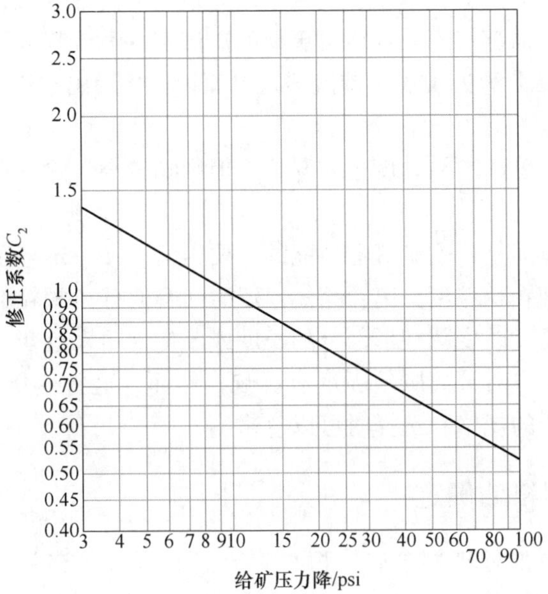

图 13-11 压力降的修正系数

(1 psi = 6.895 kPa)

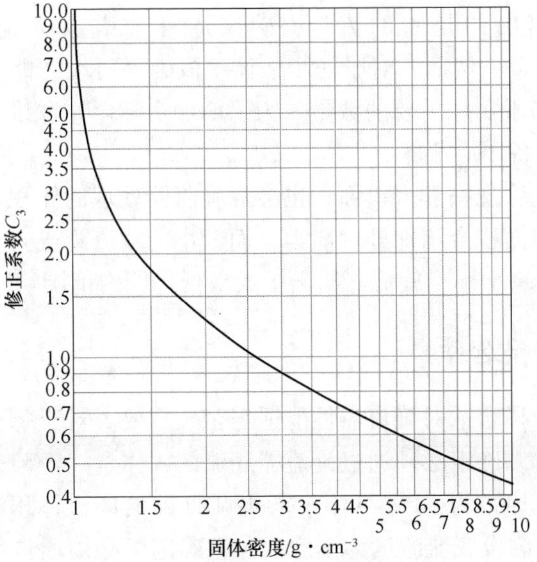

图 13-12 在水中固体密度的修正系数

旋流器直径及浓度、压降、密度三个修正系数是旋流器初步规格确定和选择的主要变量。其他变量，如溢流管和入口规格，也会对分离产生影响。例如，溢流管规格越大会使分离颗粒越粗，而较小的规格则会使分离颗粒越细。由于这一事实，大多数旋流器都有不同规格可更换的溢流管。溢流管的直径最小约为旋流器直径的25%，最大约为45%。旋流器入口面积也显示出与溢流管相同的影响效果，但不明显。

沉砂嘴大小对分离颗粒粒度也有影响，但影响较小，除非沉砂嘴太小，迫使物料进入溢流。

旋流器停留时间是影响旋流器性能的次要因素。在一定范围内，增加停留时间有助于实现更细颗粒粒度分离；缩短停留时间会使分离颗粒粒度变粗。旋流器的停留时间可以通过改变圆柱形部分的长度或改变锥角来改变。

还有其他变量也对分离颗粒粒度有影响。然而，这些变量的影响相对较小，在初步确定旋流器的规格和选择时可以忽略。

13.4　旋流器规格的确定

给定的旋流器能处理的给矿体积与旋流器的压力降有关。图 13-13 所示为几种不同规格的标准旋流器的体积流量和压力降之间的关系，体积流量随着压力降的增加而增加。在该图中，计算分离所用的压力降用于确定单台旋流器的体积流量，然后，将体积流量除以特定应用的总流量，以确定所需的旋流器数量。

图 13-13 中给出的是水的流量，矿浆通常会增加旋流器的能力，超过图 13-13 中水的流量；然而，对于初步估计，该因素可以忽略，这将导致计算出的旋流器数量略高于实际需要的数量。为了增加实际操作和维护的灵活性，建议使用 20%~25%的备用旋流器。

旋流器的溢流管规格和入口面积也会对旋流器处理的体积流量产生影响。较大的溢流管或入口面积会增加处理能力，而较小的溢流管或入口面积会降低处理能力，图 13-13 中每个标准旋流器给出了大致处理能力范围。

13.5　沉砂嘴规格选择

沉砂嘴规格选择合适对旋流器性能适当至关重要。对于每种应用，通常会给出一个循环负荷，以确定必须通过旋流器底流的固体量。经验表明，一段磨矿回路的底流体积浓度通常为 50%~53%，再磨矿回路的底流体积浓度通常为 40%~45%。因此，可以假设底流浓度为固定值，它确定了必须通过每个旋流器沉砂嘴的总流量。图 13-14 所示为给定直径沉砂嘴的近似流量。

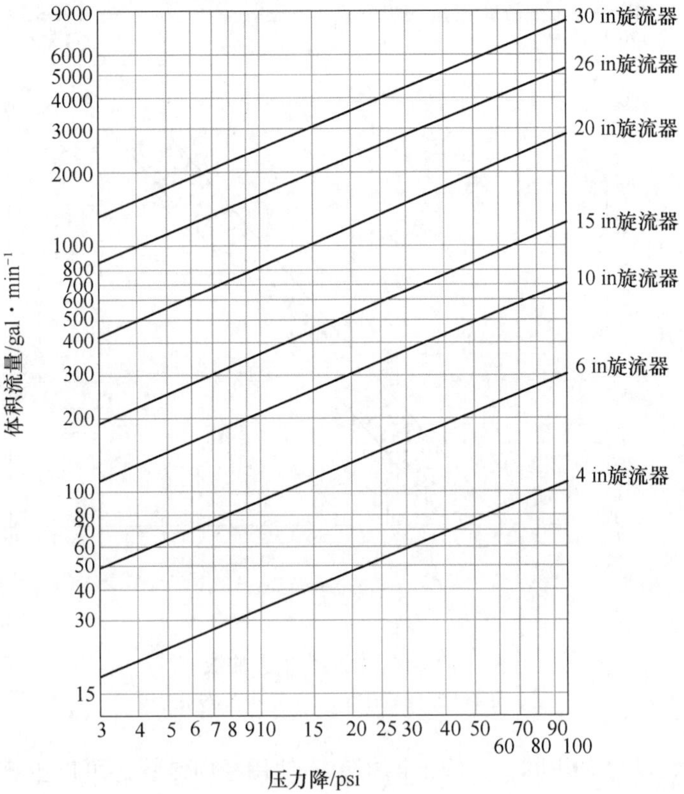

图 13-13 标准旋流器处理水的能力

(1 psi = 6.895 kPa，1 gal（美）= 3.79 L，1 in = 2.54 cm)

13.6 运行和设计分析

旋流器运行和设计最重要的因素之一是正确安装旋流器。

13.6.1 给矿管道和分配

对于给定的旋流器系统，最重要的是将矿浆适当地输送到一个或多个旋流器。已经发现，产生 2~3 m/s 线速度的管道规格足以防止颗粒沉降，即使是在水平段也是如此，但实际中应尽可能降低流速以将磨损降至最低。通常，对于单个旋流器安装，制造商建议的入口管面积会产生 2~3 m/s 的速度。

如果要将矿浆分配给多个并联运行的旋流器，则应注意分配系统的设计，并建议采用径向歧管，这是旋流器由中央圆形腔室供给的系统。当正确设计时，中央腔室成为混合区，线速度应降至 60~90 cm/s。这将有助于确保每个旋流器的

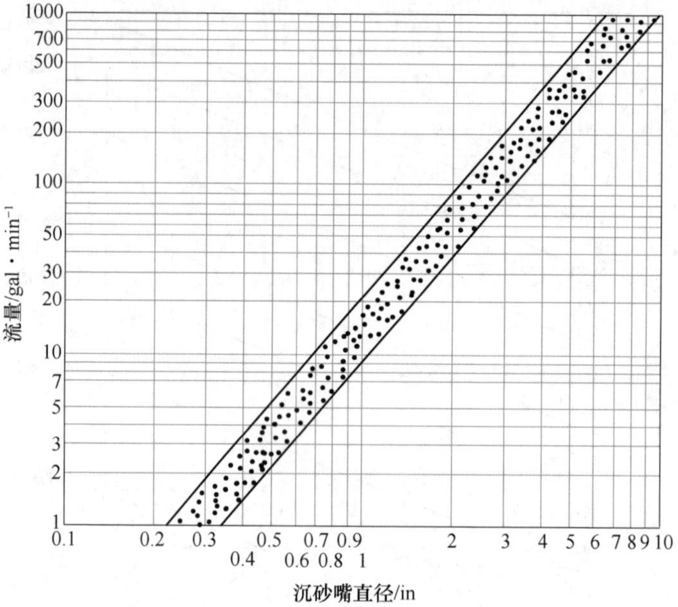

图 13-14　沉砂嘴能力曲线

（1 in＝2.54 cm，1 gal（美）＝3.79 L）

给矿浓度和粒度分布相同，并降低磨损率，使用径向歧管还可以更容易地安装备用旋流器。

如果使用直列式歧管，旋流器的给矿分配会比较差，例如高质量的颗粒或较粗的颗粒会倾向于越过第一个旋流器并进入最后一个旋流器，从而导致最后一个旋流器接收到更粗颗粒的更高给矿浓度，加速最后一个旋流器的磨损，还会由于更高的给矿浓度而产生更粗的颗粒分离。此外，最后一个旋流器一旦关闭，就很难重新启动，是因为固体将倾向于填充进给矿管。

如果分离不是关键点，或给矿浓度极低，采用直列式歧管也是可以的，且比径向歧管便宜得多。

13.6.2　结构材料

不同制造商的旋流器结构差异很大，但大多数设计都包括金属外壳和可更换衬里。可更换衬里具有最合适的衬里材料，适用于不同的应用。在同一旋流器内使用几种不同的衬里材料来优化磨损特性也是很常见的。

天然橡胶是最常用的材料，它的成本相对较低、耐磨性好、易于操作、不易碎。当温度超过 60 ℃或矿浆中含有大量碳氢化合物（如油或其他有害化学品）时橡胶就不适用了。

陶瓷材料可用于沉砂嘴及其他磨损严重区域的旋流器内衬，例如下锥体衬套和溢流管。

硬镍也被证明是一种可接受的耐磨材料，尤其适用于溢流管和其他需要强度和耐磨性的区域。

当存在碳氢化合物或温度超过 60 ℃时，也可使用氯丁橡胶和亚硝酸盐等其他弹性体材料。聚氨酯也被广泛应用，尤其适用于固体相对较细的领域。

13.6.3 压力降计算

如前所述，通过给矿压力和溢流压力之间的差值测量旋流器的压力降，如果按照在接近大气压的情况下排放溢流，则给矿压力与压力降相同。

旋流器的选择提供了所需的压力降。对于泵的计算，则必须将其转换为矿浆的高度，然后将其添加到静压头和摩擦压头中，以确定泵的总动态压头。压力降转换为矿浆高度的计算公式如下：

$$M = \frac{\Delta p \times 0.102}{G} \tag{13-8}$$

式中 M——矿浆高度，m；

Δp——压力降，kPa；

G——矿浆密度，t/m^3。

如上所述，在大气压力下排放溢流和底流产品，如果溢流以正压头排出，则通常进入溢流的液体将被迫进入底流。这不会对分级产生重大影响，但会增加旁通固体的数量并降低底流浓度。

如果溢流在低于进料口的位置排放，可能会造成虹吸，这将导致分级故障，并可能将较大的颗粒带入溢流。较大的虹吸效应可能会使磨损的衬里脱落，进而堵塞溢流管道，可以通过在每个旋流器的溢流管上安装一个通风管来防止虹吸。

底流也应在大气压或大气压附近排放。如果底流在负压下排出，其影响类似于旋流器溢流时的正压。如果底流是在正压力下排出的，则流量会减少，必须选择更大的沉砂嘴，以确保分级固体能够自由排出。

13.6.4 泵池/泵的设计

在旋流器应用方面，泵池/泵的设计应考虑使输送至旋流器的给矿矿浆在体积流量和矿浆密度方面尽可能稳定。不稳定的给矿条件，如严重的泵喘振或给矿密度的极端变化，对旋流器的运行性能非常不利。通常，旋流器应用的泵池/泵系统应有尽可能深的泵池，且最小横截面积应与所需的停留时间一致。这种设计的泵池通常会通过泵池液位的微小变化远高于最低泵吸入液位来消除泵喘振。较小的横截面积将减少泵池底部的固体堆积，并有助于防止大部分沉降固体进入泵吸入口而堵塞旋流器给矿管线或旋流器沉砂嘴。因此，具有小横截面积的高泵池可提供更平滑的运行效果。

13.6.5　沉砂嘴排矿形式

旋流器运行的关键是能够观察旋流器沉砂嘴排矿产生的类型，在大气压力下运行的沉砂嘴应产生 20°~30°角且空心的圆锥形排矿。如果旋流器持续产生高角度锥形喷雾，则应减小沉砂嘴的规格，以最大限度地提高排出的矿浆密度。另外，如果锥形喷雾没有空心，类似于“绳”状，则沉砂嘴太小，过大的颗粒可能会进入旋流器溢流。在这种情况下，应安装更大的沉砂嘴。

13.7　计算实例

实例：设计一段磨矿回路。为棒磨机—球磨机回路选择合适规格和数量的旋流器，其中棒磨机的新给矿为 250 t/h。两台磨机一起排在旋流器给矿泵池，用泵送至旋流器。溢流细度为 60%小于 74 μm，最小浓度为 40%；底流为球磨机给矿。固体密度为 2.9 t/m³，预计循环负荷为 225%。

第一步：根据已知资料计算物料平衡，溢流为 250 t/h，矿浆浓度为 40%，得出以下结果。

溢流中，固体为 250 t/h、水为 375 t/h、矿浆为 625 t/h、质量浓度为 40%、矿浆密度为 1.355 t/m³、矿浆量为 128 L/s。

底流中（考虑循环负荷 225%），固体为 562 t/h、水为 187 t/h、矿浆为 749 t/h、质量浓度为 75%（假设）、矿浆密度为 1.966 t/m³、矿浆量为 106 L/s。

给矿（溢流和底流之和）中，固体为 812 t/h、水为 562 t/h、矿浆为 1374 t/h、质量浓度为 59.1%、矿浆密度为 1.632 t/m³、矿浆量为 234 L/s、体积浓度为 33.2%（分离计算必需的）。

第二步：计算溢流 60%小于 74 μm 条件下的 d_{50C}。

根据表 13-1，60%通过下的系数 K 值为 2.08，特定的粒度为 74 μm，则有：

$$d_{50C} = 2.08 \times 74 = 154\ \mu m$$

第三步：计算旋流器直径。

首先计算 C_1、C_2 和 C_3：

C_1 = 给矿浓度修正系数 = 4.09（见图 13-10）

C_2 = 压力降修正系数 = 1.1（见图 13-11，假定压力降为 50 kPa，低能耗和易于维护）

C_3 = 固体密度修正系数 = 0.93（见图 13-12）

然后，计算旋流器直径（根据式（13-3））：

$$d_{50C(应用)} = d_{50C(基础)} \times C_1 \times C_2 \times C_3$$

$$154 = d_{50C(\text{基础})} \times 4.09 \times 1.1 \times 0.93$$

$$d_{50C(\text{基准})} = 37\ \mu m$$

因此，从图 13-9 中选择采用直径 510 mm 旋流器。

第四步：计算旋流器台数。

从图 13-13 查得，直径 510 mm 旋流器在 50 kPa 时的流量为 40 L/s，总的给矿流量为 234 L/s，因此旋流器的台数为 234/40=5.85（台），采用 6 台旋流器运行。

第五步：计算合适的沉砂嘴规格。

总的底流量为 106 L/s，每台设备的底流量为 106/6=18 L/s，从图 13-14 查得，每台旋流器的沉砂嘴直径应为 9.5 cm。

13.8 选矿旋流器的应用

13.8.1 闭路磨矿

在选矿厂最普遍的旋流器应用之一是磨机排矿的分级，可以是半自磨机、一段磨矿、二段磨矿、再磨或其他辅助磨机。根据用途和矿石的矿物解理，在闭路磨矿中，旋流器一般得到的溢流产品粒度从 $P_{80}=300\ \mu m$ 到 $P_{95}=25\ \mu m$。表 13-2 中给出了在一个粗的铜矿回路中直径 840 mm 的旋流器和在一个金矿回路中产出 P_{80} 约为 75 μm 的直径 510 mm 旋流器的典型旋流器性能，还给出了两个不同的铁矿应用的一段磨矿回路的旋流器数据，铜矿选矿厂生产非常细的产品，金矿选矿厂是产品粗得多的磨矿回路。

表 13-2 一段磨矿回路典型的旋流器性能

旋流器产品		铜矿/%			金矿/%			铁矿（细）/%			铁矿（粗）/%		
网目/目	粒径/μm	给矿累计	溢流累计	底流累计	给矿累计	溢流累计	底流累计	给矿累计	溢流累计	底流累计	给矿累计	溢流累计	底流累计
4	4800	<93	<100	<90	<100	<100	<100	<100	<100	<100	<99	<100	<98
10	1700	<75	<100	<73	<97	<100	<97	<99	<100	<99	<97	<100	<94
20	850	<65	<99	<59				<97	<100	<96	<94	<100	<89
28	600	<54	<98	<46	<88	<100	<86	<95	<100	<92	<92	<100	<86
35	417	<43	<93	<35	<82	<100	<78	<92	<100	<89	<87	<100	<80
48	300	<32	<82	<23	<75	<100	<68	<90	<100	<85	<81	<99	<74
65	212	<24	<70	<15	<53	<100	<35	<87	<100	<82	<71	<96	<58
100	150	<17	<57	<10	<50	<99	<32	<84	<100	<78	<56	<86	<40
150	106	<13	<46	<7	<34	<93	<17	<81	<100	<74	<44	<72	<27
200	75	<10	<37	<5	<24	<81	<12	<78	<100	<69	<34	<59	<18

续表 13-2

旋流器产品		铜矿/%			金矿/%			铁矿（细）/%			铁矿（粗）/%		
网目/目	粒径/μm	给矿累计	溢流累计	底流累计	给矿累计	溢流累计	底流累计	给矿累计	溢流累计	底流累计	给矿累计	溢流累计	底流累计
270	53	<8	<30	<4	<18	<68	<8	<72	<100	<61	<28	<49	<12
325	45				<16	<63	<7	<68	<99	<55	<24	<41	<11
400	37	<7	<25	<3	<15	<60	<6	<62	<97	<47			
500	25							<51	<91	<35			
浓度/%		64	36	81	43	21	67	14	5	78	66	54	80
循环负荷/%		430			305			240			130		
给矿压力/psi		11			16			30			11		
旋流器直径/mm		840			510			380			660		

注：1 psi = 6.895 kPa。

大多数选矿厂设计都涉及磨矿回路，旋流器给矿条件是未知的，选择的依据只是溢流产品的要求条件。旋流器的选择需要基于使用经验，把所需的溢流粒度和分离粒度联系起来。

在磨矿回路中，通过旋流器得到的分离粒度采用通过的某个粒度的百分数而不是 d_{50} 或“分离的网目”定义，最常用的分离粒度定义是 P_{80} 或在溢流中 80% 小于的粒度。P_{80} 不同于 d_{50}，因为 P_{80} 是依据旋流器获得的分离 d_{50} 和旋流器给矿粒度分布。例如，如果旋流器给矿粒度分布是 50% 大于 1000 μm 和 50% 小于 1 μm，旋流器得到的 P_{80} 将会小于 1 μm，与安装的旋流器规格无关。因此，从 d_{50} 分离到旋流器溢流的 P_{80} 不是一个简单对应的问题。

对旋流器操作人员来说，d_{50} 分离通常不是重要的数据点，通常需要知道“分离的网目”或有 95%~99%（d_{95}~d_{99}）的机会进入底流的颗粒粒度，这个粒度称为旋流器的分离点，一般为 d_{50} 点的 2 倍。图 13-6 所示的回收曲线描绘了各种回收点与 d_{50} 点的关系。

在一些实例中，旋流器和磨机作为一个回路已经模型化了，整个系统性能作为旋流器选择变量的函数进行评估，这种方法适用于现有的回路，这里的大多数参数是已知的。一个磨矿回路的条件不是恒定的，旋流器给矿浓度和粒度分布一直在变化。磨矿回路里旋流器变化的参数和自调节性能会掩盖旋流器变化的许多影响。

应当注意，在闭路磨矿中，常常由于磨矿机的能力使旋流器受限，对旋流器分级的改进会导致循环负荷和返回磨机给矿的物料量发生变化。在恒定的新给矿量条件下，更细的分级会导致更高的循环负荷和给到磨矿机的物料量，这会增加给到旋流器的给矿浓度，使分离粒级变粗。因此，对旋流器的改进必须要在整个磨矿系统的条件下进行评估。

13.8.2 尾矿旋流器

在硬岩矿山工程中，尾矿坝的建设是非常重要的，常常采用旋流器从尾矿中生产低成本的砂子。这种坝筑砌对物料要求的特性必须是：

（1）提供合适的排水特性，以使物料充分固结并呈现出全强度；

（2）使在动态载荷条件下因液化而失效的风险最小化；

（3）使水通过较粗的颗粒时具有良好的渗透性。

对于地下矿山的膏体充填，可用砂子的量取决于磨矿。因此，尾矿应用在铜矿山更典型，其生产相对更粗的尾矿。

对高质量的砂子，传统的经验法则是粒度小于 74 μm 的物料低于 20%。最近的试验表明这个数据是不可靠的，它没有量化盐和黏土的量，小于 20 μm 或者 5 μm 或者更细物料的量是砂子质量更好的度量。

用于尾矿的旋流器直径为 250~660 mm。旋流器可以沿坝顶安装，在底流直接排放，或者在中心站安装旋流器歧管，把底流用泵送到坝的位置。在这种应用中，旋流器经常水平安装以降低夹带到底流中的水和细粒的量。在一些场合，采用二段旋流器系统在满足质量要求的情况下回收足够量的砂子，这涉及处理第一段底流的另一组旋流器。对两段处理的低成本方案是在旋流器的下部引入一个附件，在这里加入新水把夹带的矿泥冲洗到溢流中。

由于获得良好质量的筑坝材料非常重要，建议进行旋流器试验。试验可以用选矿厂采集的实际尾矿样品，然后送到半工业试验厂进行试验。在大的选矿厂，预计在认可的质量下可以回收的砂子量常常决定项目的服务年限。

13.8.3 脱水和脱泥

脱水和脱泥在非金属行业是非常常见的，非金属行业的非常细的物料量，包括黏土，对药剂用量及后面过程的产品品位和回收率有很大的影响。例如，在一些磷酸盐选矿厂，矿石在给到水力分级机之前用旋流器脱泥，水力分级机的产品也用旋流器脱水，在浮选之前增加给矿浓度以便充分搅拌。粗选的产品在精选搅拌之前再次用旋流器脱水，类似的应用在煤炭和工业砂处理中也能看到。

在许多脱水应用中，旋流器底流浓度是很重要的，对旋流器可以提供专用附件以控制或限制出自沉砂嘴的物料流量。通过用鸭嘴形状的附件添加到沉砂嘴的下面，并且加长了旋流器溢流的管子，专门设计形成虹吸效应，并用阀门调节虹吸效应，虹吸量影响打开鸭嘴阀所需的力。这种设计用于给矿条件变化的低浓度固体，在这种条件下，不可能选择合适的沉砂嘴规格，如图 13-15 所示。

图 13-15　通过虹吸控制的沉砂嘴附件[2]

13.8.4　超细颗粒分离

有时需要非常细的颗粒分离，除去超细粒从而能够分离和回收有用矿物，如非常细的锡石。通常对这种细粒的高处理能力分离，多采用 $\phi 50$ mm 旋流器。$\phi 50$ mm 旋流器的设计已经改进到可以使分离的 d_{50} 达到 5～10 μm 的范围。$\phi 13$～25 mm 的旋流器也是可用的，由于这些小规格旋流器固有的低处理能力和更小的孔口，任何游离的过大颗粒带来的运行问题是非常严重的。在高流量应用中，采用小直径旋流器组合在一个吊舱内或者一个旋流器组，用共用的给矿和溢流腔及可接近的单独底流口，这样沉砂嘴的任何堵塞都可以看到和处理。采用多吊舱时，如果是单独的旋流器，可以通过放射状分配器，以处理这些大的流量，如图 13-16（a）所示。

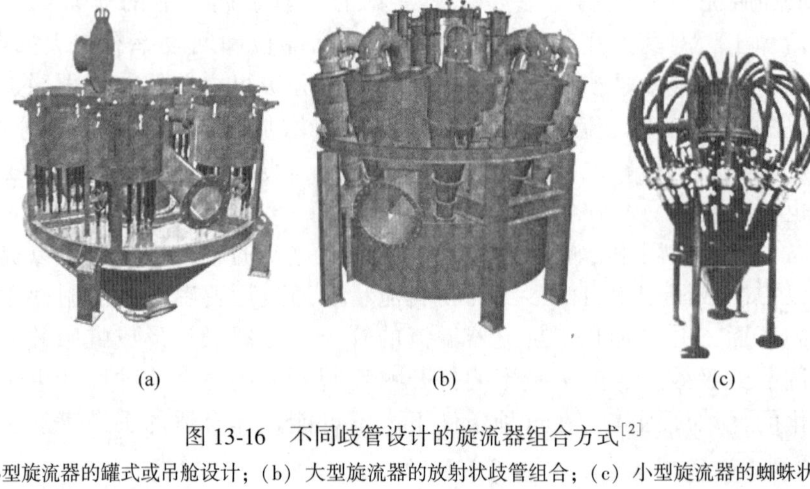

(a)　(b)　(c)

图 13-16　不同歧管设计的旋流器组合方式[2]

（a）小型旋流器的罐式或吊舱设计；（b）大型旋流器的放射状歧管组合；（c）小型旋流器的蜘蛛状歧管组合

13.8.5 歧管系统

旋流器歧管的设计也是很重要的一环。在大多数选矿厂中，歧管系统包括一个放射状给矿分配器，在给到每个单独旋流器的管路上装有隔离阀（见图 13-16(b)），隔离阀通常是重型闸板阀，阀门通过手轮人工操作，或者是气缸自动操作。大多数的现代选矿厂根据旋流器给矿压力的变化能够遥控开、关旋流器，压力传感器也包括在歧管系统内，旋流器给矿压力能够遥控监测。因此，建议采用隔膜以避免压力表或传感器被固体颗粒堵塞。

在粗的磨矿回路中，给矿分配器和收集旋流器底流的溜槽要衬至少 12 mm 的橡胶。旋流器溢流溜槽和每台旋流器的给矿管磨损不太严重，在大多数情况下，这些位置可以衬 6 mm 的橡胶。在磨蚀很轻的应用中，给矿分配器和底流溜槽的橡胶衬厚度可以减小，旋流器给矿管和溢流溜槽的橡胶衬均可取消。近来旋流器溢流管已经采用 HDPE 替代，这是一种比无衬钢管更耐磨的材料，而且对化学腐蚀也相当迟钝。

给矿分配器的设计也很重要，影响给矿均匀地分配到每个运行的旋流器。设计时，设计者可能考虑成本较低的直线型给矿分配设计，但是会导致给矿浓度及粒度分布的分配不均衡，使同一系列内的旋流器性能不同，经常需要更换不同的沉砂嘴。

放射状设计的给矿分配器，给矿或者从上部或者从底部给入，带有多管口的集管头可以使给入的矿浆分配到每个旋流器的给矿管线，这是更好的设计。不同类型的歧管设计如图 13-16 所示。集管头的上部应当可移动并且便于维修。可以考虑额外的管口用于增加处理能力或作为旋流器给矿取样的位置。

13.8.6 制作材料和维修分析

在矿山行业采用的旋流器一般都是钢的或玻璃纤维外壳及可更换的内衬，在一些磨蚀性很低的用途上，则采用模注的聚氨酯旋流器。选矿的旋流器最流行的内衬是天然橡胶，这些内衬通常厚度是 12 mm 或 25 mm。在许多矿业应用中，由于旋流器给矿的粗颗粒量，更耐磨的旋流器设计包括在旋流器上部更厚的橡胶衬、对较低的锥体及陶瓷衬组合的沉砂嘴。在大的旋流器（660 mm 和 840 mm）中沉砂嘴的磨蚀是最高的，其次是较低的锥体，然后是中间锥体，再者是入口处的内衬，因此，为了使所有部件处于同样的使用周期，沉砂嘴和较低的锥体需要采用优质陶瓷，以使这些部件达到入口处内衬的使用寿命。

在商业上经常采用的沉砂嘴是一种陶瓷类型，较低的锥体衬是另一种类型，中间的锥体衬是第三种类型（见图 13-16（c）），目的是使较低锥体的寿命与入口内衬的寿命一致，理想的状态是所有的内衬同时磨损完。

旋流器的维护对性能有影响，除了磨损的沉砂嘴造成较低的底流浓度外，磨损的锥体衬可能有沟槽或锐口会导致粗粒进入溢流中。如果磨损的较低锥体被更换后，并且刚好上面的锥体也磨损了但没有更换，形成的负缘可能导致对性能有不利的影响。

大多数情况下在选矿厂设计阶段，因为实际的旋流器给矿条件和磨损情况不清楚，旋流器提供的都是橡胶衬及可替换规格的橡胶沉砂嘴，在试车阶段已经确定了优化的沉砂嘴规格之后，则可以提供合适规格的陶瓷沉砂嘴。

许多矿山安装的旋流器采用了不同的耐磨材料，例如，许多磷酸盐矿和铁矿安装的旋流器采用聚氨酯内衬。在煤炭行业，旋流器或者衬氧化铝陶瓷或者碳化硅陶瓷或聚氨酯。不同的旋流器内衬如图 13-17 所示。

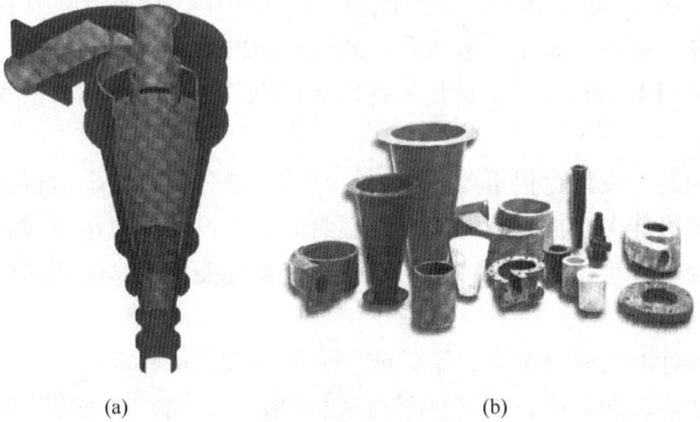

图 13-17　不同的旋流器内衬[2]
(a) 旋流器剖面；(b) 不同的内衬材料

参 考 文 献

[1] ARTERBURN R A. The sizing and selection of hydrocyclones [EB/OL]. [2022-01-12]. http://www.911metallurgist.com/wp-content/uploads/2016/02/sizing-select-cyclones.pdf.

[2] OLSEN T J, TURNER P A. Hydrocyclone selection for plant design [C]//MULAR A L, HALBE D, BARRATT D. Mineral Processing Design, Practice, and Control. Littleton: SME, 2002: 880-893.

[3] MULAR A L, JERGENSEN G V. Design and Installation of Commminution Circuits [M]. New York: Society of Mining Engineers of AIME, 1982: 592-601.

[4] KELSALL D F. A further study of the hydraulic cyclone [J]. Chem. Engng. Sci., 1953 (2): 254-272.